SCHRIFTENREIHE DES IMT 13

Schriftenreihe des Instituts für
Management und Tourismus

Herausgegeben von Christian Eilzer,
Bernd Eisenstein und Wolfgang Georg Arlt

Bernd Eisenstein / Christian Eilzer /
Manfred Dörr (Hrsg.)

Demografischer Wandel und Barrierefreiheit im Tourismus: Einsichten und Entwicklungen

Ergebnisse der 2. Deidesheimer Gespräche
zur Tourismuswissenschaft

Bibliografische Information der Deutschen Nationalbibliothek
Die Deutsche Nationalbibliothek verzeichnet diese Publikation
in der Deutschen Nationalbibliografie; detaillierte bibliografische
Daten sind im Internet über http://dnb.d-nb.de abrufbar.

ISSN 2194-0002
ISBN 978-3-631-73556-5 (Print)
E-ISBN 978-3-631-73577-0 (E-PDF)
E-ISBN 978-3-631-73578-7 (EPUB)
E-ISBN 978-3-631-73579-4 (MOBI)
DOI 10.3726/b11901

© Peter Lang GmbH
Internationaler Verlag der Wissenschaften
Frankfurt am Main 2017
Alle Rechte vorbehalten.
PL Academic Research ist ein Imprint der Peter Lang GmbH.

Peter Lang – Frankfurt am Main · Bern · Bruxelles · New York ·
Oxford · Warszawa · Wien

Das Werk einschließlich aller seiner Teile ist urheberrechtlich
geschützt. Jede Verwertung außerhalb der engen Grenzen des
Urheberrechtsgesetzes ist ohne Zustimmung des Verlages
unzulässig und strafbar. Das gilt insbesondere für
Vervielfältigungen, Übersetzungen, Mikroverfilmungen und die
Einspeicherung und Verarbeitung in elektronischen Systemen.

Diese Publikation wurde begutachtet.

www.peterlang.com

Vorwort

„Lebensqualität für alle Generationen" steht schon längere Zeit als zentrales Motto auf der kommunalpolitischen Agenda der Stadt Deidesheim. Auch aus diesem Grund schloss man sich daher im Jahr 2009 der Internationalen Vereinigung lebenswerter Kleinstädte Cittaslow an. Cittaslow stellt ein Leitbild für die nachhaltige Entwicklung kleinerer Städte dar, wobei in einer globalisierten Welt die regionalen Besonderheiten wieder stärker in den Mittelpunkt gerückt werden sollen. Die Stadt Deidesheim ist die erste Cittaslow in Rheinland-Pfalz und auch Kristallisationspunkt beim Thema Barrierefreiheit.

Eine Cittaslow, das ist „[…] eine Stadt, in der Menschen leben, die neugierig auf die wieder gefundene Zeit sind, die reich ist an Plätzen, Theatern, Geschäften, Cafés, Restaurants, Orten voller Geist, ursprünglichen Landschaften, faszinierender Handwerkskunst, wo der Mensch noch das Langsame anerkennt, den Wechsel der Jahreszeiten, die Echtheit der Produkte und die Spontaneität der Bräuche genießt, den Geschmack und die Gesundheit achtet […]" (Quelle: Manifest cittaslow). Zum Konzept der Cittaslow-Gemeinden gehört auch, dass alle wichtigen Bereiche der Stadt einer möglichst breiten Bevölkerungsschicht zugänglich gemacht werden. Verkehrsfreie Plätze sollen ergänzend als Ruhezonen und Kommunikationsstätten für alle Generationen dienen.

Es gibt sehr viele Menschen, die in bestimmten Phasen ihres Lebens in ihrer Mobilität eingeschränkt sind, seien es ältere Menschen, Familien mit Kleinkindern oder auch Menschen mit Behinderungen, z. B. Rollstuhlfahrer. Auch sie möchten am öffentlichen Leben teilnehmen und auch mal Urlaub machen. Daher haben wir uns in Deidesheim dem Thema Barrierefreiheit schon frühzeitig gewidmet, uns in einer Studienarbeit Möglichkeiten und Chancen dazu aufzeigen lassen, zusammen mit dem Land Rheinland-Pfalz Schulungen durchgeführt und uns in Eigenversuchen auch mit den ganz speziellen Perspektiven eingeschränkter Menschen beschäftigt. In der Urlaubsregion Deidesheim versuchen wir nach diesen Erfahrungen die Barrieren für unsere Bürgerinnen und Bürger, aber auch für die zahlreichen Urlaubsgäste, soweit es geht zu reduzieren und so gleichzeitig die Komfortkriterien für alle Gäste zu erhöhen. Ein Besuch der Urlaubsregion Deidesheim sowie der Deutschen Weinstraße bietet eine Vielzahl an Möglichkeiten, auch für Menschen, die in ihrer Mobilität eingeschränkt sind, einen erholsamen und erlebnisreichen Urlaub zu verbringen.

Die barrierefreie Umgestaltung der Tourist-Information oder die Errichtung eines barrierefreien Erlebnisgartens waren zwei wichtige Schritte auf dem Weg zur Reduzierung von Barrieren. Aber es gibt noch weitere Beispiele und Maßnahmen für barrierefreie oder barrierereduzierte Angebote in Deidesheim, wie beispielsweise:

- Schaffung von Ruhebereichen im Zuge der Innenstadtsanierung
- Absenkung des Marktplatzes auf das Niveau der Gehsteige
- Angebot einer entschleunigten Stadtführung
- Rollstuhlgerechte Bahnsteige am Bahnhof. Der Verkehrsverbund Rhein-Neckar nutzt entlang der Strecke Neustadt – Deidesheim – Bad Dürkheim ab Ende 2015 Triebwagen mit einem bequemen Zu- und Ausstieg.
- Befestigte Wirtschaftswege in den Weinbergen für kürzere oder weitläufigere Spaziergänge
- Möglichkeiten von barrierereduzierten Besichtigungen und Einkäufen in verschiedenen Weingütern und landwirtschaftlichen Betrieben
- Hotel „Ritter von Böhl" mit barrierefreien Zimmern und eigenem barrierefreien Café
- Urlaubsangebote mit eingeschränkten Angehörigen in der Stiftung Bürgerhospital
- Verschiedene barrierereduzierte Restaurants
- Realisierung eines barrierefreien Gesundheits- und Sportbereiches für alle Generationen in Kooperation mit der Dietmar-Hopp-Stiftung
- Rollstuhlgerechte Toiletten am Erlebnisgarten und an der „alla-hopp-Anlage"
- Verbindung der Freizeit- und Parkanlagen von Deidesheim mit einem rollstuhlgerechten Wanderweg
- u.v.m.

Inzwischen hat auch eine Managerin für Barrierefreiheit des Landkreises Bad Dürkheim und der Stadt Neustadt an der Weinstraße ihren Sitz in Deidesheim. Ihre Aufgabe ist es, vordringlich Maßnahmen der Barrierefreiheit zu generieren und zu koordinieren und sowohl für die öffentliche Hand als auch für private Betriebe Fördermöglichkeiten aufzuzeigen. Im Weiteren sollen die in Deidesheim gesammelten Erfahrungen genutzt werden, um eine barrierereduzierte Urlaubsregion Deutsche Weinstraße anzustreben, ganz nach dem Motto des Landes Rheinland-Pfalz, das sich auch für einen „Tourismus für alle" stark macht.

In diesem Zusammenhang legen wir als Verantwortliche in Deidesheim stets auch großen Wert auf eine wissenschaftliche Begleitung unserer Themen und Bemühungen und freuen uns daher auch sehr über die regelmäßigen Treffen von Wissenschaftlerinnen und Wissenschaftlern bei den „Deidesheimer Gesprächen zur Tourismuswissenschaft", die im Jahr 2015 zum zweiten Mal stattgefunden haben. Zum Thema „Demografischer Wandel und Barrierefreiheit im Tourismus – Entwicklungen und Chancen für den Tourismus" kamen verschiedene Expertinnen und Experten zusammen und diskutieren unterschiedliche Facetten des Themas. Der vorliegende Sammelband stellt die Ergebnisse der „2. Deidesheimer Gespräche zur Tourismuswissenschaft" sowie weiterführende Beiträge vor.

Manfred Dörr (Bürgermeister der Stadt Deidesheim)

Inhaltsverzeichnis

Rebekka Weis und Bernd Eisenstein
Demografischer Wandel und Tourismus 11

Sonja Göttel und Alexander Koch
Barrierefreiheit als Qualitätsmerkmal 57

Matilde S. Groß
„Tourismus für Alle" in ländlichen Räumen unter besonderer
Berücksichtigung von Sachsen-Anhalt 77

Monika Sußner
Zertifizierte Barrierefreiheit im Tourismus – Der richtige Weg für
Schleswig-Holstein? 97

Julian Reif
Wahrnehmung von Deidesheim als Cittaslow-Stadt unter besonderer
Berücksichtigung der barrierefreien Infrastruktur – eine qualitative Studie 119

Christian Eilzer
Flachlandwandern in Deutschland: Küstenregionen und das Flachland
als Wanderdestinationen von morgen? 131

Eric Horster
Barrierefreies Webdesign im Tourismus 153

Ralf Trimborn
Positionierung von Destinationen für Senioren:
DESTINATION BRAND Sonderauswertung 65+ 165

Autorenverzeichnis 197

Rebekka Weis und Bernd Eisenstein

Demografischer Wandel und Tourismus

1. Hinführung

Deutschland ist nicht das einzige Land, welches einen demografischen Wandel durchlebt. Deutschland kann jedoch als Pionier angesehen werden, da es die Auswirkungen und daraus folgenden Herausforderungen des demografischen Wandels früher als andere Staaten und damit vergleichsweise stark erlebt (vgl. Klingholz 2016, 3). Der vorliegende Artikel beschreibt den Verlauf des demografischen Wandels in Deutschland und benennt die zentralen Wirkungsbereiche auf den Tourismus.

Die Demografie erforscht „die Zusammensetzung der Bevölkerung (Alter, Geschlecht, etc.), Bevölkerungsbewegungen und -entwicklungen sowie deren Verteilung" (Jeung 2010, 9) sowie die Faktoren und Prozesse, die Einfluss auf die Bevölkerungsentwicklung haben (vgl. Jeung 2010, 9). Während die Bevölkerungssoziologie insbesondere die Zusammenhänge zwischen gesellschaftlicher Entwicklung und Demografie betrachtet (vgl. Höpflinger 2012, 11), können die Begriffe Bevölkerungswissenschaft und Demografie synonym verwendet werden, da beide untrennbar miteinander verbunden sind (vgl. Engelhardt 2016, 5).

Wichtigster Untersuchungsgegenstand der Demografie ist die Veränderung der Bevölkerungszahl (vgl. Engelhardt 2016, 5). Grundlagen der Bevölkerungsbilanz sind die Differenz aus Geburten und Sterbefällen, die auch als natürliche Bilanz bezeichnet wird, sowie der Saldo aus Zu- und Abwanderungen, die Wanderungsbilanz (vgl. Grünheid/Sulak 2016, 8). Die natürliche Bilanz hängt dabei eng mit den Faktoren

- Gesundheit (Morbidität),
- Heirat und Scheidung (Nuptialität) sowie
- Schwangerschaft und Mutterschaft (Natalität)

zusammen (vgl. Engelhardt 2016, 9).

Heirats- und Familiengründungsverhalten sowie Geburtenkontrolle unterliegen dabei sozialen, kulturellen und wirtschaftlichen Rahmenbedingungen und die Zahl der Sterbefälle ist mit der Lebenserwartung, die ebenfalls durch soziale und wirtschaftliche Voraussetzungen beeinflusst wird, sowie der Altersverteilung einer Bevölkerung verknüpft (vgl. Höpflinger 2012, 11). Somit sind die Folgen quantitativer Veränderungen der Bevölkerung umfänglich von gesellschaftlichen Rahmenbedingungen abhängig, wobei es sich immer um Wechselbeziehungen handelt (vgl. Höpflinger 2012, 19). Eine allgemeine Übersicht über die Zusammenhänge bietet Abbildung 1.

Abb. 1: *Ursachen und Konsequenzen der Bevölkerungsentwicklung*[1]

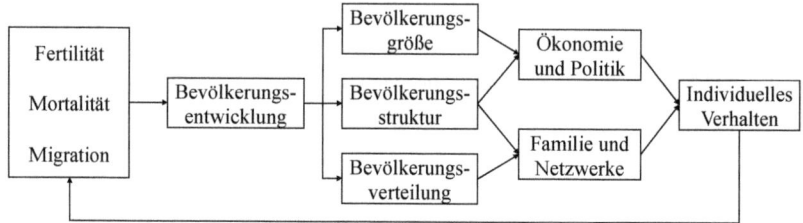

2. Der demografische Übergang

2.1 Das Modell

Vorindustrielle Gesellschaften sind vorwiegend durch hohe Geburten- und Sterberaten aufgrund einer geringen Lebenserwartung gekennzeichnet, während in industrialisierten oder post-industriellen Ländern bei einer hohen Lebenserwartung niedrige Geburtenraten und vergleichsweise geringe Sterbeziffern vorherrschen (vgl. Höpflinger 2012, 40 f.). Das Modell des demografischen Übergangs versucht diesen Wandel anhand eines mehrphasigen Ablaufs zu beschreiben (siehe Abbildung 2), wobei heute zumeist ein fünfstufiges Modell verwendet wird (vgl. Engelhardt 2016, 152). Dieses beinhaltet die folgenden Phasen (vgl. Engelhardt 2016, 152 f.):

- prätransformative Phase: nahezu gleich hohe Geburten- und Sterberaten und dadurch nur geringes Bevölkerungswachstum
- frühtransformative Phase: sinkende Sterberaten bei gleichbleibend hohen Geburtenraten und damit ansteigendes Bevölkerungswachstum
- mitteltransformative Phase: weiter sinkende Sterberaten bei einsetzendem Rückgang der Geburtenraten und damit maximale Wachstumsraten der Bevölkerung
- spättransformative Phase: schneller Rückgang der Geburtenraten bei nur leicht sinkenden Sterberaten und damit starker Rückgang des Bevölkerungswachstums
- posttransformative Phase: niedrige Geburten- und Sterberaten und damit geringes oder stagnierendes Bevölkerungswachstum

---

1 Quelle: Verändert nach Engelhardt (2016, 11).

Abb. 2: Idealtypischer Verlauf des demografischen Übergangs[2]

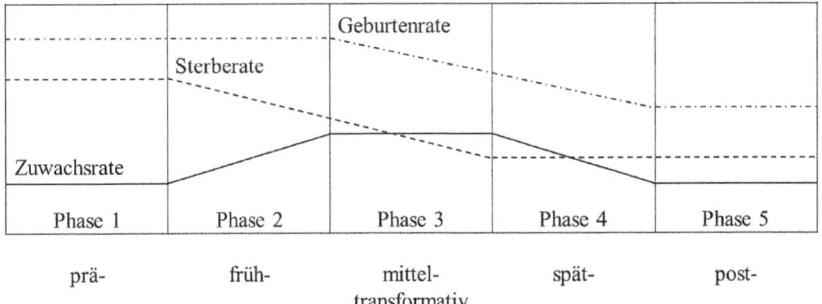

2.2 Verlauf in Deutschland und zweiter demografischer Übergang

In Deutschland begann die demografische Transition ca. ab 1865 und endete in den 1960er-Jahren (vgl. Jeung 2010, 163 f.). Grundlegende Rahmenbedingungen für die Entwicklung waren dabei der sozioökonomische Wandel mit medizinischem Fortschritt und Verbesserung der hygienischen Verhältnisse sowie die zunehmende Urbanisierung (vgl. Engelhardt 2016, 153 f.).

Dass diese Rahmenbedingungen in dem Modell nicht direkt integriert sind, wurde kritisiert, da somit der (fälschliche) Eindruck entstehen könnte, dass die Geburtenrückgänge zunächst ausschließlich durch die absinkende Sterblichkeit zu erklären seien. Weitere Kritikpunkte an dem idealtypischen Modell betreffen das schlussendlich angenommene – bislang jedoch nirgendwo realisierte – positive Gleichgewicht zwischen Geburten- und Sterberaten sowie die grundsätzliche Ausrichtung auf einen Endzustand, der eine weitere Entwicklung ausschließt (vgl. Höpflinger 2012, 43). Weiterhin fand der Rückgang der Geburtenraten in Europa teilweise vor dem Rückgang der Sterberaten statt oder war nicht zeitlich mit dem sozioökonomischen Wandel verbunden (vgl. Engelhardt 2016, 155).

In Deutschland veränderten sich ab Mitte der 1960er-Jahre die Geburtenraten, das Heiratsverhalten sowie die Familienstrukturen und Lebensformen abermals (vgl. Höpflinger 2012, 52 f.):

- Die Geburtenraten sanken unter das Niveau zur Bestandserhaltung.
- Das Erstheiratsalter und damit auch das Alter bei Geburt des ersten Kindes stieg an.

---

2 Quelle: nach Bähr (1997, 249).

- Individualistische (Singles) und voreheliche oder nicht-eheliche Lebensgemeinschaften sowie Scheidungen nahmen zu.
- Gleichzeitig änderten sich der Status und das Verhalten junger Frauen in Bezug auf ihre Berufstätigkeit.
- Die Lebenserwartung stieg weiter an.

Diese Veränderungen wurden von Dirk van de Kaa (1987) und Ron Lesthaeghe (1992; 2010) als Merkmale eines zweiten demografischen Übergangs angesehen, der sich durch seine auslösenden Faktoren grundlegend von dem vorherigen demografischen Übergang unterscheidet (vgl. Kaa 2002, 10). Höpflinger (2012) zeigt die wichtigsten, inhaltlich verknüpften Wandlungen im Rahmen des zweiten demografischen Übergangs auf (Höpflinger 2012, 55):

a) „ein Wandel in der gesellschaftlichen Akzeptanz von Sexualität, inkl. Akzeptanz vorehelicher Sexualität und gleichgeschlechtlicher Partnerschaften.

b) die Verfügbarkeit wirksamer Empfängnisverhütungsmittel und eine verstärkte Kontrolle der Frauen über ihre Fortpflanzungsentscheide.

c) Eine Verminderung der sozialen Kontrolle durch gesellschaftliche Institutionen oder, alternativ dazu, eine größere individuelle Autonomie, gekoppelt mit einer stärkeren Ausrichtung auf (globalisierte) Märkte.

d) eine verstärkte Betonung der persönlichen Bedürfnisse in Bezug auf Lebensgemeinschaften (inkl. Ehe) und eine höhere Wertschätzung partnerschaftlichen Austausches. Dies impliziert die Möglichkeit alternativer Lebensformen wie auch die Auflösung unbefriedigender Lebensgemeinschaften (Trennung, Scheidung).

e) eine verstärkte Verknüpfung von beruflichen und familialen Orientierungen auch bei Frauen, anstelle eines Modells geschlechtsbezogen getrennter Lebenswelten.

f) eine verstärkte Beachtung der Opportunitätskosten von Kindern und eine Entkoppelung der Altersvorsorge von familialen Entscheiden."

Wenngleich empirische Untersuchungen mittels internationaler Vergleiche die systematischen Zusammenhänge zwischen Werthaltungen und soziodemografischen Strukturen bestätigten, gibt es daneben auch starke länderspezifische oder regionale Abweichungen (vgl. Höpflinger 2012, 55 ff.)

Die beschriebenen Veränderungen und demografischen Merkmale lassen sich auch für Deutschland feststellen. In den folgenden Kapiteln werden die bisherigen Veränderungen seit den 1960er-Jahren im Rahmen des zweiten demografischen Übergangs sowie die weitere, vorausberechnete Entwicklung der Bevölkerung detaillierter dargestellt.

3. Entwicklung der Bevölkerungsbilanz

3.1 Entwicklung der Geburten- und Sterberaten

Im Hinblick auf die Demografie waren die 1960er-Jahre in Deutschland zum einen durch hohe Geburtenzahlen (den sogenannten ‚Babyboom') geprägt. Zum anderen war das Jahrzehnt durch den sogenannten ‚Pillenknick' gekennzeichnet, da die durchschnittliche Kinderzahl zunächst zunahm, um anschließend rapide zu sinken. 1964 wurde der Rekordwert von 1,36 Mio. Neugeborenen – bei durchschnittlich 2,5 geborenen Kindern je Frau im gebärfähigen Alter – verzeichnet. Dies lag auch daran, dass in dieser Zeit die Kohorte der Frauen im gebärfähigen Alter besonders groß war: Es waren die zwischen 1934–1942 Geborenen, die während des Einflusses der nationalsozialistischen Bevölkerungspropaganda zur Welt gekommen waren (vgl. Klingholz 2016, 4 f.).

Bis 1974 sank die durchschnittliche Kinderzahl je Frau im gebärfähigen Alter auf einen Wert von 1,5 ab. Der Tiefststand von 1,3 wurde im Jahr 1985 erreicht, seitdem pendelte sich der Wert auf 1,4 Kinder ein (vgl. Klingholz 2016, 6). Als Folge daraus schrumpft jede Generation im Vergleich zur Elterngeneration um ca. ein Drittel: „Aus 100 Müttern [werden] 70 Töchter, 49 Enkelinnen und 36 Urenkelinnen." (Klingholz 2016, 5).

Im Unterschied zur jährlich berechneten Kinderzahl je Frau, die beschreibt, „wie viele Kinder eine Frau im Laufe ihres fruchtbaren Alters bekommen würde, wenn das generelle Geburtenverhalten im Ganzen so bliebe wie in dem jeweiligen Stichjahr" (Klingholz 2016, 6), zeigt die Kohortenfertilitätsrate, wie viele Kinder die Frauen eines bestimmten Jahrgangs tatsächlich bekommen haben. Dieser Wert liegt für die seit den 1960er-Jahren geborenen Frauen bei 1,54 (vgl. Klingholz 2016, 6), während für die bis Anfang der 1980er-Jahren geborenen Frauen ein Anstieg auf knapp 1,6 Kinder erwartet wird (vgl. Bundesministerium des Inneren 2017, 4).

Für die Zukunft wird bei einer jährlichen Geburtenrate von 1,4 je Frau (Annahme G1) bis zum Jahr 2020 eine Geburtenzahl von jährlich ca. 700.000 Neugeborenen erwartet, da die Zahl der potenziellen Mütter, die sich hauptsächlich aus den in den 1980er-Jahren Geborenen zusammensetzt, bis dahin relativ groß ist. Anschließend wird ein Rückgang der Geburtenzahl auf 500.000 bis zum Jahr 2060 erwartet, da die Zahl potenzieller Mütter wie beschrieben weiter abnimmt; es sei denn, es sollten – gemäß dem sogenannten Bestandserhaltungsniveau – durchschnittlich 2,1 Kinder je Frau geboren werden (vgl. Statistisches Bundesamt 2015a, 5). Unter der Annahme G2 werden bei durchschnittlich 1,6 Kindern je Frau bis zum Ende der 2020er-Jahre mehr als 700.000 Neugeborene jährlich erwartet. Bis zum Jahr 2060 sinkt die jährliche Neugeborenenzahl ebenfalls ab auf 619.000 (vgl. Statistisches Bundesamt 2015b, 150 f.).

Abb. 3: *Entwicklung der Geburten und Sterbefälle 1950–2015 sowie Vorausberechnung bis 2060³*

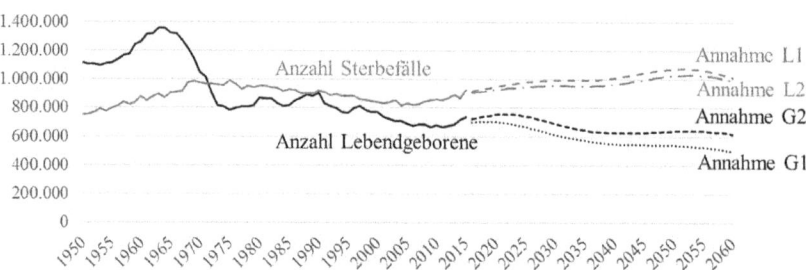

Die Zahl der Sterbefälle stieg seit Beginn der 1960er-Jahre zunächst leicht auf knapp 1 Mio. jährlich an. Seit 1975 fiel die Zahl der Sterbefälle bis zu einem Tiefstwert von ca. 800.000 im Jahr 2004. Seitdem ist erneut ein Anstieg der Sterbefälle zu verzeichnen (vgl. Grünheid/Sulak 2016, 7), der auch für die Bevölkerungsvorausberechnung weiterhin angenommen wird. Demnach wird die Zahl der jährlichen Sterbefälle auch bei einer leicht ansteigenden Lebenserwartung (Annahme L1) bis zum Jahr 2050 aufgrund der stark besetzten älteren Jahrgänge auf 1,1 Mio. ansteigen und anschließend bis zum Jahr 2060 wieder auf 1,0 Mio. jährlich zurückgehen (vgl. Statistisches Bundesamt 2015a, 5 f.). Steigt die Lebenserwartung (Annahme L2) stärker an, werden erst für die Jahre ab 2045 jährlich mehr als 1,0 Mio. Sterbefälle erwartet (vgl. Statistisches Bundesamt 2015b, 92 f.).

3.2 Entwicklung der Lebenserwartung

Seit 1960 ist die Lebenserwartung bei Geburt für neugeborene Jungen von ca. 67 Jahre auf 78,1 Jahre und für neugeborene Mädchen von ca. 72 Jahre auf 83,1 Jahre angestiegen (Sterbetafel 2012/2014). Gleichzeitig ist auch die sogenannte ‚fernere' Lebenserwartung für Ältere gestiegen, so dass 2015 ein 65-jähriger Mann durchschnittlich weitere 17,7 Jahre und eine 65-jährige Frau im Durchschnitt weitere 20,9 Lebensjahre vor sich hat. Im Vergleich zu 1970 sind dies 5,7 bzw. 6,0 Jahre mehr (vgl. Grünheid/Sulak 2016, 34). Seit den 1980er-Jahren verlangsamte sich der kontinuierliche Anstieg der Lebenserwartung vor

---

3 Quelle: Statistisches Bundesamt (2017g, 2017h, 2015b, 34 f., 208 f.).

allem für Frauen. Aus diesem Grund verringert sich die Differenz zwischen den Geschlechtern sowohl für Neugeborene als auch für Ältere langsam, aber stetig (vgl. Bundesministerium des Inneren 2017, 4). Gleichwohl ist aufgrund von biologischen Voraussetzungen und Verhaltensdifferenzen in Bezug auf eine mehr oder weniger gesunde Lebensweise weiterhin eine unterschiedlich hohe Lebenserwartung für die beiden Geschlechter zu erwarten (vgl. Grünheid/Sulak 2016, 34).

In der Bevölkerungsvorausberechnung werden zwei Annahmen zur weiteren Entwicklung der Lebenserwartung getroffen (vgl. Statistisches Bundesamt 2015a, 8):

- In der Variante L1 wird ein Anstieg der Lebenserwartung bei Geburt für das Jahr 2060 auf 84,8 Jahre für Männer und auf 88,8 Jahre für Frauen angenommen, während 65-jährige Männer mit weiteren 22,0 Jahren und Frauen mit weiteren 25,0 Lebensjahren rechnen können.
- In der Variante L2 wird der Anstieg der Lebenserwartung bei Geburt für das Jahr 2060 auf sogar 86,7 Jahre für Männer und auf 90,4 Jahre für Frauen geschätzt. In dieser Variante wird für 65-jährige Männer im Jahr 2060 eine fernere durchschnittliche Lebenserwartung von 23,7 Jahren prognostiziert, für Frauen liegt der Wert bei 26,5 Jahren.

Tab. 1: *Lebenserwartung im Zeitvergleich*[4]

	1960	2012/2014	2060 L1	2060 L2
	Lebenserwartung in Jahren bei Geburt			
Männer	67	78,1	84,8	86,7
Frauen	72	83,1	88,8	90,4
	Fernere Lebenserwartung in Jahren im Alter von 65 Jahren			
Männer	12,5	17,7	22,0	23,7
Frauen	14,5	20,9	25,0	26,5

Die größten Möglichkeiten zur weiteren Senkung der Sterblichkeit bestehen innerhalb der höheren Altersgruppen durch die Bekämpfung der Todesursachen, die auf Herz-Kreislauf-Erkrankungen zurückzuführen sind. Vor allem im mittleren Alter sind ungesunde Verhaltensweisen wie Alkoholmissbrauch, Rauchen und mangelnde Bewegung Mitverursacher für Kreislauferkrankungen, für Folgeerkrankungen des Verdauungssystems sowie für Krebs. Dagegen ist die Kinder-

---

4 Quelle: Grünheid/Sulak (2016, 34); Statistisches Bundesamt (2015a, 8).

sterblichkeit in Deutschland mittlerweile auf einem so niedrigen Niveau, dass eine weitere Verringerung für die statistische Verringerung der Gesamtsterblichkeit kaum noch eine Rolle spielt (vgl. Grünheid/Sulak 2016, 35 ff.).

3.3 Entwicklung des Altersaufbaus der Gesellschaft

Neben den Geburten- und Sterberaten sowie der Wanderungsbilanz bildet der Altersaufbau der Bevölkerung die Ausgangsbasis für die zukünftige Bevölkerungsentwicklung (vgl. Grünheid/Sulak 2016, 10). Die Bedeutung resultiert daraus, dass eine ungleiche Verteilung der Altersgruppen kurzfristig nicht durch höhere Geburtenraten oder Zuwanderung ausgeglichen werden kann (vgl. Statistisches Bundesamt 2015a, 12). Bei der Betrachtung des Altersaufbaus der Bevölkerung stehen insbesondere der Anteil der Menschen unter 20 Jahren sowie der Anteil der über 65-Jährigen im Mittelpunkt. Zusätzlich wird häufig der Anteil der Menschen über 80 Jahre dargestellt.

Abb. 4: *Veränderung des Altersaufbaus der Gesellschaft 1960–2010–2060*[5]

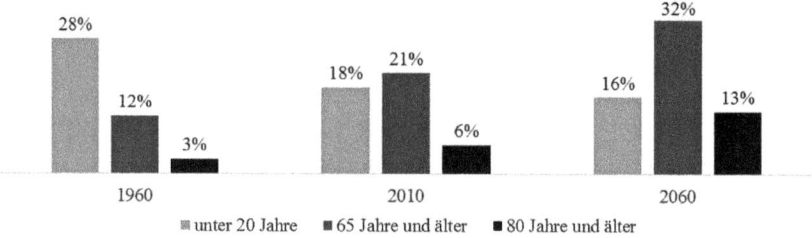

Im Jahr 1960 waren ca. 28 % der Bevölkerung jünger als 20 Jahre, während ca. 12 % älter als 65 Jahre waren. Der Anteil der über 80-Jährigen lag bei ca. 3 %. Bis zum Jahr 2010 sank der Anteil der Bevölkerung unter 20 Jahre auf 18 %, unterdessen stieg der Anteil der über 65-Jährigen auf 21 %. Der Anteil der Hochaltrigen über 80 Jahren stieg ebenfalls an (6 %) (vgl. Grünheid/Sulak 2016, 12). Für das Jahr 2060 rechnet das Statistisches Bundesamt (2015a, 6) mit einem Rückgang des Anteils der unter 20-Jährigen auf 16 %, während der Anteil der über 65-Jährigen auf mindestens 32 % steigen wird. 13 % der Bevölkerung werden 2060 zu der Altersgruppe der über 80-Jährigen gehören (vgl. Grünheid/ Sulak 2016, 13).

---

5   Quelle: Grünheid/Sulak (2016, 12). Annahme Kontinuität bei stärkerer Zuwanderung, Variante G1-L1-W2.

3.4 Entwicklung der Migrationsbilanz

Seit 1960 wurden in Deutschland mehrheitlich mehr Zu- als Abwanderungen verzeichnet. Die Jahresergebnisse unterscheiden sich dabei oft von Jahr zu Jahr stark, da Wanderungen durch Gesetzesänderungen (Zuwanderungsgesetz, Regelungen für (Spät-)Aussiedler), gezielte Arbeitskräfteanwerbung oder Flüchtlingsströme beeinflusst werden (vgl. Grünheid/Sulak 2016, 7 f.). Die Zuwanderer können dabei hinsichtlich der Art ihrer Einreise sowie ihres Aufenthaltsstatus folgendermaßen unterschieden werden (vgl. Grünheid/Sulak 2016, 42):

- EU-Binnenmigranten
- Erwerbsmigranten aus Drittstaaten
- Bildungsmigranten
- Familiennachzügler, (Spät-)Aussiedler
- Asylbewerber

2014 gehörten 60 % der Immigranten zur Gruppe der EU-Binnenmigranten (vgl. Grünheid/Sulak 2016, 42).

Für die Bevölkerungsvorausberechnung wird ein langjähriger Durchschnittswert als Ausgangsbasis für die weiteren Annahmen zur Migrationsbilanz herangezogen. Basierend auf dem Durchschnitt der Jahre 1950–2015 (193.000 Personen jährlich) wurde so zunächst für den Zeitraum 2021–2060 ein positiver Wanderungssaldo von 100.000 bzw. 200.000 projiziert. Im Durchschnitt der Jahre 1990–2015 blieben jedoch jährlich 297.000 Personen in Deutschland, sodass auch ein langfristiger positiver Wanderungssaldo von jährlich 300.000 Personen möglich erscheint (vgl. Bundesministerium des Inneren 2017, 5).

3.5 Entwicklung der Bevölkerungszahl

Die natürliche Bevölkerungsbilanz bestehend aus Geburten und Sterbefällen ist seit dem Jahr 1972 negativ und dies mit tendenziell steigendem Umfang (vgl. Grünheid/Sulak 2016, 7; Statistisches Bundesamt 2015a, 6). Aufgrund der Zuwanderungsüberschüsse stieg die Bevölkerungszahl im früheren Bundesgebiet bis zum Beginn der 1980er-Jahre dennoch weiter bis auf ca. 63 Mio. Personen an (vgl. Statistisches Bundesamt 2017d). Nach einem durch die Wiedervereinigung bedingten kurzen Anstieg der Bevölkerungszahl auf ca. 81 Mio. verharrt der Wert auf diesem Niveau (vgl. Grünheid/Sulak 2016, 6).

Abb. 5: Entwicklung der Bevölkerungszahl bis 2060[6]

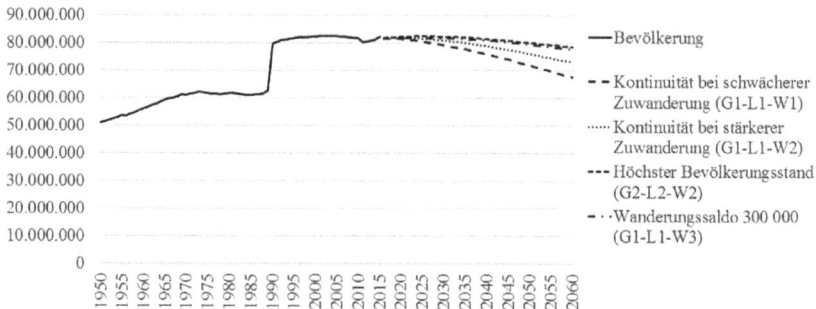

Bis zum Jahr 2060 wird die Bevölkerungszahl basierend auf den vorgestellten Alternativen bei einer jährlichen Zuwanderung von 100.000 Personen auf 67,6 Mio., bei einer stärkeren Zuwanderung von 200.000 Personen jährlich auf 73,1 Mio. zurückgehen (vgl. Grünheid/Sulak 2016, 9). Um in etwa den Stand von 2015 zu erhalten (ca. 82 Mio. Einwohnern) müsste der (oben angeführte) höhere Anstieg der Lebenserwartung, ein jährlicher Wanderungssaldo von plus 300.000 Personen sowie eine höhere Geburtenrate von 1,6 Kindern realisiert werden (vgl. Bundesministerium des Inneren 2017, 6).

4. Entwicklung der Bevölkerungsstruktur

Neben der Altersstruktur werden weitere Strukturelemente der Bevölkerung durch den demografischen Wandel beeinflusst, auf die im Folgenden eingegangen wird.

4.1 Entwicklung der Haushalte und Lebensformen

Bereits seit den 1960er-Jahren stieg die Zahl der Ein- und Zweipersonenhaushalte in Deutschland kontinuierlich an. Dadurch erhöhte sich die absolute Zahl der Haushalte im früheren Bundesgebiet von 19,5 Mio. (1961) auf 28,2 Mio. (1990), während die durchschnittliche Haushaltsgröße im gleichen Zeitraum von 2,88 auf ca. 2,25 Personen pro Haushalt sank. Nach der Wiedervereinigung setzte sich diese Entwicklung weiter fort, sodass die durchschnittliche Haushaltsgröße von 2,27 (1991) auf 2,00 Personen pro Haushalt (2015) fiel. Die absolute Zahl

---

6   Quelle: Statistisches Bundesamt (2017d), Statistisches Bundesamt (2017l).

der Haushalte vergrößerte sich von 35,3 Mio. auf 40,8 Mio. (vgl. Statistisches Bundesamt 2017i, z. T. eigene Berechnung).

Die Veränderungen der durchschnittlichen Haushaltsgröße hängen dabei eng mit einer Veränderung der Lebensformen zusammen: Die häufigsten Lebensformen in Deutschland waren 2014 die Ehepaare ohne Kinder (29 %) gefolgt von den Alleinstehenden (27 %) und den Ehepaaren mit Kindern im Haushalt (23 %). Gegenüber 1996 sank dabei der Anteil der Ehepaare mit Kindern im Haushalt stark (-8 %-Pkt.), während sich der Anteil der Alleinstehenden um +5 %-Pkt. vergrößerte. Rund 73 % der Kinder lebten 2014 bei ihren verheiratet lebenden Eltern, was gegenüber 1996 einen Rückgang um -11 %-Pkt. darstellt. Der Anteil der Kinder in Lebensgemeinschaften (9 %) sowie bei Alleinerziehenden (18 %) stieg dagegen im Vergleich zu 1996 um +5 %-Pkt. bzw. +6 %-Pkt. an (vgl. Grünheid/Sulak 2016, 70 f.).

Tab. 2: Veränderung der Zusammensetzung von Einpersonenhaushalten[7]

	1972	1991	2015
Anzahl Personen in Privathaushalten mit 1 Person in Mio.	6,0	11,9	16,9
%-Anteil lediger Personen	32	42	49
%-Anteil verheiratet getrennt lebender Personen	6	5	6
%-Anteil verwitweter Personen	52	40	26
%-Anteil geschiedener Personen	9	14	19
%-Anteile nach Altersklassen			
Unter 30 Jahre	14	21	17
30 bis unter 60 Jahre	29	32	42
60 Jahre und älter	56	47	41

Noch zu Beginn der 1990er-Jahre wurden die Einpersonenhaushalte zu 40 % von verwitweten Personen gebildet, während ledige Personen 42 % der Einpersonenhaushalte ausmachten. 2015 ist der Anteil lediger Personen auf 49 % gestiegen und gleichzeitig der Anteil der verwitweten Personen auf 26 % gesunken (vgl. Statistisches Bundesamt 2017a). Auch in der Altersstruktur der Bewohner der Einpersonenhaushalte spiegelt sich diese Entwicklung deutlich wider: Wurden 1991 ca. 47 % der Einpersonenhaushalte von Männern und Frauen über 60 Jahren bewohnt, waren dies 2015 noch 41 % (vgl. Statistisches Bundesamt 2017b). Bezogen auf die

---

7   Quelle: Statistisches Bundesamt (2017a, 2017b).

jeweiligen Altersgruppen wohnen 34 % der 25- bis 29-jährigen Männer und 25 % der Frauen in einem Einpersonenhaushalt, bei den 30- bis 34-Jährigen sind es 31 % der Männer gegenüber 18 % der Frauen (vgl. Grünheid/Sulak 2016, 68).

Im Jahr 2011 ist für ältere Personen neben dem Einpersonenhaushalt der Paarhaushalt die häufigste Wohnform. 64 % der Personen von 65–79 Jahren leben in einem Zweipersonenhaushalt, während der Anteil bei den Senioren ab 80 Jahren auf 46 % sinkt. Nur 7 % der Senioren ab 65 Jahren leben in Mehrpersonenhaushalten, z. B. in einer Wohngemeinschaft oder bei ihren erwachsenen Kindern (vgl. Bundesinstitut für Bau-, Stadt- und Raumforschung (BBSR) im Bundesamt für Bauwesen und Raumordnung (BBR) 2015, 40 f.).

Für das Jahr 2035 liegt eine Haushaltsvorausberechnung vor, die in zwei Szenarien ausgearbeitet wurde.

Tab. 3: Anteil Haushalte und Personen nach Haushaltsgröße im Jahr 2035[8]

	Trendvariante		Status quo-Variante	
	%-Anteil Haushalte	%-Anteil Personen in Haushalten	%-Anteil Haushalte	%-Anteil Personen in Haushalten
Einpersonenhaushalte	44,0	23,2	41,5	21,0
Zweipersonenhaushalte	35,7	37,6	35,4	35,9
Dreipersonenhaushalte	10,1	16,0	11,4	17,3
Vier- oder Mehrpersonenhaushalte	10,2	23,2	11,6	25,8

In der Status quo-Variante wurden die Ausgangsverhältnisse in Bezug auf die Determinanten der Haushaltsbildung konstant gehalten. Dagegen berücksichtigt die Trendvariante die Entwicklungen in der Verteilung der Bevölkerung nach Haushaltsgrößen im Zeitraum 1991–2015. Die Ergebnisse sind dabei grundsätzlich mit größerer Vorsicht zu interpretieren als Bevölkerungsvorausberechnungen, da sie auf vielen geschätzten Werten basieren (vgl. Statistisches Bundesamt 2017 f., 5 f.).

Nach der Trendvariante entfallen 2035 ca. 44 % der Haushalte auf Einpersonenhaushalte, weitere 36 % entfallen auf Zweipersonenhaushalte. Mehrpersonenhaushalte stellen 20 % der Haushalte, wobei 10 % auf Dreipersonenhaushalte und 10 % auf Vier- oder Mehrpersonenhaushalte entfallen. Nach der Status quo-Variante würden 23 % der Haushalte durch Mehrpersonenhaushalte gebildet werden, wäh-

---

8   Quelle: Statistisches Bundesamt (2017 f., 10, 14).

rend der Anteil der Zweipersonenhaushalte bei 35 % läge und Einpersonenhaushalte 42 % aller Haushalte bilden würden (vgl. Statistisches Bundesamt 2017 f., 10).

Bezogen auf die Bevölkerung würden nach der Trendvariante 23 % der Bevölkerung im Jahr 2035 in Einpersonenhaushalten leben, nach der Status quo-Variante wären es 21 %. Nach der Trendvariante lebten 38 % in Zweipersonenhaushalten und 39 % in Haushalten mit mindestens drei Mitgliedern, nach der Status quo-Variante verteilte sich die Bevölkerung leicht anders mit 36 % in Zweipersonenhaushalten und 43 % in Haushalten mit mindestens drei Mitgliedern (vgl. Statistisches Bundesamt 2017 f., 14).

4.2 Entwicklung der Haushaltseinkommen

Im Jahr 2015 setzte sich das Haushaltsbruttoeinkommen durchschnittlich zu 62 % aus dem Bruttoerwerbseinkommen, zu 23 % aus öffentlichen Transferzahlungen, zu 10 % aus eigenem Vermögen und zu 5 % aus nichtöffentlichen Transferzahlungen und Untervermietung zusammen. Einpersonenhaushalte haben dabei durchschnittlich ein Haushaltsbruttoeinkommen von 2.549 € monatlich, Zweipersonenhaushalte liegen bei 4.694 € monatlich (vgl. Statistisches Bundesamt 2017e, 25 f.).

Relevante Unterschiede ergeben sich vor allem bei einer Betrachtung der verschiedenen Lebensformen. So liegt das durchschnittliche Haushaltsbruttoeinkommen bei alleinlebenden Männern bei 2.800 € monatlich, während alleinlebende Frauen ein durchschnittliches Haushaltsbruttoeinkommen von 2.410 € zur Verfügung haben. Alleinerziehende Männer und Frauen liegen mit durchschnittlich 2.724 € dazwischen. Mit 6.258 € verfügen Paare mit Kindern (sowie „sonstige Haushalte" mit 6.284 €) über das höchste monatliche Haushaltsbruttoeinkommen. Paare ohne Kinder verfügen durchschnittlich über ein Haushaltsbruttoeinkommen von 4.964 € monatlich (vgl. Statistisches Bundesamt 2017e, 34).

Die Armutsrisikoquote[9] ist dabei bei Älteren sowie bei Haushalten mit Kindern tendenziell höher als bei Paarhaushalten ohne Kinder. So sind durchschnittlich 15 % der Familien mit Kindern von Armut bedroht, für Alleinerziehende beträgt die Armutsrisikoquote sogar 41 %, während die Armutsrisikoquote für Paare ohne Kinder bei lediglich 9 % liegt (vgl. Heimer/Juncke 2016, 20). Bei den Senioren sind vor allem alleinlebende Ältere ab 65 Jahren (24 %) armutsgefährdet, für ältere Paare liegt die Armutsgefährdungsquote bei 10 %. Als besonders gefährdet gelten Hochaltrige ab 80 Jahre, da sie häufiger alleine leben und einem höheren gesundheitlichen

---

9 „Danach gelten Personen als armutsgefährdet, wenn ihr bedarfsgewichtetes verfügbares Einkommen geringer als 60 % des Medianeinkommens in der Bevölkerung ist." Haan et al. (2017, 6).

Risiko unterliegen (vgl. Bundesinstitut für Bau-, Stadt- und Raumforschung (BBSR) im Bundesamt für Bauwesen und Raumordnung (BBR) 2015, 8).

Bei einer gleichbleibenden Armutsrisikoquote von 14 % würde bereits aufgrund der steigenden Anzahl älterer Menschen die absolute Zahl der armutsgefährdeten Senioren von 2,5 Mio. (2011) auf 3,1 Mio. Personen im Jahr 2030 zunehmen (vgl. Bundesinstitut für Bau-, Stadt- und Raumforschung (BBSR) im Bundesamt für Bauwesen und Raumordnung (BBR) 2015, 80).

Die Armutsrisikoquote steht in einem engen Zusammenhang mit dem Wohnort, da die wirtschaftliche Situation einer Region sich in den Arbeitslosenquoten und Erwerbsbiographien der Bewohner widerspiegelt. Somit lag die Armutsrisikoquote für Personen über 65 Jahre 2011 zwischen 11 % in wirtschaftlich stabilen Kreisen und 17 % in strukturschwachen Städten (vgl. Bundesinstitut für Bau-, Stadt- und Raumforschung (BBSR) im Bundesamt für Bauwesen und Raumordnung (BBR) 2015, 43 f.).[10]

Das Armutsrisiko der Senioren wird dabei zukünftig von folgenden Faktoren beeinflusst (vgl. Bundesinstitut für Bau-, Stadt- und Raumforschung (BBSR) im Bundesamt für Bauwesen und Raumordnung (BBR) 2015, 86):

- Angleichung der Geschlechterrelation und damit einhergehend ein steigender Anteil Paarhaushalte bei Senioren;
- steigende Anzahl der Grundsicherungsbezieher;
- erwartete Absenkung des Rentenniveaus;
- steigende Anzahl pflegebedürftiger Personen aufgrund erhöhter Lebenserwartung;
- erwartete Polarisierung der Vermögensentwicklung im Alter;
- gestiegenes Bildungsniveau, jedoch noch nicht bei Personen mit Migrationshintergrund;
- Zeiten von Arbeitslosigkeit und prekären Beschäftigungssituationen.

---

10 Indikatoren der Wohnmarkttypisierung: Bevölkerungsentwicklung 2005–2010 in %; Wanderungssaldo 2008–2010 in % der Einwohner (3-Jahres-Durchschnitt); Anteil der Senioren (65 Jahre und älter) an den Einwohnern 2010 in %; Kaufkraftindex 2010 (D=100); Anteil der Leistungsbezieher nach SGB II (Personen in Bedarfsgemeinschaften; Jahresdurchschnitt 2010) an den Einwohnern 2010 in %; Neubautätigkeitsrate 2008–2010 in Wohneinheiten je 1.000 Einwohner (3-Jahres-Durchschnitt); Median der Angebotsmieten 2010 bezogen auf die Wohnungen mit 60–80 qm in €/qm (Quelle: Bundesinstitut für Bau-, Stadt- und Raumforschung (BBSR) im Bundesamt für Bauwesen und Raumordnung (BBR) (2015, 35)).

Insgesamt wird basierend auf diesen Faktoren mit einem Anstieg der Armutsrisikoquote auf 18 %, d. h. 3,93 Mio. Personen ab 65 Jahren, für das Jahr 2030 gerechnet. In der regionalen Betrachtung wird die Armutsrisikoquote in den wirtschaftlich schwächeren Regionen und Städten auf bis zu 24 % steigen, während für die wirtschaftlich stabilen Kreise ein Anstieg der Armutsrisikoquote auf 14 % prognostiziert wird (vgl. Bundesinstitut für Bau-, Stadt- und Raumforschung (BBSR) im Bundesamt für Bauwesen und Raumordnung (BBR) 2015, 104).

Tab. 4: *Armutsrisikoquote 2015–2036 insgesamt und für verschiedene Risikogruppen von Personen ab 67 Jahren*[11]

in %	2015–2020	2021–2025	2026–2030	2031–2036
Gesamt	16,24	15,52	19,15	20,26
Region: Ost	21,60	22,68	26,75	35,85
Region: West	14,63	13,39	17,15	16,63
Niedrige Qualifikation	25,80	29,81	32,06	36,64
Mittlere Qualifikation	16,23	15,83	20,77	20,97
Hohe Qualifikation	10,11	8,25	10,56	12,68
Single-Frau: Ja	40,43	44,71	43,89	51,98
Single-Frau: Nein	13,95	12,00	16,69	16,83
Migrationshintergrund: Ja	31,20	30,11	35,12	33,62
Migrationshintergrund: Nein	13,37	12,48	16,08	17,74

Zu etwas anderen Ergebnissen kommt die Studie „Entwicklung der Altersarmut bis 2036" von Haan et al. (2017). Basierend auf Daten des Sozioökonomischen Panels (SOEP) wird die Armutsrisikoquote für Haushalte mit Personen ab 67 Jahren berechnet. Bis zum Zeitraum 2031–36 steigt die Armutsrisikoquote so auf durchschnittlich 20 % für die betrachtete Personengruppe (vgl. Haan et al. 2017, 70). Detailliert nach 5-Jahres-Zeiträumen sowie verschiedenen Risikogruppen werden unterschiedliche Prognosen vorgestellt, die in Tabelle 4 abgebildet sind.

Für Familien stellt sich die zukünftige Entwicklung dagegen positiver dar. Im Trend-Szenario des Zukunftsreports Familie 2030 (vgl. Heimer/Juncke 2016), in dem die Entwicklung der Erwerbssituation von Eltern fortgeschrieben wird, steigt die

---

11 Quelle: Haan et al. (2017, 71 f.). Einteilung der Qualifikation: niedrig – maximal Mittelstufe, keine Berufsausbildung; mittel – Abitur, aber kein Hochschulabschluss, oder abgeschlossene Berufsausbildung; hoch – höhere Berufsausbildung, Hochschulabschluss.

Erwerbsquote von Müttern bis 2030 um +3 %-Pkt. auf 70 % an sowie die von Vätern um +2 %-Pkt. auf 93 %. Die durchschnittliche Wochenarbeitszeit von Müttern wird sich zudem von 25,9 Std. auf 27,2 Std. erhöhen, während die Väter die Arbeitszeiten marginal (um 0,3 Std.) auf 41,2 Wochenstunden verkürzen. Im Ergebnis verringert sich so der Anteil der Alleinverdienerhaushalte um -3,7 %-Pkt. auf 24,2 %; gleichzeitig erhöht sich der Anteil der Doppelverdienerhaushalte um +4,4 %-Pkt. auf 68,2 % (vgl. Heimer/Juncke 2016, 50 ff.). Dadurch würde das Haushaltseinkommen von Familien um +1,3 % steigen, das von Alleinerziehenden um +1,6 %. Die Armutsgefährdungsquote würde bei Familien um -0,9 %-Pkt. auf 14,4 %, bei Alleinerziehenden um -1,2 %-Pkt. auf 40,3 % sinken (vgl. Heimer/Juncke 2016, 54 f.).

Für Frauen im Alter von 20–64 Jahren wird in der Arbeitsmarktprognose 2030 (Vogler-Ludwig/Düll 2013) ein Anstieg der Erwerbsquote von 77,5 % (2010) auf 81,5 % (2030) erwartet. Dabei wird jedoch nicht betrachtet, ob die Frauen Mütter sind. Im gebärfähigen Alter von 20–49 Jahren wird sogar ein höherer Anstieg der Erwerbsquote um durchschnittlich +4,5 %-Pkt. von 81,6 % auf 86,1 % erwartet, dabei wird die höchste Erwerbsquote von 90,1 % für Frauen im Alter von 40–44 Jahren prognostiziert (vgl. Vogler-Ludwig/Düll 2013, 167).

4.3 Entwicklung der Bevölkerung mit Migrationshintergrund

Seit 2005 wird im Mikrozensus der Migrationshintergrund von Personen erfasst, da die bisherige Unterscheidung nach Staatsangehörigkeit (Deutsch- oder Ausland) seine Aussagekraft im Laufe der Jahre durch Einbürgerungen und (Spät-)Aussiedler immer weiter verloren hat und die Kinder der Zugewanderten dabei nicht angemessen erfasst wurden (vgl. Statistisches Bundesamt 2017j). Als Personen mit Migrationshintergrund werden nun alle Personen erfasst, „die die deutsche Staatsangehörigkeit nicht durch Geburt besitzen oder die mindestens ein Elternteil haben, auf das dies zutrifft." (Statistisches Bundesamt 2017j). Dabei werden bisher vor allem die Kinder von Personen mit Migrationshintergrund erfasst, die im gleichen Haushalt leben (= Migrationshintergrund im engeren Sinn). Haben diese Kinder bereits einen eigenen Haushalt, wird der Migrationshintergrund in den allgemeinen Befragungen des Mikrozensus nicht aufgezeichnet – die ausführliche Abfrage geschah bislang nur in den Jahren 2005, 2009 und 2013 und wird dann als Migrationshintergrund im weiteren Sinn ausgewiesen. Zeitvergleiche sollten daher immer über den Migrationshintergrund im engeren Sinn erfolgen (vgl. Statistisches Bundesamt 2017j).

Das Merkmal ‚Migrationshintergrund' geht somit langfristig durch Einbürgerung verloren. Wenn Eltern und Kind mit der deutschen Staatsangehörigkeit geboren wurden, und die Großeltern durch Einbürgerung Deutsche wurden, ist das Merkmal Migrationshintergrund für die Kindergeneration nicht mehr zutreffend (vgl. Die Beauftragte der Bundesregierung für Migration, Flüchtlinge und Integration 2016, 17 f.).

Tab. 5: Personen mit Migrationshintergrund[12]

	2005		2011		2015	
	Anzahl in Mio.	Anteil in %	Anzahl in Mio.	Anteil in %	Anzahl in Mio.	Anteil in %
Bevölkerung gesamt	82,5	–	80,2	–	81,4	–
Personen mit Migrationshintergrund	15,0	18,2	14,9	18,5	17,1	21,0
Deutsche mit eigener Migrationserfahrung	4,8.	5,8	4,9	6,1	5,0	6,2
Deutsche ohne eigene Migrationserfahrung	2,9.	3,5	3,7	4,6	4,3	5,3
Ausländer/innen mit eigener Migrationserfahrung	5,6	6,8	4,9	6,1	6,4	7,9
Ausländer/innen ohne eigene Migrationserfahrung	1,7	2,1	1,3	1,6	1,3	1,6

Im Jahr 2015 hatten 17,1 Mio. Menschen in Deutschland einen Migrationshintergrund, darunter 5,0 Mio. Deutsche mit eigener Migrationserfahrung und 4,3 Mio. Deutsche ohne eigene Migrationserfahrung sowie 6,4 Mio. Ausländerinnen und Ausländer mit und 1,3 Mio. ohne eigene Migrationserfahrung (vgl. Statistisches Bundesamt 2017c, 61) (vergleiche auch Tabelle 5).

Im Vergleich zu 2011 ist dabei vor allem der Anteil der Deutschen mit Migrationshintergrund aber ohne eigene Migrationserfahrung sowie der Anteil der Ausländerinnen und Ausländer mit eigener Migrationserfahrung gestiegen. 9,3 Mio. Personen mit Migrationshintergrund hatten 2015 die deutsche Staatsbürgerschaft, 7,8 Mio. besaßen eine ausländische Staatsbürgerschaft. Gegenüber 2011 hat damit vor allem die Zahl der Personen mit ausländischer Staatsbürgerschaft deutlich zugenommen (+1,5 Mio. Personen), während die Zahl der Deutschen mit Migrationshintergrund um +0,7 Mio. Personen anstieg. Der Vergleich mit den Daten von 2005

---

12 Quelle: Statistisches Bundesamt (2017c, 61).

ist nur eingeschränkt möglich, da die Hochrechnungen dafür auf dem Zensus von 1987 beruhen und erst ab 2011 der Zensus 2011 zur Hochrechnung verwendet wurde. Dennoch spiegeln sich die Entwicklungen der vorgestellten Bevölkerungsanteile auch darin bereits wider (vgl. Statistisches Bundesamt 2017c, 61).

Das Durchschnittsalter der Bevölkerung mit Migrationshintergrund beträgt 35,6 Jahre und liegt damit deutlich unter dem Durchschnittsalter der Bevölkerung ohne Migrationshintergrund von 47,1 Jahren (vgl. Statistisches Bundesamt 2017c, 65). Dies zeigt auch die Betrachtung nach Altersgruppen: 21 % der Bevölkerung mit Migrationshintergrund sind jünger als 15 Jahre, 69 % gehören zur Altersgruppe 15 Jahre bis unter 65 Jahre und 10 % sind 65 Jahre oder älter. In der Bevölkerung ohne Migrationshintergrund sind dagegen nur 11 % jünger als 15 Jahre und ein Viertel 65 Jahre oder älter, so dass 64 % in die Altersgruppe 15 Jahre bis unter 65 Jahre fallen (vgl. Statistisches Bundesamt 2017c, 65).

Wenngleich sich die Anteilswerte noch unterscheiden, gleichen sich die Lebensformen der Bevölkerung mit Migrationshintergrund denen ohne Migrationshintergrund an. So hat die Ehe als Lebensform für Familien mit Kindern an Bedeutung verloren, während Lebensgemeinschaften und Alleinerziehende zunahmen (vergleiche auch Tabelle 6).

Tab. 6: Familien mit minderjährigen Kindern[13]

	Bevölkerung insgesamt		Personen mit Migrationshintergrund	
	2005	2015	2005	2015
Familien mit minderjährigen Kindern insgesamt in Mio.	8,9	8,0	2,4	2,6
%-Anteil Ehepaare	74,8	69,0	83,0	76,7
%-Anteil Lebensgemeinschaften	7,7	10,5	4,8	7,0
%-Anteil Alleinerziehende	17,6	20,5	12,2	16,3

Gegenüber 2005 ist dabei bei der Bevölkerung mit Migrationshintergrund der Anteil der Alleinerziehenden mit +4,1 %-Pkt. auf 16,3 % stärker angestiegen als bei der Gesamtbevölkerung (+2,9 %-Pkt. auf 20,5 %). Die Ehe hat zudem bei der Bevölkerung mit Migrationshintergrund einen stärkeren Rückgang erfahren um -6,3 %-Pkt. auf

---

13 Quelle: Die Beauftragte der Bundesregierung für Migration, Flüchtlinge und Integration (2016, 29).

76,7 % gegenüber der Gesamtbevölkerung (-5,8 %-Pkt. auf 69,0 %) (vgl. Die Beauftragte der Bundesregierung für Migration, Flüchtlinge und Integration 2016, 29).

In Bezug auf das Haushaltseinkommen liegt die Armutsgefährdungsquote bei Personen mit Migrationshintergrund weiterhin doppelt so hoch wie der Wert für Personen ohne Migrationshintergrund. Soziodemografische oder strukturelle Merkmale wie Alter, Haushaltsgröße oder Bildung wirken dabei kaum mindernd. Besonders armutsgefährdend wirken ein fehlender Berufs- oder Hochschulabschluss, Arbeitslosigkeit oder geringfügige Beschäftigungsverhältnisse sowie dass Personen mit Migrationshintergrund seltener eine Position als Angestellter oder Beamter erreichen. Lediglich Personen mit Migrationshintergrund, die in Deutschland geboren sind und einen Berufsschul- oder Hochschulabschluss haben, weisen ein ähnliches Armutsgefährdungsrisiko auf wie gleich qualifizierte Personen ohne Migrationshintergrund (vgl. Die Beauftragte der Bundesregierung für Migration, Flüchtlinge und Integration 2016, 30 f.).

5. Auswirkungen des demografischen Wandels auf den Tourismus

5.1 Allgemeine Zusammenhänge

Bereits 2009 wurden die Schnittstellen des demografischen Wandels mit dem Tourismus und seine Auswirkungen auf den Tourismus ausführlich mit den damals vorliegenden Daten untersucht (vgl. Grimm et al. 2009a). Dabei wurden zunächst die Schnittstellen Nachfrage, Arbeitsmarkt und Angebot in Kombination mit folgenden Merkmalen der Bevölkerung analysiert (vgl. Grimm et al. 2009a, 10 f.):

- Bevölkerungsvolumen,
- Wanderungen,
- Altersstruktur,
- Geschlecht,
- Bildungsstruktur,
- Haushaltsstruktur und
- Haushaltseinkommen.

Basierend auf dem Volumen der einzelnen Segmente, der Dynamik der zukünftigen Entwicklung sowie spezifischen Verhaltensweisen, die für den Tourismus relevant sind, wurden die Merkmale Geschlecht und Bildung als nachrangig beurteilt. Als besonders relevante Faktoren, die durch ihre Veränderung im Rahmen des demografischen Wandels den Tourismus beeinflussen, wurden die Bevölkerungszahl, Wanderungen bzw. der Anteil der Bevölkerung mit Migrationshintergrund, die verschiedenen Altersgruppen, das Haushaltseinkommen sowie die Haushalts- und Lebensformen erkannt (vgl. Grimm et al. 2009a, 48 ff.).

In Tabelle 7 werden die relevanten Merkmale und ihre Entwicklung bis 2060 oder das jeweils angegebene Bezugsjahr zusammenfassend aufgeführt und den direkten und indirekten Schnittstellen in den Bereichen Nachfrage, Arbeitsmarkt und Angebot im Tourismus gegenübergestellt.

Tab. 7: Übersicht über direkte und indirekte Schnittstellen demografischer Bestandteile und ihre Entwicklung[14]

	Direkte Schnittstellen	Indirekte Schnittstellen	Entwicklung
Bevölkerungszahl	Anzahl Reisen(de) Anzahl Arbeitskräfte	Anzahl Arbeitsplätze Auslastung der Infrastruktur	Bis 2060: Rückgang auf 78,6 Mio. (-3,4 Mio., -4 %) bis 67,6 Mio. (-14,4 Mio., -18 %)
Altersgruppen	Anzahl Reisen(de) Reiseverhalten (Destinationswahl) Alter der Arbeitskräfte	Art der Arbeitsplätze Art der tourismusspezifischen Infrastruktur	Bis 2060: Unter 20 Jahre: -2 %-Pkt. auf 16 % 65 Jahre und älter: +11 %-Pkt. auf 32 % 80 Jahre und älter: +7 %-Pkt. auf 13 %
Haushaltseinkommen	Anzahl Reisen(de) Höhe der Reiseausgaben	Attraktivität unterschiedlich gut bezahlter Arbeitsplätze Preisniveau touristischer Angebote	Bis 2030: Senioren: Anstieg der Armutsrisikoquote, Anstieg der Erwerbsquote Familien: leichter Rückgang der Armutsrisikoquote, leichter Anstieg des Haushaltseinkommens

---

14 Quelle: Grimm et al. (2009a, 10 f.); Statistisches Bundesamt (2017l); Grünheid/Sulak (2016, 12); Bundesinstitut für Bau-, Stadt- und Raumforschung (BBSR) im Bundesamt für Bauwesen und Raumordnung (BBR) (2015, 80); Haan et al. (2017, 71 f.); Heimer/Juncke (2016, 54 f.); Statistisches Bundesamt (2017 f., 10, 14); Bundesministerium des Inneren (2017, 5).

	Direkte Schnittstellen	Indirekte Schnittstellen	Entwicklung
Haushalts- und Lebensformen	Anzahl Reiseteilnehmer Gruppenzusammensetzung Flexibilität der Arbeitskräfte in Bezug auf Arbeitszeiten, Kinderbetreuung etc.	Art der Arbeitsplätze Größe und Art der Unterkünfte	Trendvariante bis 2035: 1-Personenhaushalte: Anstieg auf 44 %, 23 % der Personen 2-Personenhaushalte: gleichbleibend 36 %, 38 % der Personen Mehrpersonenhaushalte: Rückgang auf 20 %, 39 % der Personen
Wanderungen bzw. Personen mit Migrationshintergrund	Reiseverhalten, insbesondere Destinationswahl Anzahl der VFR-Reisen Regionale Verfügbarkeit von Arbeitskräften	Regionales Angebot an Arbeitsplätzen Regionale Auslastung der tourismusspezifischen Infrastruktur	Wanderungen bis 2060: positiver Saldo von W1: +100.000 bis W3: +300.000 jährlich erwartet Anzahl / Anteil Personen mit Migrationshintergrund: keine Angaben

Aus Tabelle 7 wird ersichtlich, dass durch den demografischen Wandel eine Vielzahl direkter und indirekter Auswirkungen auf die Entwicklung der Nachfrage, des Arbeitsmarktes und des Angebots erwartet werden können.

In Bezug auf die Nachfrage zeigen sich die Veränderungen in der Anzahl der Reisenden, der Anzahl der Reiseteilnehmer einer Reise sowie der Gruppenzusammensetzung, aber auch in der Anzahl der Reisen und dem Reiseverhalten wie gewählte Reisearten (z. B. Urlaubsreisen vs. VFR-Reisen) oder Destinationswahl und der Höhe der Reiseausgaben. Direkte Auswirkungen für den Arbeitsmarkt ergeben sich in der (regional unterschiedlichen) Verfügbarkeit von Arbeitskräften, ihrem Alter und ihrer Flexibilität hinsichtlich der Arbeitszeiten etc. Auch indirekt wirkt der demografische Wandel auf den Arbeitsmarkt, da durch ein verändertes Angebot, welches durch die veränderte Nachfrage notwendig wird, auch die (regional benötigte) Anzahl und Art der Arbeitsplätze beeinflusst wird. Daneben kann sich die Attraktivität der touristischen Arbeitsplätze aufgrund der Lohnentwicklung in den verschiedenen Branchen verändern. Hinsichtlich der touristischen Angebote wirkt der demografische Wandel auf die (regionale) Auslastung der Infrastruktur, die Art der tourismusspezifischen Infrastruktur, z. B. die Art und Größe der Unterkünfte, sowie das Preisniveau der touristischen Angebote (vgl. Grimm et al. 2009a, 10 f.).

Über seine grundsätzliche Einflussnahme auf die Gesellschaft wirkt der demografische Wandel zudem zusätzlich indirekt auf den Tourismus, da sich Anpassungsreaktionen der Gesellschaft (z. B. höhere Beiträge zu Pflegeversicherungen) ebenfalls auf die Reise-Möglichkeiten der Bevölkerung auswirken können. Auch die Rahmenbedingungen des Arbeitsmarkts können davon berührt werden (vgl. Grimm et al. 2009b, 10 f.).

5.2 Auswirkungen des demografischen Wandels auf die Nachfrage

Um die basierend auf dem demografischen Wandel vorliegenden Zahlen richtig einschätzen und Trends für das zukünftige Reiseverhalten abschätzen zu können, werden Daten über das bisherige Reiseverhalten sowie die Zusammenhänge zwischen Soziodemografie und Reiseverhalten benötigt (vgl. Grimm et al. 2009b, 9). Ein wichtiger Bestimmungsfaktor dabei ist die Reiseintensität der Bevölkerung, da es immer Personen geben wird, die nicht (mehr) reisen können oder wollen. Daneben ist die Anzahl der durchgeführten Reisen in einem Jahr relevant (vgl. Grimm et al. 2009b, 14 f.).

In der Vergangenheit hat sich dabei gezeigt, dass die Urlaubsreiseintensität für die verschiedenen Altersgruppen, wenn auch im unterschiedlichen Maße, über die Jahre deutlich gestiegen ist (vgl. Grimm et al. 2009b, 18). Detaillierte Analysen kommen zu dem Schluss, dass vor allem im Alter zwischen 60–80 Jahren das Reiseverhalten von dem im Laufe des Lebens entwickelten Konsumverhalten bestimmt wird und die Menschen einer Alterskohorte somit ein ähnliches Verhalten zeigen (Kohortenregel) (vgl. Grimm et al. 2009b, 21, 24 ff.). Allerdings gibt es zahlreiche Ausnahmen, die das Informations- und Buchungsverhalten, die Reisedauer, die saisonale Verteilung der Reisen sowie Reisearten, Motive und Aktivitäten betreffen (vgl. Grimm et al. 2009b, 32). Für eine Abschätzung der allgemeinen Faktoren Reiseintensität und Reisehäufigkeit kann für die Altersgruppe 60–80 Jahre jedoch die Kohortenregel angewendet werden (vgl. Grimm et al. 2009b, 21).

Anders verhält es sich bei den jüngeren Altersgruppen. Hier hängt das Reiseverhalten stärker von der jeweiligen Lebenssituation ab (z. B. unverheiratetes Paar vs. Familie mit kleinen Kindern). Für die Vorausberechnung der Reiseintensität und -häufigkeit kann daher ein segmentspezifisches Verhalten angenommen werden (vgl. Grimm et al. 2009b, 21).

Im Folgenden werden die Reiseintensität und die Reisehäufigkeit für die Jahre 2030 und 2060 geschätzt und durch die Multiplikation mit der jahresspezifischen Bevölkerungszahl die Zahl der Reisenden und der Reisen berechnet. Die Berechnungen werden dabei getrennt nach Altersgruppen sowie beispielhaft für das Segment der Urlaubsreisen ab 5 Tagen vorgenommen. Die Abschätzung der Werte der Reiseintensität und -häufigkeit basiert dabei auf den für die Jahre 2007 und 2015 ermittelten Werten aus der Reiseanalyse (vgl. Lohmann/Schmücker/ Sonntag 2016, 6 ff.; Grimm et al. 2009b, 30, 41).

Die Ergebnisse sind nicht als Prognose zu verstehen, sondern sollen eine Trendabschätzung darstellen, die die Auswirkungen des demografischen Wandels verdeutlicht. In diesem Zusammenhang ist zu beachten, dass sich die Ergebnisse der Reiseanalyse auf die in Privathaushalten lebende deutschsprachige Wohnbevölkerung ab 14 Jahren beziehen (vgl. Grimm et al. 2009b, 12), während für die Bevölkerungszahlen die gesamte Bevölkerung ab 14 Jahren der 13. koordinierten Bevölkerungsvorausberechnung (Statistisches Bundesamt 2015b) verwendet wurde. Die Bevölkerung insgesamt ist dabei nicht deckungsgleich mit der Wohnbevölkerung, da insbesondere ältere Personen häufiger in Pflege- oder Altersheimen leben, so dass diese Gruppe in den Berechnungen leicht überrepräsentiert wird (vgl. Grimm et al. 2009b, 13).

In Tabelle 8 sind die Urlaubsreiseintensität und -häufigkeit für die Jahre 2007, 2015 sowie 2030 und 2060 dargestellt. Aufgrund der unterschiedlichen Verwendung der Altersklassen in den beiden Quellen wurden die angegebenen Werte für 2015 neu berechnet. Entsprechend der Kohortenregel für die älteren Jahrgänge wird eine höhere Urlaubsreiseintensität für die Jahre 2030 und 2060 angenommen, während für die Werte der Altersklassen 14-29 Jahre und 30-59 Jahre nur bis 2030 eine leichte Steigerung angenommen wird. In Bezug auf die Urlaubsreisehäufigkeit werden ebenfalls nur leichte Veränderungen im Zeitverlauf angenommen.

Tab. 8: *Urlaubsreiseintensität und -häufigkeit 2007-2060 nach Altersklassen*[15]

	Urlaubsreiseintensität in %				Urlaubsreisehäufigkeit			
	2007	2015	2030	2060	2007	2015	2030	2060
14-29 Jahre	76	81	84	84	1,2	1,2	1,2	1,2
30-59 Jahre	78	81	83	83	1,3	1,2	1,2	1,2
60-69 Jahre	77	77	78	80	1,4	1,4	1,3	1,3
70-79 Jahre	65	73	75	76	1,4	1,4	1,5	1,5
80 Jahre und älter	44	50	53	56	1,3	1,3	1,3	1,3

---

15 Quellen: Grimm et al. (2009b, 18, 25, 30, 37, 41); Lohmann/Schmücker/Sonntag (2016, 6 ff.); eigene Berechnung auf Basis der angegebenen Quellen.

Multipliziert mit den vorausberechneten Bevölkerungszahlen in den jeweiligen Altersgruppen ergeben sich unterschiedliche Werte für die Zahl der Urlaubsreisenden und ihrer Urlaubsreisen je nachdem, welche Variante der Bevölkerungsvorausberechnung verwendet wird.

In Abbildung 6 werden die Ergebnisse basierend auf den Varianten Kontinuität bei schwächerer Zuwanderung (G1-L1-W1) und Wanderungssaldo 300.000 (G1-L1-W3) dargestellt. Insgesamt ergibt sich ein Korridor von 54,7 Mio. bis 56,4 Mio. Urlaubsreisenden mit 69,1 Mio. bis 71,1 Mio. Urlaubsreisen für das Jahr 2030 sowie für das Jahr 2060 ca. 46,7 Mio. bis 53,8 Mio. Urlaubsreisende mit 59,2 Mio. bis 68,1 Mio. Urlaubsreisen. Werden die Ergebnisse den neu berechneten Werten für 2015 gegenübergestellt, ergibt sich eine Veränderung der Urlaubsreisenden bis 2030 um -0,7 Mio. bis +1,0 Mio. Personen und für 2060 ein Rückgang um -1,6 Mio. bis -8,8 Mio. urlaubsreisenden Personen.

Abb. 6: Trendkorridor Anzahl Urlaubsreisende und Urlaubsreisen 2030 und 2060 nach Altersklassen[16]

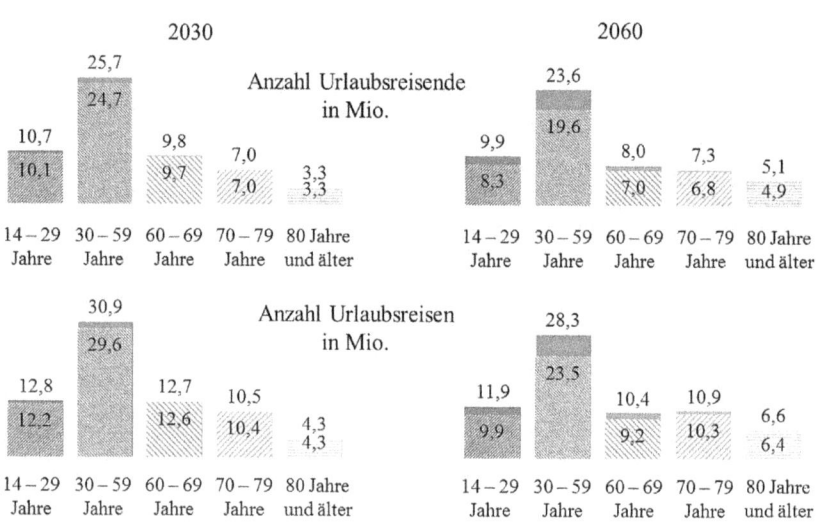

Die für das Jahr 2060 berechneten Werte können dabei wie beschrieben nur als eine mögliche Variante der Entwicklung beurteilt werden, da viele Faktoren, die

---

16 Eigene Berechnung auf Basis von Grimm et al. (2009b, 18, 25, 30, 37, 41); Lohmann/Schmücker/Sonntag (2016, 6 ff.); Statistisches Bundesamt (2015b, 14-33, 44-62, 217-236, 275-294).

die Reiseintensität und -häufigkeit ebenfalls beeinflussen, hier nicht berücksichtigt wurden. Das Ziel ist zu zeigen, in welchem Ausmaß der demografische Wandel und die verschiedenen Varianten der Bevölkerungsvorausberechnung die Zahl der Urlaubsreisenden und der Urlaubsreisen beeinflussen.

Bereits für das Jahr 2030 zeigen sich die größten Unterschiede in den berechneten Werten der Urlaubsreisenden und der Urlaubsreisen für die Altersgruppen 14–29 Jahre sowie 30–59 Jahre. Dabei ist zu beachten, dass die Anzahl der Bevölkerung in den Altersgruppen unterschiedlich groß ist und für die jüngeren Altersgruppen bis 2030 starke Rückgänge der Bevölkerungszahlen (-10 % bis -17 %) erwartet werden, während für die höheren Altersgruppen ein Anstieg um +13 % bis +31 % erwartet wird (eigene Berechnung auf Basis Statistisches Bundesamt 2015b). Im weiteren Verlauf bis 2060 zeigt sich zudem, dass sich die verschiedenen Annahmen in den Varianten der Bevölkerungsvorausberechnung (Geburtenrate, Lebenserwartung, Wanderungssaldo) in deutlich unterschiedlich hohen Bevölkerungszahlen für die verschiedenen Altersgruppen niederschlagen, vor allem für die Altersgruppe 60–69 Jahre und die beiden jüngeren Altersgruppen. So wird deutlich, dass sich die Anzahl der Personen in einer Altersgruppe bei gleichbleibender Reiseintensität stark auf die Anzahl der Urlaubsreisenden und der Reisen auswirkt. Welche der berechneten Werte später tatsächlich zutreffen, hängt somit stark von der weiteren Entwicklung des demografischen Wandels und seiner Faktoren ab.

5.2.1 Familien

Der Rückgang der Geburtenzahlen ist der kennzeichnendste Faktor des demografischen Wandels, daher sollen an dieser Stelle die Auswirkungen auf die Familien und den Urlaub mit Kindern untersucht werden.

Wie bereits beschrieben, wird in der Variante G1 ein Rückgang der jährlichen Geburten auf 700.000 bis 2020 und auf 500.000 Neugeborene bis 2060 erwartet. In der Variante G2 liegt die Zahl der Neugeborenen bis Ende der 2020er-Jahre über 700.000, sinkt dann aber ebenfalls auf 619.000 Neugeborene bis 2060 ab (vgl. Statistisches Bundesamt 2015b, 34 f., 208 f.).

Bis 2030 wird nach der Variante G1-L1-W1 (Kontinuität bei schwächerer Zuwanderung) die Anzahl der Kinder unter 14 Jahren um -0,3 Mio. zurückgehen, nach anderen Varianten wird bis 2030 noch eine Steigerung um +0,1 Mio. (Variante G1-L1-W3, Wanderungssaldo 300.000) bis +0,9 Mio. (Variante G2-L2-W2, höchster Bevölkerungsstand) erwartet. Bis 2060 wird nach Variante G2-L2-W2 ein geringer Anstieg der Kinderzahlen unter 14 Jahren um +0,03 Mio. berechnet, in den weiteren betrachteten Varianten wird ein Rückgang von -0,9 Mio.

(G1-L1-W3) bis -2,3 Mio. (G1-L1-W1) erwartet (eigene Berechnung auf Basis Statistisches Bundesamt 2015b, 14–33, 44–62, 217–236, 275–294).

In der Vergangenheit hat sich gezeigt, dass die Auswirkungen der rückläufigen Kinderzahlen in Bezug auf Urlaubreisen weniger stark ausfielen als zunächst erwartet, da die Anzahl der Haushalte mit Kindern langsamer sinkt als die Kinderzahl insgesamt. Daher scheint die Anzahl der Haushalte mit Kindern der ausschlaggebende Faktor für die Zahl der Urlaubsreisen mit Kindern zu sein (vgl. Grimm et al. 2009b, 49).

2015 gab es ca. 8,0 Mio. Haushalte mit Kindern, ein Rückgang gegenüber 1996 von -1,5 Mio. (vgl. Bundesinstitut für Bevölkerungsforschung 2017c). 5,5 Mio. Haushalte bzw. 69 % wurden dabei von Ehepaaren mit Kindern gebildet (-2,2 Mio. bzw. -12,4 %-Pkt. gegenüber 1996), weitere 1,6 Mio. bzw. 20,5 % der Haushalte waren Alleinerziehende (+0,3 Mio. bzw. +6,7 %-Pkt. gegenüber 1996). Auch die Zahl der Lebensgemeinschaften mit Kindern als Haushaltsform stieg gegenüber 1996 auf 0,8 Mio. (+0,4 Mio.) Haushalte bzw. 10,5 % aller Haushalte mit Kindern (+5,7 %-Pkt.) (eigene Berechnung auf Basis Bundesinstitut für Bevölkerungsforschung 2017c, 2017b). Gemessen an allen Haushalten lebten Kinder 2015 in ca. 20 % aller Privathaushalte, gegenüber 1996 ein Rückgang um -5,7 %-Pkt. (vgl. Bundesinstitut für Bevölkerungsforschung 2017a).

Für die Zukunft lässt sich der Anteil der Haushalte mit Kindern nur schwer abschätzen, da die Bevölkerung in Privathaushalten in der Haushaltsvorausberechnung nach Altersgruppen und nicht nach Lebensformen dargestellt wird (vgl. Statistisches Bundesamt 2017 f.).

Aufgrund der rückläufigen Geburtenzahlen kann davon ausgegangen werden, dass die Anzahl der Haushalte mit Kindern weiter sinken wird. In welchem Umfang sich diese Entwicklung in den einzelnen Lebensformen abspielt und welchen Anteil die Haushalte mit Kindern bilden werden, kann jedoch nicht abgeschätzt werden. Da die Basis für weitergehende Abschätzungen und Berechnungen zur zukünftigen Anzahl der Urlaubsreisen mit Kindern demnach fehlt, soll hier auf weitergehende Aussagen verzichtet werden.

Neben der Anzahl der Kinder und der Haushalte mit Kindern wurden die Erwerbstätigkeit sowie das Einkommen der Familien als weitere relevante Einflussfaktoren für Urlaubsreisen mit Kindern identifiziert (vgl. Grimm et al. 2009b, 50 f.). Hier wurde bereits gezeigt, dass sowohl die Arbeitsmarktprognose 2030 (vgl. Vogler-Ludwig/Düll 2013, 167) als auch der Zukunftsreport Familie 2030 (vgl. Heimer/Juncke 2016, 50 ff.) von steigenden Erwerbsquoten für Frauen bzw. Mütter ausgehen und daher ein leichter Anstieg der Haushaltseinkommen von Familien und Alleinerziehenden erwartet wird. Inwieweit sich diese Entwicklung jedoch auf die Urlaubsreisen mit Kindern auswirkt, kann an dieser Stelle ebenfalls nicht gesichert gefolgert werden. Grundsätzlich könnte ein höheres Einkommen der Familien zu einer erhöhten Reiseaktivität führen, gleichzeitig könnte aufgrund der höheren Erwerbstätigkeit der Eltern auch die verfügbare Zeit reduziert und damit weniger Urlaubsreisen realisiert werden (vgl. Grimm et al. 2009b, 51 f.).

In Bezug auf das Reiseverhalten wurde davon ausgegangen, dass Urlaubreisen mit Kindern in Zukunft genauso gestaltet werden wie zu Beginn der 2000er-Jahre (vgl. Grimm et al. 2009b, 50). Trends mit Bedeutung für die Kommunikationspolitik der Anbieter zeigen dessen ungeachtet einen wachsenden Einfluss der Kinder bei der Reiseentscheidung durch eine Entwicklung hin zu ‚demokratischen' Familien (vgl. Yeoman et al. 2012, 35, 44). Weiterhin könnten Urlaubsreisen mit Kindern verstärkt als wertvolle Familienzeit verstanden werden, die auch von den Großeltern im steigenden Maße genutzt werden, um Zeit mit der Familie zu verbringen oder die weit verstreute Familie zusammen zu bringen (vgl. Yeoman et al. 2012, 45 f.). Eine Analyse zu den zukünftigen Herausforderungen im Familientourismus zeigt folgende Themenfelder (vgl. Yeoman/Schänzel 2012, 186 ff.):

- Veränderte Familienkonstellationen durch veränderte Lebensformen,
- eine größere Bedeutung des Kindesalters und der Bedürfnisse verschiedener Generationen,
- veränderte Rollen von Müttern und Vätern,
- wachsende Bedeutung der „quality family time",
- wachsender Bedarf an Unterstützungsoptionen für sozial schwache Familien um Abgrenzungen zu vermeiden,
- wachsende Bedeutung von Familien- und Bekanntenbesuchen, um die räumliche Distanz zwischen Familienmitgliedern zu überwinden sowie
- wachsende Bedeutung des Tourismus als Anbieter von Familienzeit und Möglichkeiten zur Festigung der Familienbindung.

5.2.2 Senioren

Für die Bevölkerung ab 60 Jahren sind Veränderungen im Hinblick auf Urlaubsreisen aufgrund des demografischen Wandels in vielerlei Hinsicht zu erwarten. Wie bereits beschrieben, ist es dabei insbesondere das kohortenbezogene Verhalten, welches dazu führt, dass sich die zukünftigen Senioren in ihrem Reiseverhalten deutlich von jetzigen oder früheren Seniorengenerationen unterscheiden werden. Der Grund liegt in der weitgehenden Beibehaltung der touristischen Gewohnheiten aus dem bisherigen Leben und vor allem aus der Lebensmitte (vgl. Grimm et al. 2009b, 24 f.). Für die zukünftigen Seniorengenerationen können daher Veränderungen des Reiseverhaltens aufgrund eines kohortenspezifischen

Verhaltens in Bezug auf die folgenden Aspekte erwartet werden (vgl. Grimm et al. 2009b, 30 f.):

- Reiseziel (Inland vs. Ausland),
- Verkehrsmittel,
- Unterkunftsarten und
- Reiseorganisation.

Weiterhin hat sich in der Vergangenheit gezeigt, dass die Senioren in Bezug auf die Saisonalität, die Reisedauer und die Reisearten sowie die Urlaubsmotive und die Urlaubsaktivitäten neben der Informationssuche und der Buchung kein kohortenspezifisches Verhalten zeigten. Dennoch ergaben sich Veränderungen zu vorherigen Seniorengenerationen (vgl. Grimm et al. 2009b, 32).

Bis 2030 wird die Bevölkerung ab 60 Jahren gegenüber 2015 um +5,4 Mio. auf 27,9 Mio. Personen (Variante G1-L1-W1) oder um +5,9 Mio. auf 28,4 Mio. Personen (Variante G2-L2-W2) anwachsen. Bis 2060 werden für diese Bevölkerungsgruppe im Vergleich zu 2030 entweder bereits Verluste von -1,3 Mio. auf 26,6 Mio. Personen (Variante G1-L1-W1) oder weitere Zuwächse um +1,1 Mio. auf insgesamt 29,6 Mio. Personen (Variante G2-L2-W2) berechnet (eigene Berechnung auf Basis Statistisches Bundesamt 2015b). Mit den vorher beschriebenen Reiseintensitäten und -häufigkeiten stellt die Bevölkerung ab 60 Jahren somit 2030 ca. 36 % aller Urlaubsreisenden (ab 14 Jahren; ca. 20 Mio. Urlaubsreisende) und 40 % aller Urlaubsreisen (ca. 27,4 Mio.). Für 2060 wird je nach betrachteter Variante ein Rückgang um -1,1 Mio. Personen auf 18,8 Mio. Urlaubsreisende oder ein weiteres Wachstum um +0,5 Mio. Personen auf 20,8 Mio. Urlaubsreisende berechnet mit 25,8 Mio. bis 28,5 Mio. Urlaubsreisen. Durch den Rückgang in der jüngeren Bevölkerung könnte der Anteil der Urlaubsreisenden über 60 Jahren an allen Urlaubsreisenden auf ca. 40 % steigen; der Anteil der Urlaubsreisen durch die Bevölkerung über 60 Jahren würde entsprechend bei 42 % bis 44 % liegen (eigene Berechnung auf Basis Lohmann/Schmücker/Sonntag 2016, 6 ff.; Statistisches Bundesamt 2015b, 14 33, 44–62, 217–236, 275–294; Grimm et al. 2009b, 18, 25, 30, 37, 41).

In Bezug auf die zukünftige Reiseintensität der Bevölkerung ab 60 Jahren kann weiterhin davon ausgegangen werden, dass sich die Personen je nach ihren Lebensumständen unterschiedlich verhalten werden. Als relevante Lebensumstände wurden dabei die Faktoren Einkommen, Gesundheit und verfügbare Zeit identifiziert, die zusammen mit der Haushaltsstruktur dazu verwendet werden können, die Bevölkerung ab 60 Jahren weiter zu segmentieren. 2008 wiesen demnach die berufstätigen und die gesunden Senioren deutlich höhere Urlaubsreiseintensitäten auf als die nicht gesunden und nicht berufstätigen Senioren (vgl. Grimm et al. 2009b, 35 f.).

Für einen Vorausblick liegen verschiedene bereits vorgestellte Datenquellen vor, die eine Einschätzung der Entwicklung dieser Segmente bis mindestens 2030 erlauben.

Gegenüber 2015 wird der Anteil der Personen ab 60 Jahren in Einpersonenhaushalten demnach bis 2035 um -1 %-Pkt. zurückgehen auf 30 %, wobei die absolute Zahl der Personen in Einpersonenhaushalten von knapp 7,0 Mio. auf 8,2 Mio. steigen wird. Gleichzeitig steigt der Anteil der Personen in Zweipersonenhaushalten von 60 % auf 64 % an, sodass 2035 knapp 17,7 Mio. Personen in Zweipersonenhaushalten leben werden (2015: 13,6 Mio.) (vgl. Statistisches Bundesamt 2017 f., 19). Es kann somit erwartet werden, dass der Anteil der Senioren, die zu zweit reisen, deutlich steigen wird, während auch die absolute Zahl der alleinreisenden Senioren weiter zunehmen kann.

Aufgrund der Anhebung des Rentenalters wird zudem eine weitere Zunahme der Erwerbstätigkeit der Senioren erwartet. Insgesamt wird ein Anstieg der Erwerbsquote der Altersgruppe 60–64 Jahre bis 2030 auf 62,3 % (+10,3 %-Pkt. gegenüber 2015) geschätzt, für die Altersgruppe 65–69 Jahre wird ein Anstieg auf 27,3 % (+13,9 %-Pkt.) und für die Altersgruppe 70–74 Jahre auf 12,3 % (+5,8 %-Pkt.) angenommen (vgl. Vogler-Ludwig/Düll 2013, 167). Daraus kann gefolgert werden, dass das verfügbare Einkommen der betreffenden Altersgruppen etwas höher sein wird, gleichzeitig jedoch weniger frei verfügbare Zeit für Urlaubsreisen vorhanden sein könnte. Wenn zudem wie zuvor die Reiseintensität der berufstätigen Senioren höher bleibt als die der nicht berufstätigen, könnte die Bedeutung dieser Senioren-Zielgruppe für den Urlaubsreisemarkt weiter steigen.

In Bezug auf das vorhandene Einkommen sind zudem die Armutsrisikoquoten interessant, die aufgrund des Wohnorts, der Qualifikation, des Geschlechts, der Erwerbshistorie sowie des Migrationshintergrunds deutlich unterschiedlich ausfallen. Für ältere Personen in den Risikogruppen, die in Ostdeutschland oder strukturschwachen Kreisen leben, gering qualifiziert sind, langzeitarbeitslos waren oder einen direkten Migrationshintergrund haben, werden ansteigende Armutsrisikoquoten erwartet (vgl. Haan et al. 2017, 71 f.; Bundesinstitut für Bau-, Stadt- und Raumforschung (BBSR) im Bundesamt für Bauwesen und Raumordnung (BBR) 2015, 86, 104). Daraus kann abgeleitet werden, dass der Anteil der Senioren, die aufgrund ihres verfügbaren Einkommens nicht reisen können, weiter ansteigen wird.

Die Entwicklung der Gesundheit der Senioren wurde bisher noch nicht betrachtet. Hier ist besonders die Pflegebedürftigkeit relevant, d. h. der Anteil der

Personen, die „aufgrund körperlicher, seelischer und geistiger Behinderung oder Krankheit dauerhaft auf Hilfe angewiesen sind, um den täglichen Ablauf des Lebens bewältigen zu können" (Grünheid/Sulak 2016, 18). Bleibt die Pflegequote des Jahres 2013 konstant, ist bis 2030 ein Anstieg der pflegebedürftigen Personen um 0,8 Mio. auf 3,4 Mio. aufgrund der steigenden Zahl älterer Menschen möglich. Bis 2060 könnte die Zahl der pflegebedürftigen Personen auf 4,7 Mio. ansteigen (vgl. Grünheid/Sulak 2016, 18). Statistische Untersuchungen zur bisherigen Entwicklung der Pflegebedürftigkeit bestätigen die konstante altersspezifische Pflegeprävalenz (vgl. Rothgang/Müller/Unger 2012, 24), weitere Analysen zeigen darüber hinaus einen Anstieg der Pflegedauer, der jedoch geringer ist als der Anstieg der pflegefreien Zeit im Alter. Die Pflegedauer für Frauen ist zudem größer als die der Männer (vgl. Scholz 2017, 183). Somit kann davon ausgegangen werden, dass die absolute Anzahl der pflegebedürftigen Personen weiter steigen wird, wenngleich ihr Anteil an der Bevölkerung gleich bleibt.

Zusammenfassend lässt sich aus den vorliegenden Daten schlussfolgern, dass eine Verschiebung der Segmente hin zu absolut und prozentual

- mehr erwerbstätigen Senioren,
- mehr Senioren in Zweipersonenhaushalten,
- mehr armen Senioren und
- mehr pflegebedürftigen Senioren

erfolgen wird. Detaillierte Abschätzungen zu der Entwicklung der Urlaubsreiseintensitäten sowie der genauen Personenzahl in den einzelnen Senioren-Segmenten lassen sich auf Basis der vorliegenden Daten jedoch nicht treffen.

5.2.3 Bevölkerung mit Migrationshintergrund

Es kann davon ausgegangen werden, dass Personen mit Migrationshintergrund häufiger ihre Herkunftsländer besuchen als Personen ohne Migrationshintergrund. Weiterhin ist anzunehmen, dass diese Reisen dann oftmals Besuche von Verwandten und Bekannten sind. Falls das Einkommen sowie die frei verfügbare Zeit nicht deutlich höher liegen, ist die Wahrscheinlichkeit hoch, dass diese Bekannten- und Verwandtenbesuche andere Urlaubsreisen substituieren (vgl. Grimm et al. 2009b, 17). Weitere Faktoren, die einen Einfluss auf das Reiseverhalten von Personen mit Migrationshintergrund haben können (vgl. Grimm et al. 2009b, 17), sind zudem

- das im Haushalt verfügbare Verkehrsmittel,
- die Herkunftsregion,

- der kulturelle Hintergrund,
- der Aufenthaltsstatus und die bisherige Aufenthaltsdauer in Deutschland,
- die berufliche Qualifikation und Situation sowie das Einkommen,
- die Lebensphase und Familiensituation sowie
- die Wohnkonstellation und der Wohnort.

Für die Bevölkerung mit Migrationshintergrund in Deutschland liegen für die einzelnen Faktoren Informationen vor (vgl. Statistisches Bundesamt 2017c), jedoch nicht mit Bezug zum Tourismus oder zu Urlaubsreisen.

Allgemein wird Migration als Voraussetzung für Verwandten- und Bekanntenbesuche beschrieben, die sowohl von den Emigranten als auch von den im Heimatland lebenden Personen ausgehen können (vgl. Williams/Hall 2002, 8 ff.; King/Dwyer 2015, 48 ff.). Als weitere Bedingung für Verwandten- und Bekanntenbesuche wird die gegenseitige Verpflichtung zu Besuchen angesehen, die auf den Familienstrukturen, kulturellen Hintergründen und der Ortsverbundenheit beruht. Der Besuch von Bekannten und Verwandten ist jedoch oft nicht das einzige Motiv für eine solche Reise; wenn dann am Reiseziel diese Motive durch Aktivitäten umgesetzt werden, kann der Rahmen Bekannten- und Verwandtenbesuche überschritten werden (King/Dwyer 2015, 55). Positive Beziehungen zwischen Immigration und Tourismus wurden für verschiedene Länder statistisch bewiesen, unter anderem für Portugal (Leitão/Shahbaz 2012). Daneben zeigte sich für Italien, dass Migration neben dem Besuch von Bekannten und Verwandten auch Urlaubsreisen und berufliche Reisen nach Italien beeinflusst. Für Urlaubsreisen und Bekannten- und Verwandtenbesuche waren diese Einflüsse sowohl durch im Ausland lebende Italiener als auch durch in Italien lebende Ausländer messbar, für die Geschäftsreisen beschränkte sich die Verbindung vor allem auf die in Italien lebenden Ausländer (vgl. Etzo/Massidda/Piras 2015).

Aus der Sicht des Ziellandes führen Migration und darauf basierende Verwandten- und Bekanntenbesuche zu einer erhöhten Sichtbarkeit des Ziellandes im Herkunftsland sowie zu einer größeren Bedeutung der internationalen Märkte im Inbound-Tourismus. Aus der Sicht des Herkunftslandes sind rückläufige Inlandsreisen, vermehrte Heimatreisen der Emigranten sowie eine erhöhte Sichtbarkeit des Ziellandes die Folgen (vgl. United Nations World Tourism Organization 2009, 2). Basierend auf einer ausführlichen Literaturrecherche stellt Foertsch (2007, 262 ff.) einige Merkmale vor, in denen sich Reisen zum Zweck von Bekannten- und Verwandtenbesuche von anderen privaten oder beruflichen Reisen unterscheiden. Demnach ist die Wiederkehrfrequenz von VFR-Touristen deutlich höher, mit Ausnahme religiöser Feiertage zeigen sich geringere saisonale Schwankungen und die Aufenthaltsdauer am Reiseziel ist zumeist deutlich länger. Wenngleich absolut betrachtet die größte Zahl der VFR-Reisen in Metropolregionen führt, ist der Anteil VFR-Reisen in peripheren Gebiete deutlich überdurchschnittlich im Vergleich zu anderen Reisearten. Die VFR-Reisenden gehören dabei überdurchschnittlich oft der Altersgruppe 15–34 Jahre an, daneben kann auch die Altersgruppe 55–65 Jahre überdurchschnittlich vertreten sein (vgl. Foertsch 2007, 262 ff.).

5.3 Auswirkungen des demografischen Wandels auf das touristische Angebot

Das touristische Angebot einer Region wird indirekt durch die aufgrund des demografischen Wandels veränderte Nachfrage nach touristischen Leistungen in dieser Region beeinflusst. Neben der tourismusspezifischen Infrastruktur wie Beherbergungsbetrieben oder Tourist-Informationen, die hauptsächlich durch die Reisenden genutzt werden, werden ergänzende Angebote wie die Gastronomie, die Verkehrsinfrastruktur oder die Grünanlagen einer Stadt durch die Touristen, aber auch durch die einheimische Bevölkerung genutzt. Der demografische Wandel wirkt dadurch auch direkt über die Veränderung der einheimischen Bevölkerung vor allem auf die ergänzende Infrastruktur einer Region (vgl. Grimm et al. 2009b, 104 f.). In diesem Kapitel sollen dessen ungeachtet die indirekten Auswirkungen des demografischen Wandels durch die veränderte Nachfrage nach touristischen Leistungen im Fokus stehen.

Als Einflussfaktoren des demografischen Wandels auf die Nachfrage wurden die Bevölkerungszahl, die Verteilung der Altersgruppen innerhalb der Bevölkerung sowie die Lebensformen, die Haushaltsstrukturen und die damit verbundenen Haushaltseinkommen erkannt. Diese Faktoren wirken auf die Art der tourismusspezifischen Infrastruktur, ihre Auslastung sowie das Preisniveau der touristischen Angebote (vgl. Grimm et al. 2009a, 10 f.). Dabei sollen vor allem die im vorherigen Kapitel beschriebenen Auswirkungen des demografischen Wandels auf die Nachfrage berücksichtigt werden.

Im Kapitel 5.2 wurden die vorausberechneten Bevölkerungszahlen der verschiedenen Altersgruppen mit Annahmen zu den Urlaubsreiseintensitäten und -häufigkeiten multipliziert, um mögliche Zahlen der Urlaubsreisenden und ihrer Urlaubsreisen zu erhalten. Je nachdem, welche Variante der Bevölkerungsvorausberechnung verwendet wurde, ergaben sich unterschiedliche Ergebnisse. Die Entwicklung der Bevölkerungszahlen in den verschiedenen Altersklassen zeigte dabei deutlich den Einfluss des demografischen Wandels auf die touristische Nachfrage: Während für die Bevölkerung über 60 Jahre ein Anstieg auf ca.

20 Mio. Urlaubsreisende (+4,3 Mio. gegenüber 2015) bis 2030 berechnet wurde, sinkt die Anzahl der Urlaubsreisenden im Alter von 14–59 Jahren auf 36,4 Mio. bis 34,8 Mio. Personen (-3,3 Mio. bis -4,9 Mio.). Für 2060 zeigen sich aufgrund der größeren Differenzen zwischen den Bevölkerungszahlen der verschiedenen Varianten der Bevölkerungsvorausberechnung auch für die Urlaubsreisenden größere Unterschiede zwischen den berechneten Ergebnissen. Insgesamt ergab sich ein Korridor von 54,7 Mio. bis 56,4 Mio. Urlaubsreisenden mit 69,1 Mio. bis 71,1 Mio. Urlaubsreisen für das Jahr 2030 sowie für das Jahr 2060 ca. 46,7 Mio. bis 53,8 Mio. Urlaubsreisende mit 59,2 Mio. bis 68,1 Mio. Urlaubsreisen (betrachtete Varianten: Kontinuität bei schwächerer Zuwanderung (G1-L1-W1) und Wanderungssaldo 300.000 (G1-L1-W3)). Im Vergleich zu 2015 ergibt sich eine Veränderung der Urlaubsreisenden bis 2030 um -0,7 Mio. bis +1,0 Mio. Personen und für 2060 ein Rückgang um -1,6 Mio. bis -8,8 Mio. urlaubsreisenden Personen.

Die berechneten Werte der Urlaubsreisenden und der Urlaubsreisen können im Hinblick auf das touristische Angebot einen Hinweis darauf geben, ob die touristische Infrastruktur für die Zahl der Urlaubsreisenden und der Urlaubsreisen angemessen dimensioniert ist und eine Veränderung der Auslastung zu erwarten ist. Die großen Spannweiten der berechneten Werte erschweren eindeutige Ableitungen, doch kann angenommen werden, dass die touristische Infrastruktur für das Jahr 2030 kaum verminderte Auslastungsraten erleben wird, da die Zahl der Urlaubsreisenden nur geringfügig zurückgehen oder sogar leicht ansteigen wird. Für 2060 wird ein deutlicherer Rückgang der Urlaubsreisenden berechnet, so dass hier niedrigere Auslastungsquoten der touristischen Infrastruktur möglich erscheinen. Aufgrund der unterschiedlichen Entwicklung der Altersgruppen kann zudem erwartet werden, dass die touristische Infrastruktur, die vor allem von Urlaubsreisenden ab 60 Jahren nachgefragt wird, eine stärkere Auslastung erleben wird. Touristische Angebote, die vor allem auf die Altersgruppe 14–59 Jahre zugeschnitten sind, könnten dagegen bereits bis 2030 mit einer verminderten Nachfrage und entsprechenden Auslastungseinbußen rechnen. Damit deutet die Entwicklung der Altersgruppen ebenfalls darauf hin, dass die Art der tourismusspezifischen Infrastruktur einen Wandel hin zu mehr Angeboten für die Urlaubsreisenden ab 60 Jahren und weniger Angeboten für die Urlaubsreisenden zwischen 14–59 Jahren durchleben wird.

Für die Familienreisen ist wie in Kapitel 5.2.1 beschrieben ebenfalls vor allem bis 2030 keine klare Tendenz ablesbar, da gegenüber 2015 sowohl eine größere Anzahl Kinder als auch ein Rückgang der Kinderzahlen bis 14 Jahren aufgrund der verschiedenen Varianten der Bevölkerungsvorausberechnung möglich ist. Bis 2060 wird mehrheitlich ein Rückgang der Kinderzahlen um bis zu -2,3 Mio. vorausberechnet (eigene Berechnung auf Basis Statistisches Bundesamt 2015b). Ein Rückgang der Anzahl der Haushalte mit Kindern scheint damit sicher; in welchem Umfang kann jedoch nicht abgeschätzt werden, da keine Prognosen zur Entwicklung der Haushalte nach Lebensformen vorliegen (vgl. Statistisches Bundesamt 2017 f.). Somit lassen sich auch nur schwierig Abschätzungen zur weiteren Nachfrage nach Familienreisen treffen und inwieweit dadurch Veränderungen des touristischen Angebots zu erwarten sind. Die Tendenz spricht vor allem bis 2060 für eine rückläufige Auslastung der kindgerechten touristischen Infrastruktur. In der Folge könnte es daher zu einem Abbau der kindgerechten touristischen Infrastruktur kommen.

Im Hinblick auf die Art der angebotenen touristischen Infrastruktur sind auch die jeweilige Gruppengröße und -zusammensetzung der Reiseteilnehmer relevante Kriterien. Für die Bevölkerung ab 60 Jahren wurde dabei auf Basis der Haushaltsvorausberechnung 2035 festgestellt, dass die Anzahl und der Anteil der Personen in Paarhaushalten steigen werden (vgl. Statistisches Bundesamt 2017 f., 19). Somit kann für die Bevölkerung ab 60 Jahren eine zunehmende Zahl an Paarreisen angenommen werden, was jedoch für die Art und Ausstattung der touristischen Betriebe kaum Auswirkungen haben dürfte. Für Familien ist eine derartige Abschätzung etwas schwieriger. Wenngleich die meisten Kinder (43 %) 2035 in Vierpersonenhaushalten leben werden, wird ein Rückgang der Kinder in Fünf- und Mehrpersonenhaushalten auf 22 % (-3 %-Pkt. gegenüber 2015) und ein Anstieg der Kinder in Dreipersonenhaushalten auf 27 % (+2 %-Pkt.) prognostiziert. Auch der Anteil Kinder in Zweipersonenhaushalten steigt auf 8 % an (+2 %-Pkt.) (vgl. Statistisches Bundesamt 2017 f., 15), so dass insgesamt eine Tendenz hin zu kleineren Haushalten mit Kindern erkennbar wird. Die Ausstattung touristischer Betriebe kann im Hinblick auf Familien daher für die Zukunft eher auf kleinere Gruppengrößen ausgelegt werden.

Die Auswirkungen des veränderten Haushaltsnettoeinkommens auf das zukünftige Preisniveau touristischer Leistungen können ebenfalls nur grob abgeschätzt werden. Dabei stellt sich die Prognose für die Familien vorteilhafter dar als für die Bevölkerung über 60 Jahren, da aufgrund eines prognostizierten Anstiegs der Erwerbsquote der Mütter und Väter die Haushaltseinkommen der Familien leicht steigen könnten (vgl. Heimer/Juncke 2016, 50 ff.; Vogler-Ludwig/Düll 2013, 167).

Für die Bevölkerung ab 60 Jahren wird dagegen insbesondere für einige Risikogruppen, die eine geringe Qualifikation aufweisen, langzeitarbeitslos waren, einen direkten Migrationshintergrund haben oder in den neuen Bundesländern leben, ein Anstieg der Armutsrisikoquote erwartet (vgl. Haan et al. 2017, 71 f.; Bundesinstitut für Bau-, Stadt- und Raumforschung (BBSR) im Bundesamt für Bauwesen und Raumordnung (BBR) 2015, 86, 104). Gleichzeitig wird eine höhere Erwerbsquote der älteren Bevölkerung prognostiziert (vgl. Vogler-Ludwig/Düll 2013, 167), die zu höheren Haushaltseinkommen führen könnte. Daher ist zu erwarten, dass sich die Bevölkerung ab 60 Jahren hinsichtlich ihres Haushaltseinkommens weiter differenzieren wird.

5.4 Auswirkungen des demografischen Wandels auf den touristischen Arbeitsmarkt

Die Auswirkungen des demografischen Wandels zeigen sich für den Arbeitsmarkt direkt in der Verfügbarkeit von Arbeitskräften, ihrem Alter und ihrer Flexibilität hinsichtlich der Arbeitszeiten aufgrund ihrer Lebensform und Haushaltsstruktur. Indirekt beeinflusst der demografische Wandel den Arbeitsmarkt durch das veränderte Angebot, welches durch die veränderte Nachfrage notwendig wird, und der dadurch veränderten Anzahl und Art benötigter Arbeitsplätze. Im Vergleich mit anderen Arbeitsplätzen kann sich zudem die Attraktivität der Arbeitsplätze im Tourismus verändern (vgl. Grimm et al. 2009a, 10 f.). In diesem Kapitel sollen die bisherige Situation des touristischen Arbeitsmarkts sowie die weiteren Entwicklungen soweit möglich vorgestellt werden. Wenngleich der Tourismus als Querschnittsbranche neben den tourismusbezogenen Branchen auch vor- und nachgelagerte Branchen wie z. B. Lebensmittelproduzenten, Handwerk, Möbelindustrie etc. tangiert, wird der Fokus hier auf die tourismusbezogenen Branchen Hotellerie, Gastronomie und Reiseveranstalter gelegt.

Zum Stichtag 30. September 2016 waren in Deutschland ca. 736.000 Personen in der Gastronomie, 309.000 Personen in der Beherbergungsbranche sowie knapp 82.000 Personen bei Reisebüros, Reiseveranstaltern und sonstigen Reservierungsdienstleistern sozialversicherungspflichtig beschäftigt, zusammen ca. 1,12 Mio. Personen. Dazu kommen 820.000 geringfügig Beschäftigte in der Gastronomie, 152.000 in der Beherbergung und 22.000 geringfügig Beschäftigte bei Reisebüros, Reiseveranstaltern o. ä., insgesamt knapp 1,0 Mio. Personen. In den drei Branchen sind damit zusammen 3,5 % aller sozialversicherungspflichtig Beschäftigten sowie 13 % aller geringfügig Beschäftigten angestellt (eigene Berechnung auf Basis Statistik der Bundesagentur für Arbeit 2017).

Tab. 9: *Sozialversicherungspflichtig (SVB) und geringfügig (GV) Beschäftige in ausgewählten Tourismusbranchen*[17]

	Gastronomie		Beherbergung		Reiseveranstalter o. ä.	
	SVB	GV	SVB	GV	SVB	GV
Insgesamt in Tsd.	736	820	309	152.	82	22
davon in %						
Anteil Frauen	52	62	63	71	70	59
Anteil Deutsche	66	82	80	87	92	93
Anteil Vollzeit	48	–	73	–	72	–
Anteil U25 J.	14	34	20	25	12	12
Anteil 25-U55 J.	73	53	67	50	75	49
Anteil 55-U65 J.	13	9	12	14	12	20
Anteil 65 J.+	0,7	4	1	10	1	20

Die Gegenüberstellung in Tabelle 9 zeigt, dass der größte Anteil an Arbeitnehmern in allen drei Branchen Frauen sind, der geringste Frauenanteil mit 52 % ist in der Gastronomie zu finden. Weiterhin ist die Gastronomie eine Branche, in der Teilzeitarbeit und geringfügige Beschäftigungsverhältnisse vorherrschen. Im Hinblick auf die Altersgruppen sind die Anteile der Über-55-Jährigen unter den sozialversicherungspflichtig Beschäftigten in allen drei Branchen ähnlich hoch; Unterschiede treten vor allem beim Anteil der Unter-25-Jährigen auf. Dagegen arbeiten mit 24 % der geringfügig Beschäftigten in der Beherbergungsbranche und mit 40 % der geringfügig Beschäftigten bei Reisebüros und Reiseveranstaltern besonders viele Über-55-Jährige in diesen Branchen. In der Beherbergungsbranche sowie in der Gastronomie ist zudem der Anteil der Unter-25-Jährigen unter den geringfügig Beschäftigten überdurchschnittlich hoch (eigene Berechnung auf Basis Statistik der Bundesagentur für Arbeit 2017). Basierend auf dem Ansatz des Tourismus-Satellitenkontos (TSA) werden dem Tourismus in Deutschland 2,92 Mio. Erwerbstätige direkt (6,8 % der inländischen Gesamtbeschäftigung) und weitere 1,25 Mio. Erwerbstätige indirekt für das Bezugsjahr 2015 zugeschrieben (vgl. Bundesministerium für Wirtschaft und Energie 2017, 24).

Durch den demografischen Wandel wird ein Rückgang der Bevölkerung im erwerbsfähigen Alter zwischen 15 und 74 Jahren von -1,1 Mio. (Variante

---

17 Quelle: Statistik der Bundesagentur für Arbeit (2017); eigene Berechnung auf Basis der angegebenen Quelle.

Wanderungssaldo 300.000, G1-L1-W3) bis -3,1 Mio. (Variante Kontinuität bei schwächerer Zuwanderung, G1-L1-W1) für das Jahr 2030 vorausberechnet. Bis 2060 wird ein Rückgang der Bevölkerung im erwerbsfähigen Alter von -7,1 Mio. (Variante G1-L1-W3) bis -15,3 Mio. (Variante G1-L1-W1) erwartet. Dabei sinkt auch der Anteil der Bevölkerung im erwerbsfähigen Alter an der Gesamtbevölkerung von 76 % im Jahr 2015 bis 74 % im Jahr 2030 (alle Varianten) und auf zwischen 68 % und 70 % für das Jahr 2060. Der Rückgang der erwerbsfähigen Bevölkerung wird somit stärker ausfallen als der Rückgang der Bevölkerungszahlen insgesamt (eigene Berechnung auf Basis Statistisches Bundesamt 2015b, 14–33, 44–62, 217–236, 275–294).

Bereits bis zum Jahr 2030 kann somit ein Rückgang der verfügbaren Arbeitskräfte auch für den touristischen Arbeitsmarkt erwartet werden. Dabei könnte der prognostizierte Anstieg der Erwerbsbeteiligung von Männern und Frauen, insbesondere Müttern, den Rückgang der erwerbsfähigen Bevölkerung abmildern. Würden alle Teilzeitbeschäftigten ihre Arbeitszeit um 2,8 Stunden pro Woche verlängern, entspräche dies einem zusätzlichen Arbeitskräfteangebot von 1,4 Mio. Teilzeitkräfte oder 0,7 Mio. Vollzeitkräften (vgl. Vogler-Ludwig/Düll 2013, 109). Auch ein höherer Wanderungssaldo hätte positive Auswirkungen bei der entsprechenden Integration der Zugewanderten in den Arbeitsmarkt (vgl. Vogler-Ludwig/Düll/Kriechel 2016, 53). Erschwerend für die Tourismusbranche wirkt jedoch, dass bisher ein verhältnismäßig großer Anteil der Beschäftigen in die Altersgruppe der Unter-25-Jährigen fiel. Der Anteil der Altersgruppe 15 bis unter 25 Jahre wird im Vergleich zur gesamten Bevölkerung im erwerbsfähigen Alter einen stärkeren Rückgang um -10 % (Variante G1-L1-W3) bis -14 % (Variante G1-L1-W1) für 2030 und um -18 % (Variante G1-L1-W3) bis -31 % (Variante G1-L1-W1) für 2060 erleben. Es kann somit erwartet werden, dass sich die Verteilung der Altersgruppen verändert oder dass sich ein verstärkter Wettbewerb um die jungen Arbeitskräfte entwickelt.

Inwieweit sich dieser Wettbewerb entwickeln wird, hängt unter anderem auch von dem Lohnniveau ab, das in den verschiedenen Branchen angeboten werden kann. Im Gastgewerbe insgesamt wurde im ersten Quartal 2017 durchschnittlich ein Bruttomonatsgehalt von 2.328 € für Vollzeitbeschäftigte bei durchschnittlich 39,4 Stunden wöchentlicher Arbeitszeit sowie von 1.178 € für Teilzeitbeschäftigte bei 25,3 Stunden Arbeitszeit pro Woche gezahlt (vgl. Statistisches Bundesamt 2017k, 4 f.). Geringfügig Beschäftigte verdienten im Gastgewerbe im Durchschnitt 293 € brutto monatlich. Im Branchenranking stehen die Verdienste im Gastgewerbe dabei jeweils auf dem letzten Rangplatz. Die Top 3-Branchen nach Bruttomonatsverdienst für Vollzeitbeschäftigte sind Versicherungsdienstleistungen (5.990 €), Information und Kommunikation (5.419 €) und Energieversorgung (5.159 €), für Teilzeitbeschäftigte sind die Rangplätze vertauscht zur Reihenfolge Energieversorgung (3.048 €), Versicherungsdienstleistungen (2.815 €) und Information und Kommunikation (2.743 €) (vgl. Statistisches Bundesamt 2017k, 4 f.). Als Arbeitgeber hat das Gastgewerbe dadurch im Branchenvergleich schon heute Nachteile gegenüber den anderen Branchen durch die niedrigen Löhne und Gehälter.

Über alle Branchen wird bis 2030 eine durchschnittliche Steigerung des Bruttojahreslohns je Arbeitnehmer um insgesamt +40 % vorausberechnet. Das Gastgewerbe schneidet im Branchenvergleich dabei schlecht ab mit einem durchschnittlichen Wachstum der Bruttojahreslöhne um +21 %. Ein geringeres Wachstum wird nur für die Wirtschaftszweige Großhandel (+20 %), Gesundheitswesen (+18 %) und Kunst und Kultur, Glücksspiel (+6 %) angenommen. Die höchsten Steigerungsraten werden für die Reisebüros und Reiseveranstalter (+116 %) erwartet, gefolgt von den Wirtschaftszweigen Textilien, Bekleidung, Lederwaren (+91 %) und Möbel, Reparatur von Maschinen (+86 %). Die Branchen mit den zuvor höchsten Bruttomonatsgehältern wie Energieversorgung (+60 %), Finanzdienste (+50 %) und Informationsdienste (+47 %) erwarten ebenfalls überdurchschnittliche Steigerungsraten (vgl. Vogler-Ludwig/Düll 2013, 162). Für das Gastgewerbe ist daher eine Verstärkung des Wettbewerbsnachteils zu erwarten.

Weiterhin erfordern viele touristische Berufe eine hohe Flexibilität hinsichtlich der Arbeitszeiten und sind zudem durch Saisonalität geprägt (vgl. Eisenstein/Reif 2017; Freyer 2015, 562 ff.). Aus Sicht der Arbeitnehmer kann dies die Attraktivität der touristischen Arbeitsplätze schmälern, wenn sich die Arbeitsbedingungen nicht mit den familiären Gegebenheiten vereinen lassen. Die Haushaltsvorausberechnung für 2035 ist in dieser Hinsicht nur wenig hilfreich, da die Bevölkerung nach Altersgruppen und nicht nach Lebensformen dargestellt wird (Statistisches Bundesamt 2017 f.). Dennoch lässt sich daraus erkennen, dass der Anteil der Bevölkerung im Alter von 20 bis unter 40 Jahren in Mehrpersonenhaushalten mit 3 und mehr Personen von 49 % im Jahr 2015 auf 41 % zurückgeht (vgl. Statistisches Bundesamt 2017 f., 17). Daraus kann abgeleitet werden, dass insgesamt die Zahl der Familien in dieser Altersgruppe abnimmt. Für den touristischen Arbeitsmarkt könnte sich dies als positiv herausstellen. Auf Basis dieser allgemeinen Daten können jedoch keine Rückschlüsse gezogen werden, inwieweit die Flexibilität der Arbeitnehmer zu- oder abnimmt.

Weitere Schwächen des touristischen Arbeitsmarktes bestehen in dem hohen Anteil gering qualifizierter Arbeitskräfte und Auszubildenden, die aufgrund des Kostendrucks in der Branche vielfach zum Einsatz kommen, sowie der hohen

Fluktuation des Personals. Im Gegensatz dazu können die vielen gering qualifizierten Beschäftigten auch als Stärke gesehen werden, da der touristische Arbeitsmarkt aufgrund seiner in vielen beruflichen Tätigkeiten geringen Einstiegsvoraussetzungen vielen Menschen Beschäftigungsmöglichkeiten bieten kann und daneben Aufstiegschancen bis ins höhere Management ermöglicht. Über das duale System wird zudem die hohe Qualität der Berufsausbildung gesichert, während Fachhochschulen und Universitäten tourismusbezogene Studiengänge und Weiterbildungsmöglichkeiten anbieten (vgl. Freyer 2015, 564).

Für die Zukunft wird prognostiziert, dass die Erwerbstätigen zunehmend höhere Qualifikationen erlangen, da ihnen bewusst ist, dass gute Arbeitsplätze nur durch entsprechende Qualifikationen zu erreichen sind (vgl. Vogler-Ludwig/Düll 2013, 109). So soll bis 2030 der Anteil der Hochschulabsolventen unter den Erwerbspersonen auf 26 % (+9 %-Pkt. gegenüber 2010) steigen, gleichzeitig steigt auch der Anteil der Personen mit einer Berufsausbildung auf 52 % (+1 %-Pkt.). Dadurch sollen vor allem Personen mit Migrationshintergrund erreicht werden, so dass der Anteil der Personen ohne Abschluss auf 14 % (-8 %-Pkt.) sinkt. Auch der Anteil Personen mit Fachschulabschluss sinkt um ca. -1 %-Pkt. auf 8 % (vgl. Vogler-Ludwig/Düll 2013, 109 f.).

Des Weiteren wird davon ausgegangen, dass die gewählte Fachrichtung während der Ausbildung stark durch die Nachfrage nach den verschiedenen Berufen bestimmt wird (vgl. Vogler-Ludwig/Düll 2013, 113). Hier werden zunächst gesamtwirtschaftliche Prognosen betrachtet werden, da die Richtung der gesamtwirtschaftlichen Entwicklung vorgibt, in welchen Wirtschaftszweigen eine höhere Nachfrage nach Arbeitskräften besteht. Wandelt sich Deutschland insgesamt von einer Dienstleistungs- zu einer Wissensökonomie, können Arbeitsplatzverluste im verarbeitenden Gewerbe, im Handel und Verkehr und im öffentlichen Dienst erwartet werden, während im Bereich der Unternehmensdienste, der Finanzdienste und der sozialen Dienste Erziehung, Gesundheit und Sozialwesen Arbeitsplätze geschaffen werden (vgl. Vogler-Ludwig/Düll 2013, 57 ff.). Daneben verändert die Digitalisierung den Arbeitsmarkt grundlegend. In einem Szenario der beschleunigten Digitalisierung sinkt dabei die Zahl der Erwerbstätigen im Gastgewerbe um -244.000 und bei den Reisebüros und -veranstaltern um -27.000 Personen, während bspw. im Gesundheitswesen 218.000 zusätzliche Erwerbstätige beschäftigt sind (vgl. Vogler-Ludwig/Düll/Kriechel 2016, 106 ff.).

Neben der gesamtmarktwirtschaftlichen Perspektive ist die Entwicklung der Nachfrage für touristische Dienstleistungen und das daraus entwickelte Angebot entscheidend für die Anzahl und die Art der angebotenen touristischen Arbeitsplätze. Hier zeigte die Untersuchung der Auswirkungen des demografischen

Wandels auf das Angebot kaum quantifizierbare Ergebnisse (vgl. Kapitel 5.3). Aufgrund der steigenden Anteile der älteren Bevölkerungsgruppen kann jedoch abgeleitet werden, dass die Nachfrage nach touristischen Dienstleistungen, die vor allem für ältere Personen relevant sind, steigen könnte und es demzufolge auch zu einem Ausbau dieser touristischen Angebote kommen könnte. Im Gegenzug wird durch die großen Rückgänge der Kinderzahlen bis 2060 vermutet, dass die touristische Infrastruktur für Kinder eher zurückgebaut wird. Aus diesen Verschiebungen der Nachfrage wird somit voraussichtlich eine Angebotsverschiebung resultieren. Für den Arbeitsmarkt bedeutet dies, dass vermehrt Arbeitsplätze in Betrieben, die sich an ältere Reisende richten, zur Verfügung stehen werden, während es voraussichtlich zu einem Rückgang der Arbeitsplätze in Betrieben, die sich an Familien richten, geben wird.

6. Fazit

Die vorgestellten Auswertungen konzentrierten sich auf die Auswirkungen des demografischen Wandels auf die Bevölkerung in Deutschland. Daher waren in Bezug auf die touristische Nachfrage, das Angebot sowie den Arbeitsmarkt nur Aussagen aufgrund der veränderten Gegebenheiten der Bevölkerung in Deutschland möglich. Hinsichtlich des touristischen Angebots sowie des Arbeitsmarktes lag der Fokus ebenfalls auf Deutschland, wobei die Reisetätigkeit der Deutschen nur allgemein und damit nicht ausschließlich auf Deutschland bezogen untersucht wurde. Die Veränderungen aufgrund des demografischen Wandels in anderen Ländern, die ebenfalls auf das touristische Angebot in Deutschland wirken könnten, wurden nicht betrachtet.

Die Grundlage der Analysen bildete dabei in vielen Fällen die 13. koordinierte Bevölkerungsvorausberechnung des Statistisches Bundesamtes (2015a). Die verschiedenen Varianten, die zu unterschiedlichen Ergebnissen hinsichtlich der Bevölkerung und ihrer Zusammensetzung für das Jahr 2060 kommen, spiegeln sich in vielen Fällen in der erwartbaren touristischen Nachfrage und demzufolge auch in dem touristischen Angebot und Arbeitsmarkt wider. Bis 2030 lässt sich dabei häufig keine klare Tendenz ablesen, da durch die Bevölkerungsvorausberechnung sowohl ein Rückgang als auch ein Zuwachs vor allem der jüngeren Altersgruppen möglich ist. Für das Jahr 2060 ist die Entwicklungsrichtung dagegen meist klar ablesbar, Schwierigkeiten ergeben sich hier häufig durch die große Spannweite der möglichen Ergebnisse. So ist kaum abzuschätzen, wie stark die Veränderungen aufgrund des demografischen Wandels ausfallen werden. Deutlich wird jedoch, dass es insbesondere bis 2060 Rückgänge in den Bevölkerungszahlen der einzelnen Altersgruppen und dementsprechend auch bei den Urlaubsreisenden und Reisen geben wird, die hier beispielhaft betrachtet wurden.

Neben den betrachteten Bevölkerungszahlen wirkt zudem eine Vielzahl weiterer Faktoren auf die Reisetätigkeit der Deutschen. Diese Faktoren können die Auswirkungen des demografischen Wandels abschwächen oder auch verstärken; dies insbesondere dann, wenn dadurch die Reiseintensität der Bevölkerung, die sich seit einigen Jahren konstant hält, rückläufig werden sollte.

Zusammenfassend lässt sich damit festhalten, dass der demografische Wandel bereits durch die veränderten Bevölkerungszahlen Auswirkungen auf die touristische Nachfrage, das Angebot und den Arbeitsmarkt haben wird. Wechselwirkungen durch andere Auswirkungen des demografischen Wandels müssen jedoch ebenfalls erwartet werden.

Literaturverzeichnis

Bähr, Jürgen (1997): *Bevölkerungsgeographie*. Stuttgart.

Bundesinstitut für Bau-, Stadt- und Raumforschung (BBSR) im Bundesamt für Bauwesen und Raumordnung (Hg.) (2015): *Lebenslagen und Einkommenssituation älterer Menschen. Implikationen für Wohnungsversorgung und Wohnungsmärkte*. http://www.demografie-portal.de/SharedDocs/Downloads/DE/Studien/Lebenslagen_Einkommen_aelterer_Menschen.pdf?__blob=publicationFile&v=2 (7.2.2017).

Bundesinstitut für Bevölkerungsforschung (Hg.) (2017a): *Anteil der Haushalte mit minderjährigen Kindern* an allen Privathaushalten in Deutschland nach Kinderzahl, 1991 bis 2015*. http://www.bib-demografie.de/DE/ZahlenundFakten/13/Abbildungen/a_13_12_anteilhh_minderj_kinder_d_kinderzahl_ab1991.html?nn=3073286 (30.6.2017).

Bundesinstitut für Bevölkerungsforschung (Hg.) (2017b): *Familien mit minderjährigen Kindern nach Lebensform in Deutschland, 1996 bis 2015*. http://www.bib-demografie.de/DE/ZahlenundFakten/12/Abbildungen/a_12_10_fam_minderj_kind_lebensform_d_ab1996.html?nn=3413586 (30.6.2017).

Bundesinstitut für Bevölkerungsforschung (Hg.) (2017c): *Privathaushalte mit minderjährigen Kindern* in Deutschland nach Kinderzahl, 1991 bis 2015*. http://www.bib-demografie.de/DE/ZahlenundFakten/13/Abbildungen/a_13_11_hh_minderj_kinder_d_kinderzahl_ab1991.html?nn=3073286 (30.6.2017).

Bundesministerium des Inneren (Hg.) (2017): *Jedes Alter zählt. Eine demografiepolitische Bilanz der Bundesregierung zum Ende der 18. Legislaturperiode*. „Für mehr Wohlstand und Lebensqualität aller Generationen". http://www.bmi.bund.de/SharedDocs/Downloads/DE/Nachrichten/Pressemitteilungen/2017/01/demografiebilanz.pdf?__blob=publicationFile (7.2.2017).

Bundesministerium für Wirtschaft und Energie (Hg.) (2017): *Wirtschaftsfaktor Tourismus in Deutschland. Kennzahlen einer umsatzstarken Querschnittsbranche. Ergebnisbericht.* https://www.bmwi.de/Redaktion/DE/Publikationen/Tourismus/wirtschaftsfaktor-tourismus-in-deutschland-lang.pdf?__blob=publicationFile&v=16 (1.7.2017).

Die Beauftragte der Bundesregierung für Migration, Flüchtlinge und Integration (Hg.) (2016): *11. Bericht der Beauftragten der Bundesregierung für Migration, Flüchtlinge und Integration. Teilhabe, Chancengleichheit und Rechtsentwicklung in der Einwanderungsgesellschaft Deutschland.* http://www.demografie-portal.de/SharedDocs/Downloads/DE/BerichteKonzepte/Bund/Integrationsbericht_2016.pdf?__blob=publicationFile&v=2 (7.2.2017).

Eisenstein, Bernd/Reif, Julian (2017): Saisonalität im Deutschlandtourismus. Problemzone Küste. In: Eisenstein, Bernd/Schmudde, Rebekka/Reif, Julian/Eilzer, Christian (Hg.): *Tourismusatlas Deutschland.* Konstanz/München, 112–113.

Engelhardt, Henriette (2016): *Grundlagen der Bevölkerungswissenschaft und Demografie.* Würzburg.

Etzo, Ivan/Massidda, Carla/Piras, Romano (2015): Migration and inbound tourism: an Italian perspective. In: *Current issues in tourism* 18/12, 1152–20.

Foertsch, Carsten (2007): VFR-Tourismus und Migration – aktueller Forschungsstand und eine Berliner Fallstudie. In: Woderich, Rudolf (Hg.): *Im Osten nichts Neues? Struktureller Wandel in peripheren Räumen.* Münster, 253–306.

Freyer, Walter (2015): *Tourismus. Einführung in die Fremdenverkehrsökonomie.* Berlin u. a.

Grimm, Bente/Lohmann, Martin/Heinsohn, Karsten/Richter, Claudia/Metzler, Daniel (2009a): *Auswirkungen des demographischen Wandels auf den Tourismus und Schlussfolgerungen für die Tourismuspolitik. AP 1: Eckdaten des demographischen Wandels und Schnittstellen zum Tourismus.* http://www.bmwi.de/BMWi/Redaktion/PDF/Publikationen/Studien/auswirkungen-demographischer-wandel-tourismus-ap1-eckdaten-bericht,property=pdf,bereich=bmwi2012,sprache=de,rwb=true.pdf (23.1.2017).

Grimm, Bente/Lohmann, Martin/Heinsohn, Karsten/Richter, Claudia/Metzler, Daniel (2009b): *Auswirkungen des demographischen Wandels auf den Tourismus und Schlussfolgerungen für die Tourismuspolitik. AP 2, Teil 1: Trend- und Folgenabschätzung für Deutschland.* https://www.bmwi.de/BMWi/Redaktion/PDF/Publikationen/Studien/auswirkungen-demographischer-wandel-tourismus-ap2-kap-1,property=pdf,bereich=bmwi,sprache=de,rwb=true.pdf (23.1.2017).

Grünheid, Evelyn/Sulak, Harun (2016): *Bevölkerungsentwicklung 2016. Daten, Fakten, Trends zum demografischen Wandel.* http://www.bib-demografie.de/SharedDocs/Publikationen/DE/Broschueren/bevoelkerung_2016.pdf?__blob=publicationFile&v=5 (20.1.2017).

Haan, Peter/Stichnoth, Holger/Blömer, Maximilian/Buslei, Hermann/Geyer, Johannes/Krolage, Carla/Müller, Kai-Uwe (2017): *Entwicklung der Altersarmut bis 2036. Trends, Risikogruppen und Politikszenarien.* https://www.bertelsmann-stiftung.de/fileadmin/files/BSt/Publikationen/GrauePublikationen/Entwicklung_der_Altersarmut_bis_2036.pdf (26.6.2017).

Heimer, Andreas/Juncke, David (2016): *Zukunftsreport Familie 2030.* http://www.demografie-portal.de/SharedDocs/Downloads/DE/Studien/Zukunftsreport_Familie_2030.pdf?__blob=publicationFile&v=3 (7.2.2017).

Höpflinger, François (2012): *Bevölkerungssoziologie. eine Einführung in demographische Prozesse und bevölkerungssoziologische Ansätze.* Weinheim [u. a.].

Jeung, Bong-ja (2010): *Demographische Transition im Entwicklungsprozess. theoretische und empirische Analyse der Bevölkerungsentwicklung und ihre Folgen.* Aachen.

Kaa, Dirk J. v.d. (1987): Europe's second demographic transition. In: *Population bulletin: a publication of the Population Reference Bureau* 42/1.

Kaa, Dirk J. v.d. (2002): *The Idea of a Second Demographic Transition in Industrialized Countries.* http://websv.ipss.go.jp/webj-ad/WebJournal.files/population/2003_4/Kaa.pdf (11.5.2017).

King, Brian/Dwyer, Larry (2015): The VFR and Migration Nexus – The Impacts of Migration on Inbound and Outbound Australian VFR Travel. In: Backer, Elisa/King, Brian (Hg.): *VFR travel research. international perspectives.* Bristol, 46–58.

Klingholz, Reiner (2016): *Deutschlands demografische Herausforderungen. Wie sich unser Land langsam aber sicher wandelt.* http://www.berlin-institut.org/fileadmin/user_upload/Deutschlands_demografische_Herausforderungen/DemografischeHerausforderungen.pdf (20.1.2017).

Leitão, Nuna Carlos/Shahbaz, Muhammad (2012): Migration and tourism demand. In: *Theoretical and applied economics: GAER review* 19/2, 39–48.

Lesthaeghe, Ron (2010): The unfolding story of the second demographic transition. In: *Population and development review* 36/2, 211–251.

Lesthaeghe, Ron J. (1992): Der zweite demographische Übergang in den westlichen Ländern : eine Deutung. In: *Zeitschrift für Bevölkerungswissenschaft: Demographie* 18/3, 313–354.

Lohmann, Martin/Schmücker, Dirk/Sonntag, Ulf (2016): *Urlaubsreisetrends 2025. Entwicklung der touristischen Nachfrage im Quellmarkt Deutschland.* ReiseAnalyse trendstudie, Update 2016. Kiel.

Rothgang, Heinz/Müller, Rolf/Unger, Rainer (2012): *Themenreport „Pflege 2030". Was ist zu erwarten – was ist zu tun?* https://www.bertelsmann-stiftung.de/fileadmin/files/BSt/Publikationen/GrauePublikationen/GP_Themenreport_Pflege_2030.pdf (29.6.2017).

Scholz, Rembrandt D. (2017): Lebensverlängerung und die Folgen für den Pflegebedarf bezogen auf das Lebensalter über 60. In: Mayer, Tilman (Hg.): *Die transformative Macht der Demografie.* Wiesbaden, 173–185.

Statistik der Bundesagentur für Arbeit (Hg.) (2017): *Beschäftigte nach Wirtschaftszweigen (WZ 2008) (Monatszahlen). Stichtag: 30.09.2016.* https://statistik.arbeitsagentur.de/nn_31966/SiteGlobals/Forms/Rubrikensuche/Rubrikensuche_Form.html?view=processForm&resourceId=210368&input_=&pageLocale=de&topicId=746698&year_month=201609&year_month.GROUP=1&search=Suchen.

Statistisches Bundesamt (Hg.) (2015a): *Bevölkerung Deutschlands bis 2060. 13. koordinierte Bevölkerungsvorausberechnung* (20.1.2017).

Statistisches Bundesamt (Hg.) (2015b): *Bevölkerung Deutschlands bis 2060. Ergebnisse der 13. koordinierten Bevölkerungsvorausberechnung. Tabellenband.* https://www.destatis.de/DE/Publikationen/Thematisch/Bevoelkerung/VorausberechnungBevoelkerung/BevoelkerungDeutschland2060_5124202159004.pdf?__blob=publicationFile (12.5.2017).

Statistisches Bundesamt (Hg.) (2017a): *Bevölkerung in Privathaushalten: Deutschland, Jahre, Haushaltsgröße, Familienstand. 1972–2015.* Tabelle 12211-0200. https://www-genesis.destatis.de/genesis/online/data;jsessionid=A07C34070916F9F2C200CDD548B5511B.tomcat_GO_2_1?operation=abruftabelleAbrufen&selectionname=12211-0200&levelindex=1&levelid=1495104351883&index=14 (18.5.2017).

Statistisches Bundesamt (Hg.) (2017b): *Bevölkerung in Privathaushalten: Deutschland, Jahre, Haushaltsgröße, Geschlecht, Altersgruppen. 1972–2015.* Tabelle 12211-0202. https://www-genesis.destatis.de/genesis/online/data;jsessionid=A07C34070916F9F2C200CDD548B5511B.tomcat_GO_2_1?operation=previous&levelindex=3&levelid=1495104477621&levelid=1495104460378&step=2 (18.5.2017).

Statistisches Bundesamt (Hg.) (2017c): *Bevölkerung und Erwerbstätigkeit: Bevölkerung mit Migrationshintergrund. Ergebnisse des Mikrozensus 2015.* Fachserie 1 Reihe 2.2. https://www.destatis.de/DE/Publikationen/Thematisch/Bevoelkerung/MigrationIntegration/Migrationshintergrund2010220157004.pdf?__blob=publicationFile (19.5.2017).

Statistisches Bundesamt (Hg.) (2017d): *Bevölkerung: Deutschland, Stichtag. 31.12.1950–31.12.2015.* Tabelle 12411-0001. https://www-genesis.destatis.de/genesis/online/data;jsessionid=DF628835A1699FAC2AC55637F265AC19.tomcat_GO_2_2?operation=previous&levelindex=3&levelid=1494590880701&levelid=1494590874151&step=2 (12.5.2017).

Statistisches Bundesamt (Hg.) (2017e): *Einkommen, Einnahmen und Ausgaben privater Haushalte. Wirtschaftsrechnungen. Laufende Wirtschaftsrechnungen.*

https://www.destatis.de/DE/Publikationen/Thematisch/EinkommenKonsumL ebensbedingungen/EinkommenVerbrauch/EinnahmenAusgabenprivaterHau shalte2150100157004.pdf?__blob=publicationFile (3.5.2017).

Statistisches Bundesamt (Hg.) (2017 f.): *Entwicklung der Privathaushalte bis 2035. Ergebnisse der Haushaltsvorausberechnung – 2017.* https://www.destatis.de/ DE/Publikationen/Thematisch/Bevoelkerung/HaushalteMikrozensus/Entwi cklungPrivathaushalte5124001179004.pdf?__blob=publicationFile (3.5.2017).

Statistisches Bundesamt (Hg.) (2017g): *Gestorbene: Deutschland, Jahre, Geschlecht. 1950–2015.* Tabelle 12613–0002. https://www-genesis.destatis.de/genesis/ online/data;jsessionid=8477B156555269E485B0FDD07D719E71.tomcat_GO _2_1?operation=abruftabelleAbrufen&selectionname=12613-0002&levelinde x=1&levelid=1494582748404&index=2 (12.5.2017).

Statistisches Bundesamt (Hg.) (2017h): *Lebendgeborene: Deutschland, Jahre, Geschlecht. 1950–2015.* Tabelle 12612–0001. https://www-genesis.destatis.de/ genesis/online/data;jsessionid=8477B156555269E485B0FDD07D719E71. tomcat_GO_2_1?operation=abruftabelleAbrufen&selectionname=12612- 0001&levelindex=1&levelid=1494582632838&index=1 (12.5.2017).

Statistisches Bundesamt (Hg.) (2017i): *Privathaushalte, Haushaltsmitglieder: Deutschland, Jahre. 1961–2015.* Tabelle 12211–0100. https://www-genesis. destatis.de/genesis/online;jsessionid=55E136C5439232DEE0321AD068 7A9847.tomcat_GO_2_2?operation=previous&levelindex=2&levelid=14950 98250782&step=2 (18.5.2017).

Statistisches Bundesamt (Hg.) (2017j): *Staat & Gesellschaft – Migration & Integration – Personen mit Migrationshintergrund.* https://www.destatis.de/ DE/ZahlenFakten/GesellschaftStaat/Bevoelkerung/MigrationIntegration/ Methoden/PersonenMitMigrationshintergrund.html (18.5.2017).

Statistisches Bundesamt (Hg.) (2017k): *Verdienste und Arbeitskosten. Arbeitnehmerverdienste. 1. Vierteljahr 2017.* https://www.destatis.de/DE/Publikationen/ Thematisch/VerdiensteArbeitskosten/Arbeitnehmerverdienste/Arbeitnehmer verdiensteVj2160210173214.pdf?__blob=publicationFile (2.7.2017).

Statistisches Bundesamt (Hg.) (2017l): *Vorausberechneter Bevölkerungsstand: Deutschland, Stichtag, Varianten der Bevölkerungsvorausberechnung. 31.12.2014–31.12.2060.* Tabelle 12421–0001. https://www-genesis.destatis. de/genesis/online/data;jsessionid=DF628835A1699FAC2AC55637F265AC19. tomcat_GO_2_2?operation=abruftabelleAbrufen&selectionname=12421- 0001&levelindex=1&levelid=1494591261462&index=1 (12.5.2017).

United Nations World Tourism Organization (Hg.) (2009): *Tourism and migration. Exploring the relationship between two global phenomena.* Madrid.

Vogler-Ludwig, Kurt/Düll, Nicola (2013): *Arbeitsmarkt 2030. Eine strategische Vorausschau auf Demografie, Beschäftigung und Bildung in Deutschland.* http://www.economix.org/de/publikationen/d005.html (27.6.2017).

Vogler-Ludwig, Kurt/Düll, Nicola/Kriechel, Ben (2016): *Arbeitsmarkt 2030 – Wirtschaft und Arbeitsmarkt im digitalen Zeitalter. Prognose 2016.* http://www.economix.org/assets/content/Arbeitsmarkt%202030/Vogler-Ludwig%20et%20al%202016%20Arbeitsmarkt%202030%20-%20Wirtschaft%20und%20Arbeitsmarkt%20im%20digitalen%20Zeitalter.pdf (27.6.2017).

Williams, Allan M./Hall, C. Michael (2002): Tourism, migration, circulation and mobility. The contingencies of time and place. In: Hall, C. Michael/Williams, Allan M. (Hg.): *Tourism and migration. New relationships between production and consumption.* Dordrecht [u. a.], 1–52.

Yeoman, Ian/McMahon-Beattie, Una/Lord, Damian/Parker-Hodds, Luke (2012): Demography and Societal Change. In: Schänzel, Heike/Yeoman, Ian/Backer, Elisa (Hg.): *Family tourism. multidisciplinary perspectives.* Bristol [u. a.], 30–49.

Yeoman, Ian/Schänzel, Heike (2012): The Future of Family Tourism: A Cognitive Mapping Approach. In: Schänzel, Heike/Yeoman, Ian/Backer, Elisa (Hg.): *Family tourism. multidisciplinary perspectives.* Bristol [u. a.], 171–193.

Sonja Göttel und Alexander Koch

Barrierefreiheit als Qualitätsmerkmal

1. Einleitung

Barrierefreiheit und *Tourismus für Alle* gewinnen europaweit zunehmend an Bedeutung. Bereits heute sind barrierefreie Produkte stark nachgefragt. Bedingt durch den demografischen Wandel ist in den nächsten Jahrzehnten von einer noch wachsenden Nachfrage auszugehen (vgl. Leidner/Neumann/Rebstock 2009a, 2; Neumann 2012, 52–53; BMWi 2013, 4). Barrierefreiheit ist jedoch ein sensibles Thema und wird bisher oftmals nur eingeschränkt mit dem Fokus auf eine bestimmte Zielgruppe statt als ganzheitliches Thema für alle behandelt (vgl. BMWi 2008, S. 53; ADAC 2013, 18). Trotz des Angebotszuwachses in den letzten Jahren ist Reisen für viele Menschen mit Aktivitäts- und Mobilitätseinschränkungen immer noch eine Herausforderung. Durch die Entwicklung geeigneter Produkte und Dienstleistungen und durch das Verständnis von Barrierefreiheit als Querschnittsaufgabe und als Qualitätsmerkmal können diese Herausforderungen reduziert werden (vgl. Neumann 2012, 53). Ziel des folgenden Artikels ist aufzuzeigen, inwieweit die Entwicklung barrierefreier Angebote im Sinne eines *Tourismus für Alle* als Qualitätsmerkmal angesehen und genutzt werden kann. In diesem Zusammenhang wird außerdem erörtert, welche Relevanz das Thema im betrieblichen Kontext besitzt und welche Chancen, Herausforderungen und Erfolgsfaktoren mit der Umsetzung barrierefreier Angebote verbunden sind.

Die vorliegende Analyse basiert in Teilen auf einem Studienforschungsprojekt der Fachhochschule Westküste in Heide, das im Sommersemester 2016 von den Autoren, in Zusammenarbeit mit der Initiative ServiceQualität Deutschland, durchgeführt wurde. Im Rahmen des Projektes wurde u. a. eine Online-Befragung von durch ServiceQualität Deutschland zertifizierten Betrieben durchgeführt. Die Online-Befragung erfolgte im Zeitraum vom 23. Mai bis 06. Juni 2016. Mit Ausnahme des Bundeslandes Sachsen-Anhalt, in dem zum gleichen Zeitraum bereits eine andere Umfrage lief, wurden im Rahmen der Befragung alle durch ServiceQualität Deutschland zertifizierten Betriebe in Deutschland angeschrieben. Insgesamt nahmen 1007 der 2863 angeschriebenen Betriebe an der Befragung teil. Dies entspricht einer Rücklaufquote von 35,2 %. Ausgewählte Ergebnisse der Befragung sind in Kapitel 4 dargestellt.[1]

2. Barrierefreiheit als Ausdruck für (Service-)Qualität

2.1 Von „Tourismus für Menschen mit Behinderungen" zu „Tourismus für Alle"

Gemäß Behindertengleichstellungsgesetz §4 umfasst Barrierefreiheit neben baulichen Bereichen u. a. auch Dienstleistungs- und Serviceangebote sowie Informations- und Kommunikationssysteme. Angebote und Dienstleistungen sollten entsprechend so gestaltet sein, dass sie Menschen mit Behinderungen eine möglichst selbständige Nutzung in der allgemein üblichen Weise und ohne besondere Erschwernis ermöglichen (vgl. BMJV 2017).

Menschen mit Aktivitäts- und Mobilitätseinschränkungen sind im Alltag und im Urlaub auf Barrierefreiheit angewiesen. Die Zielgruppe ist sehr heterogen und umfasst sowohl Menschen mit klassischen Behinderungen (z. B. körperliche, geistige, sensorische oder psychische Behinderungen), als auch Personen, die altersbedingt oder sonstig dauerhaft oder temporär eingeschränkt sind (z. B. Senioren, Schwangere, Personen mit vorübergehenden Unfallschäden, Familien mit Kinderwagen oder Menschen mit Allergien und sonstigen Erkrankungen oder (vgl. Längle 2008, 1–2, 12; ADAC 2013, 13–14).

Die Gestaltung barrierefreier Angebote und einer barrierefreien Umwelt rentiert sich jedoch nicht nur im Hinblick auf die Zielgruppe der Menschen mit Aktivitäts- und Mobilitätseinschränkungen. Eine barrierefrei zugängliche Umwelt kann auch für andere Bevölkerungsgruppen komfortabel sein (vgl. Neumann/Reuber 2004, 13). Das Konzept der Barrierefreiheit kann beispielsweise Kundenwünschen wie Bequemlichkeit und Stressminimierung entgegen kommen (vgl. Mallas/Neumann/Weber 2007, 317–318). Ergänzende barrierefreie Angebote und Dienstleistungen können demzufolge auch für andere Nutzergruppen zu mehr Urlaubskomfort und Reiseerleichterung führen und die Attraktivität, den Komfort und die Qualität touristischer Angebote und Dienstleistungen steigern (vgl. Neumann/Reuber 2004, 13, 76; Ghijsels 2012, 39).

In der Tourismusbranche hat in den letzten Jahren entsprechend ein Umdenken weg von *Tourismus für Menschen mit Behinderungen* hin zu *Tourismus für Alle* stattgefunden (vgl. BMWi 2008, S. 11, 53; ADAC 2013, 7–8). Der *Tourismus für Alle*

---

1 Die Ergebnisse dienten darüber hinaus als Basis für ein weiteres Forschungsprojekt. Siehe hierzu den Beitrag von Sußner in diesem Band.

basiert auf dem Konzept des *Designs für Alle* (vgl. Neumann/Reuber 2004, 12). Ziel des Designs für Alle ist „(...) eine barrierefreie Zugänglichkeit und Nutzbarkeit für möglichst alle Menschen zu erreichen" (Leidner/Neumann/Rebstock 2009a, 2). Entsprechend sind Dienstleistungen, Produkte und die gebaute Umwelt so zu gestalten, dass sie sich nicht diskriminierend auswirken, die menschliche Vielfalt berücksichtigen sowie nachhaltig, leicht verständlich, sicher, gesund, funktional und ästhetisch anspruchsvoll sind (vgl. Leidner/Neumann/Rebstock 2009a, 2). Im Sinne des integrativen Ansatzes sollten Angebote und Dienstleistungen nicht speziell für aktivitäts- und mobilitätseingeschränkte Menschen, sondern mit dem Ziel eines harmonischen Miteinanders von Menschen mit und ohne Einschränkungen entwickelt werden. Barrierefreiheit umfasst auch gegenseitiges Verständnis, Rücksichtnahme, Abbau menschlicher Barrieren, Förderung des Miteinanders und gegenseitiges Lernen durch gemeinsame Nutzung derselben touristischen Angebote und Einrichtungen (vgl. Fuchs/Schleifnecker 2002, 4). Die Umsetzung des *Tourismus für Alle* kann den Urlaubsaufenthalt angenehmer machen, zum Erholungswert beitragen und entsprechend als ein Qualitäts- und Komfortkriterium angesehen werden (vgl. Mallas/Neumann/Weber 2007, 318). Durch die Erhöhung der touristischen Qualität können barrierefreie Angebote somit auch insgesamt zu einer Leistungssteigerung der Tourismuswirtschaft in Deutschland führen (vgl. Neumann/Reuber 2004, 76).

2.2 Anforderungen an barrierefreie (Service-)Angebote

Untersuchungen zeigen, dass sich aktivitäts- und mobilitätseingeschränkte Menschen hinsichtlich Reisemotivation und Reiseverhalten kaum von nicht eingeschränkten Personen unterscheiden (vgl. ADAC 2003, 15; BMWi 2008, 78). Aufgrund der spezifischen Bedürfnisse stellen aktivitäts- und mobilitätseingeschränkte Menschen in der Regel jedoch höhere bzw. besondere Anforderungen an einzelne Angebotselemente, die entsprechend berücksichtigt werden sollten (vgl. BMWi 2013, 6). Über barrierefreie Basisangebote hinaus wünschen sich auch aktivitäts- und mobilitätseingeschränkte Gäste echte „Erlebniswerte" (vgl. BMWi 2013, 5). Voraussetzung dafür ist eine hohe Service- und Erlebnisqualität (vgl. BMWi 2013, 5). Wichtig ist, dass Barrierefreiheit entlang der gesamten Servicekette und nicht nur in Teilbereichen umgesetzt wird (vgl. Neumann/ Reuber 2004, 33; BMWi 2008, 119). Im Bereich der Dienstleistungen kommt dem sensiblen Umgang eine besondere Bedeutung zu. Ghijsels (2012, 39) spricht in diesem Zusammenhang auch von „mental accessibility" im Sinne von Aufgeschlossenheit und Freundlichkeit des Personals gegenüber aktivitäts- und mobilitätseingeschränkten Personen. Das gesamte Servicepersonal sollte in der Lage sein, einen sicheren und selbstverständlichen Umgang mit aktivitäts- und mobilitätseingeschränkten Menschen zu gewährleisten. Dazu gehören neben der persönlichen Einstellung auch Kenntnisse und Fähigkeiten über besondere Bedürfnisse, Beratung und Informationsvermittlung und die Unterstützung und Hilfe im Alltag (vgl. Fuchs/Schleifnecker 2002, 21–22; Berdel/Gödl/Schoibl 2003, 47).

3. Chancen, Herausforderungen und Erfolgsfaktoren bei der Umsetzung barrierefreier Angebote

3.1 Chancen durch die Umsetzung barrierefreier Angebote

Geschätzt über 20 Millionen Menschen in Deutschland haben Aktivitäts- und Mobilitätseinschränkungen (vgl. Neumann/Reuber 2004, 75). Ältere Menschen und Personen mit Aktivitäts- und Mobilitätseinschränkungen bieten entsprechend ein hohes Nachfrage-Potenzial und können als bedeutende touristische Zielgruppe im Deutschlandtourismus angesehen werden (vgl. Neumann/Reuber 2004, 75; BMWi 2013, 4). Der Anteil der Nutzergruppe wird zukünftig, bedingt durch den demografischen Wandel, noch weiter steigen (vgl. BMWi 2013, S. 4). Eine Befragung im Auftrag der Europäischen Kommission von Mitte 2012 bis Mitte 2013 hat ergeben, dass Gäste, die besonders auf Barrierefreiheit angewiesen sind, innerhalb der EU einen Gesamtumsatz von ca. 786 Mrd. Euro pro Jahr generieren (vgl. NeumanConsult 2014, 2–4). Durch ergänzende barrierefreie Angebote könnte dieser Betrag zukünftig um bis zu 40 % steigen. Bei Reisenden aus Nicht-EU Ländern nach Europa sind Steigerungsraten bis zu knapp 75 % möglich (Ausgaben von Begleitpersonen noch nicht einbereichnet) (vgl. NeumanConsult 2014, 4).

Weitere Vorteile resultieren aus dem zielgruppenspezifischem Reiseverhalten: Menschen mit Aktivitäts- und Mobilitätseinschränkungen verbringen ihren Urlaub im Vergleich zu anderen deutschen Urlaubergruppen häufiger im Inland (vgl. BMWi 2008, 60; BMWi 2013, 4). Sie nutzen zudem im Vergleich stärker die Nebensaison. Barrierefreie Angebote können daher zur Saisonverlängerung und zu einer besseren Auslastung in der Nebensaison beitragen (vgl. BMWi 2008, 59; BMWi 2013, 4; Calvo-Mora/Navarro-Garcia/Perianez-Cristóbal 2015, 119–120). Da über die Hälfte der Menschen mit Behinderung auf Reisen auf eine Begleitperson angewiesen sind, entstehen weitere Multiplikatoreffekte durch mitreisende Familienangehörige und Freunde (vgl. ADAC 2003, 19; Kästner 2007, 53; NeumanConsult 2014, 4; Calvo-Mora/Navarro-Garcia/Perianez-Cristóbal 2015, 119). Menschen mit Aktivitäts- und Mobilitätseinschränkungen geben im Urlaub oftmals mehr Geld aus als Menschen ohne Einschränkungen (vgl. Calvo-Mora/Navarro-Garcia/Perianez-Cristóbal 2015, 119–120). Vor dem Hintergrund erschwerter Reisebedingungen weisen sie außerdem oft eine höhere Zielgebietsstreue auf und sind bei einem passenden Angebot einfacher als Stammkunden zu gewinnen (vgl. ADAC 2003, 19; Kästner 2007, 53; BMWi 2008, 62). Ein im Vergleich längerfristiges Buchungsverhalten der Zielgruppe bietet darüber hinaus erhöhte Planungssicherheit (vgl. Neumann/Reuber 2004, 71).

Eine barrierefreie Gestaltung kann den Komfort, die Bequemlichkeit und die Qualität auch für andere Nutzergruppen steigern (siehe auch Kapitel 2.1). Entsprechend können durch *Tourismus für Alle* Synergieeffekte für weitere Zielgruppen entstehen (vgl. ADAC 2003, 19; Kästner 2007, 54). Barrierefreie Angebote und die barrierefreie Gestaltung der Umwelt können darüber hinaus auch zu einer verbesserten Lebens- und Aufenthaltsqualität für Einwohner führen (vgl. Fuchs/Schleifnecker 2002, 4; ADAC 2003, 19; BMWi 2013, 5). Durch den Komfortgewinn kann Barrierefreiheit damit direkt auch als ein Qualitätsmerkmal angesehen werden (vgl. Leidner/Neumann/Rebstock 2009b, 12). Bequemlichkeit und Komfort werden im Dienstleistungsbereich für viele Menschen immer wichtiger und eine hohe Dienstleistungsqualität hat sich in den vergangenen Jahren zu einem zentralen Wettbewerbsfaktor entwickelt. Dienstleistungsunternehmen, die durch erweiterte Leistungsangebote den Kunden zu mehr Lebensqualität verhelfen, zeigen entsprechend überdurchschnittliches Wachstum auf (vgl. Bruhn 2013a, 9–10). Die barrierefreie Gestaltung kann das Reisen erleichtern und zu mehr Urlaubskomfort führen. Dadurch kann *Tourismus für Alle* zu einem Qualitätsmerkmal und imagebildenden Faktor, auch für Menschen ohne Behinderungen, werden (vgl. ADAC 2003, 18–19; Mallas/Neumann/Weber 2007, 317). „Barrierefreiheit ist ein Komfort- und Qualitätsmerkmal und ist als solches auch zu vermarkten" (BMWi 2008, 123).

Durch gezielte Vermarktung barrierefreier Angebote können Regionen und Betriebe sich profilieren, neue Nachfragepotenziale erschließen und eine Verbesserung der Wettbewerbsposition erreichen (vgl. ADAC 2003, 17–19; Neumann/Reuber 2004, 76; Mallas/Neumann/Weber 2007, 316; BMWi 2013, 5). Positive Beispiele für barrierefreie Angebote werden oftmals durch zielgruppenspezifische Publikationen, Reiseführer und Informationsnetzwerke von Betroffenenorganisationen deutschlandweit weiterempfohlen. Dies kann zu einer Steigerung des Image und Bekanntheitsgrades für Urlaubsziele und Anbieter führen (vgl. ADAC 2003, 19; Neumann/Reuber 2004, 76; Kästner 2007, 54). Barrierefreie Angebote können als Alleinstellungsmerkmal genutzt werden und bieten darüber hinaus gute Chancen für Fördermöglichkeiten (vgl. Kästner 2007, 54). Durch den Abbau von Barrieren im Tourismus können der Umsatz gesteigert, Arbeitsplätze geschaffen und die langfristige Wirtschaftlichkeit von Investitionen gesichert werden (vgl. Leidner/Neumann/Rebstock 2009a, 2). Im zunehmenden Wettbewerb der Regionen stellt Barrierefreiheit daher einen gewichtigen Standortvorteil dar (vgl. Fuchs/Schleifnecker 2002, 3).

3.2 Herausforderungen bei der Umsetzung barrierefreier Angebote

Ein zentrales Hemmnis für die Umsetzung barrierefreier Angebote sind bestehende Informationsdefizite u. a. bezüglich des Marktpotenzials, der Marktanforderungen (z. B. Regelungen und Kennzeichnungen) und Kosten von Barrierefreiheit sowie des Reiseverhaltens von Menschen mit Aktivitäts- und Mobilitätseinschränkungen (vgl. Neumann/Reuber 2004, 70–72; Kästner 2007, 55–57; NeumanConsult 2014, 4–5). Betriebe, die aktuell noch keine barrierefreien Angebote haben und somit nicht oder nur selten mit aktivitäts- und mobilitätseingeschränkten Gästen in Berührung kommen, vergessen oft das Potenzial dieser Zielgruppe (und ggf. Mitreisender) (vgl. Ghijsels 2012, 39). Trotz des erheblichen Marktpotenzials für barrierefreie Angebote und Dienstleistungen war das Interesse von Anbietern bisher eher gering. Im Vergleich zur Größe der Zielgruppe gibt es daher nicht ausreichend Angebote und kaum Angebote entlang der gesamten touristischen Servicekette (vgl. Berdel/Gödl/Schoibl 2003, 19; Neumann/Reuber 2004, 51; BMWi 2008, S. 53; Eichhorn/Buhalis 2011, 52). Diese Informationslücken gilt es zu schließen, denn Unternehmen werden nur in barrierefreie Angebote investieren, wenn dies für sie wirtschaftlich interessant erscheint (vgl. ADAC 2003, 16; Hitsch/Peters/Weiermair 2007, 234).

Ein weiteres Hemmnis besteht aufgrund der großen Heterogenität der Zielgruppe (vgl. Kapitel 2.1), die sehr vielfältige Anforderungen und Nutzerbedürfnisse zur Folge hat (vgl. ADAC 2013, 23–65; Hitsch/Peters/Weiermair 2007, 233; Darcy/Buhalis 2011, 38). Daraus ergeben sich hohe Anforderungen an das Dienstleistungspersonal und die Notwendigkeit für zielgruppenspezifische Qualifikations- und Schulungsmaßnahmen (vgl. Fuchs/Schleifnecker 2002, 7, 21; Neumann 2012, 51). Die Heterogenität bildet sich in den Angeboten bisher nur eingeschränkt ab. Viele Anbieter fokussieren häufig einseitig vor allem auf Rollstuhlfahrer (vgl. Neumann 2012, 53). Entsprechend häufig wurde mangelnder Service in Umfragen unter aktivitäts- und mobilitätseingeschränkten Reisenden als ein zentrales Hemmnis genannt (vgl. NeumanConsult 2014, 4–5).

Auf Seiten der Anbieter existieren darüber hinaus teilweise psychologisch-mentale Barrieren, z. B. Unsicherheit und Berührungsängste im Umgang mit Menschen mit Behinderungen (vgl. Neumann/Reuber 2004, 69; Eichhorn/Buhalis 2011, 54–55) oder Bedenken, dass einige Gäste sich von barrierefreien Sanitärbereichen abschrecken oder an Gästen mit Aktivitäts- und Mobilitätseinschränkungen stören könnten (vgl. Kästner 2007, 55). Eine Herausforderung resultiert auch durch Kommunikationsdefizite auf Seiten der Nachfrager, z. B.

durch Nichtartikulation von Wünschen und Bedürfnissen und teilweise sehr hohen Ansprüchen (vgl. Neumann/Reuber 2004, 70).

Voraussetzung für die Umsetzung einer barrierefreien Servicekette ist eine strategische Herangehensweise, eine konstruktive Arbeitsstruktur, eine langfristige Ausrichtung und öffentliche Komplementärinvestitionen (s. auch Kapitel 3.3). Oftmals fehlen bisher jedoch Wissen, themenspezifische Netzwerke und nachhaltige Organisationsstrukturen zur Umsetzung (vgl. Neumann/Reuber 2004, 72–73; BMWi 2013, 6). Erst in wenigen Urlaubszielen wurde bisher eine Erfassung der Zugänglichkeit durchgeführt. Aufgrund nicht einheitlicher Bewertungskriterien, Begrifflichkeiten und Kennzeichnungen besteht darüber hinaus eine fehlende Transparenz über die vorhandenen Angebote (vgl. Neumann/Reuber 2004, 51). Da die vorhandenen Angebote oftmals nicht angemessen kommuniziert und eher defensiv beworben werden, sind sie außerdem bei Reisevermittlern und Reiseinteressenten oft kaum bekannt (vgl. Neumann/Reuber 2004, 51; Kästner 2007, 56).

Weitere Hemmnisse können u. a. ggf. durch gesetzliche Barrieren und Zielkonflikte (z. B. mit Denkmal- oder Brandschutz) entstehen (vgl. Neuman/Reuber 2004, 73; Eichhorn/Buhalis 2011, 52).

3.3 Erfolgsfaktoren für die Umsetzung barrierefreier Maßnahmen

Unternehmensleistungen werden im Spannungsfeld zwischen Unternehmensausrichtung, Marktforderung und Unternehmensfähigkeiten erbracht (vgl. Schmitt/Pfeifer 2015, 110). Für eine effiziente Umsetzung von qualitätsbezogenen Aktivitäten müssen Kundenerwartungen erfüllt, eine hinreichende Differenzierung zum Wettbewerb erreicht und interne Kosten- und Nutzenstrukturen berücksichtigt werden (vgl. Bruhn 2013b, 280). Dies lässt sich auch auf den Barrierefreien Tourismus übertragen. Darüber hinaus gibt es weitere spezifische Erfolgsfaktoren, die für eine Umsetzung des *Tourismus für Alle* eine zentrale Rolle spielen. Diese werden im Folgenden näher erläutert:

Notwendige Grundvoraussetzung für *Tourismus für Alle* ist das Engagement sowie Bekenntnis der Entscheidungsträger auf betrieblicher und politischer Ebene und die Schaffung adäquater Rahmenbedingungen (u. a. Richtlinien, Schulungen, Finanzierung, Förderung). Barrierefreier Tourismus sollte gemeinsam als Querschnittsaufgabe mit Unterstützung durch die Politik (ggf. mit ergänzenden Förderprogrammen) umgesetzt werden (vgl. BMWi 2008, 79; NeumannConsult 2014, 6).

Die Umsetzung sollte als kontinuierlicher kooperativer Prozess erfolgen (vgl. NeumannConsult 2014, 6). Eine zentrale Voraussetzung dafür ist die Schaffung einer Koordinierungsstelle als Impulsgeber und zur Schaffung von Rahmenbedingungen (u. a. Information, Vernetzung, Marketing, Beratung zu Aufträgen und Förderprogrammen, Sensibilisierungsveranstaltungen, Schulungen und Qualifizierungsmaßnahmen). Dies kann auf übergeordneter Ebene im Rahmen von Landestourismus- oder Destinationsmanagementorganisationen oder in kleineren Einheiten und Projekten über eine(n) Koordinator/in erfolgen (vgl. BMWi 2008, 80, 109; BMWi 2013,16).

Aufgrund der Komplexität des Themas und der vielen unterschiedlichen Interessengruppen ist eine Vernetzung der Akteure entlang der gesamten touristischen Servicekette sowie branchenübergreifend unerlässlich (vgl. BMWi 2008, 34). Durch gezielte Netzwerkarbeit und Möglichkeiten zur Partizipation können Akteure eingebunden, Wissen vermittelt sowie Innovationen und Synergieeffekte ausgelöst werden (vgl. BMWi 2008, 80–81, 110–111; BMWi 2013, 16; NeumannConsult 2014, 6).

Ein weiterer zentraler Erfolgsfaktor ist eine abgestimmte strategische, markt- und potenzialorientierte Planung und Vorgehensweise (u. a. Marktforschung, Bestandsaufnahme, Maßnahmen- und Marketingplanung) (vgl. Neumann/Reuber 2004, 78; BMWi 2013, 16; NeumannConsult 2014, 6–7). Aufbauend auf einem langfristigen und tragfähigen Konzept (z. B. Master- oder Entwicklungsplan) können Potenziale, Themen und Gästegruppen identifiziert, Stärken und Schwächen (z. B. Zugänglichkeit, Erlebbarkeit) analysiert und Maßnahmen abgeleitet werden. Wichtig sind auch eine daran gekoppelte Zeit- und Finanzierungsplanung und permanente Qualitäts- und Erfolgskontrolle (vgl. BMWi 2008, 81).

Zur Qualifizierung des (Service-)Personals und zum Wissenstransfer sollten regelmäßig Sensibilisierungen, Schulungen und Qualifizierungsmaßnahmen durchgeführt werden (vgl. Neumann/Reuber 2004, 78; BMWi 2008, 81–82; BMWi 2013, 16; NeumannConsult 2014, 7). Ein zusätzlicher Anreiz zur Teilnahme an Qualifizierungs- und Schulungsmaßnahmen kann ggf. durch daran gekoppelte Marketingaktivitäten erfolgen (vgl. BMWi 2008, 115).

Die Infrastruktur- und Angebotsentwicklung sollte sich an den identifizierten Stärken, Prioritäten und Handlungsbedarfen (s. o.) orientieren (vgl. BMWi 2008, 82–83, 116; BMWi 2013, 16). Hilfreich bei der Umsetzung sind ein schrittweiser Prozess und pragmatische Lösungsansätze, die von den Anbietern auch umsetzbar sind. Zu Beginn können zunächst auch Zwischenlösungen, einzelne Angebote, Pilot- und Leuchtturmprojekte zweckdienlich sein, die dann zu einer geschlossenen barrierefreien Servicekette weiterentwickelt werden (vgl. Neumann/Reuber 2004, 72; BMWi 2008, 51, 82–83, 116–121; BMWi 2013, 6).

Die Angebotsentwicklung sollte dabei erlebnis- und bedürfnisorientiert über Themen, Motive, Zielgruppen, Lebensstile und Urlaubsformen statt über Problematisierung erfolgen (vgl. BMWi 2008, 118–121). Ziel ist nicht die Generierung von Spezial- oder Sonderlösungen, sondern die Schaffung von integrativen Angeboten, die respektierend, sicher, gesund, funktional, verständlich und ästhetisch sind (vgl. BMWi 2008, 117–119).

Weitere Erfolgsfaktoren umfassen eine themenspezifische Kommunikation, Marketing und Vertrieb. Dies beinhaltet sowohl ein kooperatives Innenmarketing unter Einbindung aller relevanten Akteure, als auch zielgerichtete Außenmarketing-Maßnahmen u. a. mit transparenter Darstellung des Angebotes mittels einer einheitlichen Zertifizierung (vgl. Neumann/Reuber 2004, 78; BMWi 2008, 52; BMWi 2013, 16). Die Informationen sollten aktuell, verlässlich, sicher, vollständig, attraktiv aufbereitet und einfach, leicht verständlich und zugänglich gestaltet sein (vgl. BMWi 2008, 121–123). Über Special-Interest-Broschüren hinaus sollten barrierefreie Angebote entlang der gesamten Werbestrategie in Standardmedien sowie in Social Media vermarktet werden (vgl. BMWi 2008, 83; NeumannConsult 2014, 7). Analog zur Angebotsentwicklung sollte die Kommunikation dabei über den integrativen Ansatz des *Tourismus für Alle* mit Fokus auf Themen, Motive, Zielgruppen, Lebensstile und Urlaubsformen statt auf Angeboten für Menschen mit Behinderungen und Problematisierung erfolgen. So können werbliche und imagebildende Effekte erschlossen, Zielgruppensynergien genutzt und Wettbewerbsvorteile erzielt werden (vgl. Mallas/Neumann/Weber 2007, 317; BMWi 2008, 121–123; BMWi 2013, 7).

4. Barrierefreiheit und Servicequalität – empirische Ergebnisse

Im Folgenden werden Chancen, Herausforderungen und Erfolgsfaktoren bei der Umsetzung barrierefreier Angebote mit Hilfe ausgewählter Ergebnisse aus der Online-Befragung der durch ServiceQualität Deutschland zertifizierten Betriebe dargestellt.

Hinsichtlich der Ergebnisse der Befragung ist einschränkend darauf hinzuweisen, dass diese den Umsetzungsstand und die Meinungen zum Thema Barrierefreiheit der beteiligten ServiceQualität Deutschland zertifizierten Betriebe widerspiegeln. Sie sind jedoch nicht repräsentativ und nicht verallgemeinerbar auf alle durch die Initiative zertifizierten Betriebe sowie (touristische) Leistungsträger in Deutschland im Allgemeinen. Dennoch geben sie Einblicke in die Relevanz, Chancen, Herausforderungen und Erfolgsfaktoren bei der Umsetzung barrierefreier Angebote und Dienstleistungen in der Praxis, welche mit den zuvor gemachten Aussagen verglichen werden können.

4.1 Relevanz

Die Relevanz des Themas Barrierefreiheit wird branchenübergreifend von den befragten Unternehmen als sehr hoch eingeschätzt. Insbesondere Freizeiteinrichtungen, Verbände und Organisationen sowie Touristinformationen schätzen die Umsetzung von Maßnahmen zur Gestaltung barrierefreier Produkte und Dienstleistungen als „sehr wichtig" oder „wichtig" für ihren Unternehmenserfolg ein. Im Vergleich etwas weniger relevant ist das Thema für die befragten Betriebe aus den Bereichen Gastronomie und Beherbergung (vgl. Abb. 1).

Während bisherige Studien oft auf ein mangelndes Interesse und eine Vernachlässigung des Marktpotenzials hingewiesen haben (vgl. Kapitel 3.2), zeigen die empirischen Daten, dass die Bedeutung barrierefreier Angebote bei den befragten Unternehmen branchenübergreifend wahrgenommen wird. Dabei ist zu beachten, dass alle befragten Betriebe bereits durch ServiceQualität Deutschland zertifiziert sind. Es ist möglich, dass diese Betriebe, aufgrund der allgemeinen Sensibilisierung für Servicequalität, auch besonders sensibel und aufgeschlossen gegenüber dem Thema Barrierefreiheit eingestellt sind. Möglich ist auch, dass einige Befragte aufgrund der sozialen Erwartungshaltung zum Thema Barrierefreiheit in ihrer Einschätzung beeinflusst sind.

Abb. 1: Aktuelle Relevanz des Themas Barrierefreiheit[2]

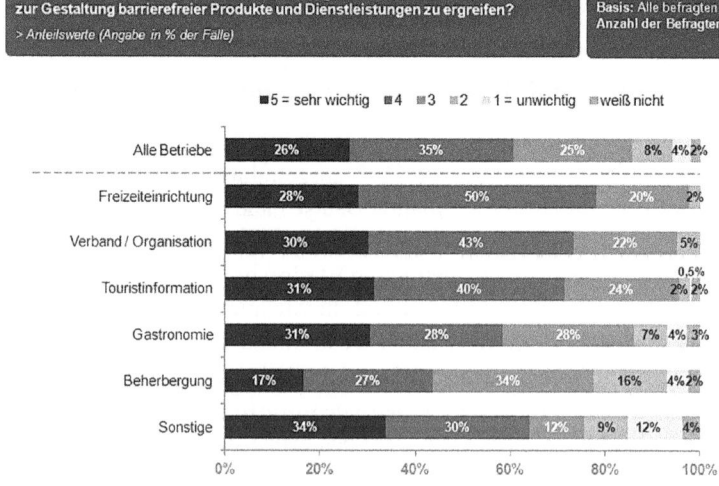

---

2 Quelle: Eigene Darstellung basierend auf Fazel et al. 2016

Für die Zukunft gehen die befragten Betriebe mehrheitlich (59 %) von einer noch steigenden Relevanz des Themas aus. Insbesondere Verbände und Organisationen sowie Touristinformationen schätzen, dass die Relevanz des Themas Barrierefreiheit für den Erfolg ihres Unternehmens in Zukunft noch weiter zunehmen wird (vgl. Abb. 2). Diese Einschätzung deckt sich mit dem in der Literatur genannten Prognosen (vgl. Kapitel 3.1).

Abb. 2: Zukünftige Relevanz des Themas Barrierefreiheit[3]

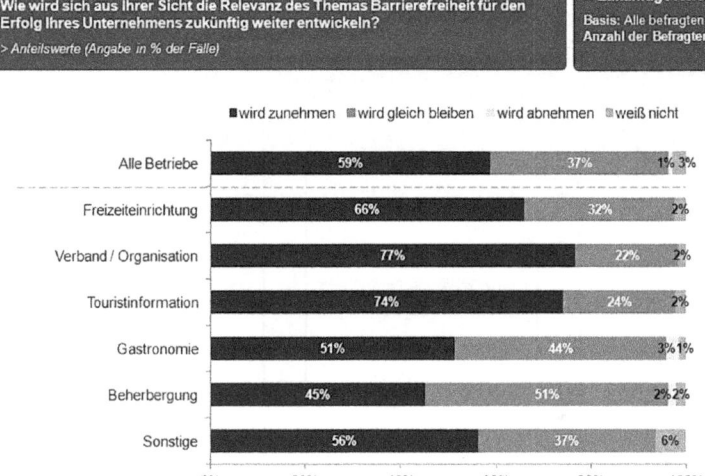

Knapp 64 % der befragten Betriebe haben bereits Maßnahmen zur Gestaltung barrierefreier Produkte und Dienstleistungen ergriffen (vgl. Fazel et al. 2016, 131). Zu den besonders häufig umgesetzten Maßnahmen gehören „allgemeine Sensibilisierung der Mitarbeiter zum Thema Barrierefreiheit", „barrierefreie Parkmöglichkeiten in Unternehmensnähe", „barrierefreie Sanitäranlagen" und „barrierefreie Empfangsbereiche" (vgl. Abb. 3). Die Übersicht zeigt, dass die befragten Betriebe die unter Kapitel 2.1 genannten Anforderungen nach einer Vernetzung aus infrastrukturellen Maßnahmen mit Informations- und Servicemaßnahmen aufgegriffen haben. Sie macht jedoch auch deutlich, dass in vielen Bereichen noch erhebliche Verbesserungspotenziale bestehen.

---

3   Quelle: Eigene Darstellung basierend auf Fazel et al. 2016

Von den Betrieben, die bereits Maßnahmen zur Gestaltung barrierefreier Produkte und Dienstleistungen ergriffen haben, planen etwa ein Drittel diese in Zukunft noch zu erweitern, 45 % sind sich diesbezüglich noch unsicher und 16 % planen keine Erweiterung der bisherigen Maßnahmen (vgl. Fazel et al. 2016, 135). Weitere 11 % der befragten Betriebe haben aktuell noch keine barrierefreien Produkte und Dienstleistungen, planen diese jedoch bereits konkret (vgl. Fazel et al. 2016, 131).

Abb. 3: Umgesetzte Maßnahmen[4]

Welche der folgenden Maßnahmen zur Gestaltung barrierefreier Produkte und Dienstleistungen hat Ihr Unternehmen derzeit bereits umgesetzt?
> Mehrfachnennungen möglich (Angabe in % der Fälle)

■ Umgesetzte Maßnahmen
Basis: Betriebe mit bereits umgesetzten Maßnahmen
Anzahl der Befragten: n = 531

Rang	Umgesetzte Informationsmaßnahmen	% der Fälle	Rang	Umgesetzte bauliche Maßnahmen	% der Fälle	Rang	Umgesetzte Servicemaßnahmen	% der Fälle
1	detaillierte und realistische Informationen über Zugänglichkeit und Barrierefreiheit	49%	1	barrierefreie Parkmöglichkeiten in Unternehmensnähe	75%	1	allgemeine Sensibilisierung der Mitarbeiter zum Thema Barrierefreiheit	67%
2	Vermarktung bestehender barrierefreier Angebote im Rahmen der Marketingaktivitäten	38%	2	barrierefreie Sanitäranlagen	72%	2	gut lesbares, kontrastreiches Leitsystem auf Unternehmensgelände	17%
3	leicht verständliche Aufbereitung von Imagebroschüren, Buchungsunterlagen etc.	24%	3	barrierefreie Empfangsbereiche (z.B. abgesenkte Counter, stufenloser Zugang)	71%	3	Einrichtung eines Bring- und Abholservices	15%
4	barrierefreie Internetseite (z.B. große Schrift, einfache Sprache, hoher Kontrast, Audio Optionen)	23%	4	breite Türen und Korridore	66%	4	Einrichtung einer Notrufnummer	14%
5	(noch) keine Maßnahmen in diesem Bereich umgesetzt	18%	5	vergrößerte Bewegungsflächen in den Räumlichkeiten	41%	5	Kundendatenbank mit Hinweisen zu speziellen Gästeanforderungen	9%
6	Sonstiges	13%	6	unterfahrbare Tische	25%	6	bedarfsspezifische Serviceleistungen (z.B. Audioguide, Speisekarte in Blindenschrift)	9%
			7	(noch) keine Maßnahmen in diesem Bereich umgesetzt	4%	7	(noch) keine Maßnahmen in diesem Bereich umgesetzt	20%
			8	Sonstiges	13%	8	Sonstiges	8%

4.2 Motivationen und Chancen

Als Hauptmotivationen zur Umsetzung von Maßnahmen zur Gestaltung barrierefreier Produkte und Dienstleistungen wurden von den befragten Unternehmen vor allem „demografischer Wandel", „Erweiterung des Angebots", „Verbesserung des Images", „Spezialisierung/Erschließung weiterer Zielgruppen" und „Erhöhung der Nachfrage" genannt (vgl. Abb. 4). Die Motivationen decken sich mit den in Kapitel 3.1 genannten Chancen durch Barrierefreien Tourismus.

---

4   Quelle: Eigene Darstellung basierend auf Fazel et al. 2016

Abb. 4: *Motivationen*[5]

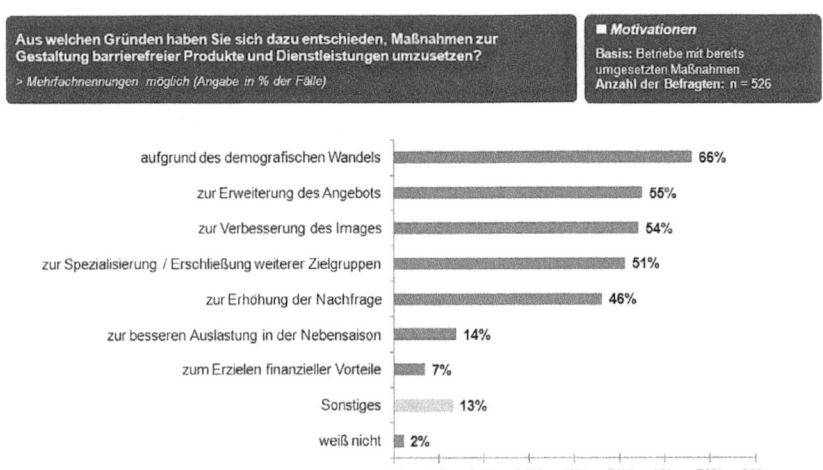

Die folgende Abbildung zeigt die Motivationen von befragten Betrieben, die bereits Maßnahmen zur Gestaltung barrierefreier Produkte und Dienstleistungen umgesetzt haben, aufgeschlüsselt nach Betriebsart. Daraus wird deutlich, dass die Motivationen je nach Betriebsart leicht unterschiedlich ausfallen. Für Touristinformationen ist der „demografische Wandel" beispielsweise ein im Vergleich besonders ausschlaggebender Motivationsfaktor. Für Freizeiteinrichtungen spielt die „Spezialisierung/Erschließung weiterer Zielgruppen" eine vergleichsweise große Rolle. Die „bessere Auslastung in der Nebensaison" ist besonders für Beherbergungsbetriebe relevant.

---

5   Quelle: Eigene Darstellung basierend auf Fazel et al. 2016

Abb. 5: Motivationen nach Betriebsarten[6]

Gründe für erfolgte Maßnahmenumsetzung	Gesamt	Beherbergung	Gastronomie	Tourist-Info	Freizeiteinrichtung	Verband / Organisation	Sonstige
aufgrund des demografischen Wandels	66%	54%	44%	81%	63%	78%	68%
zur Erweiterung des Angebots	55%	60%	39%	61%	59%	53%	39%
zur Verbesserung des Images	54%	40%	61%	60%	59%	53%	63%
zur Spezialisierung / Erschließung weiterer Zielgruppen	51%	49%	39%	55%	62%	56%	41%
zur Erhöhung der Nachfrage	46%	51%	49%	42%	51%	53%	40%
zur besseren Auslastung in der Nebensaison	14%	25%	7%	10%	10%	16%	4%
zum Erzielen finanzieller Vorteile	7%	9%	5%	4%	10%	9%	8%
Sonstiges	13%	13%	12%	9%	11%	9%	21%
weiß nicht	2%	3%	5%	1%	3%	0%	0%

Aus welchen Gründen haben Sie sich dazu entschieden, Maßnahmen zur Gestaltung barrierefreier Produkte und Dienstleistungen umzusetzen?
> Mehrfachnennungen möglich (Angabe in % der Fälle)

■ Motivationen
Basis: Betriebe mit bereits umgesetzten Maßnahmen
Anzahl der Befragten: n = 522

4.3 Herausforderungen

Als Herausforderungen wurden von den befragten Betrieben u. a. „finanzielle Herausforderungen", „hohe Komplexität des Themas", „Zeitmangel" und „Personalmangel" angegeben. In fast jedem fünften Unternehmen mit bereits umgesetzten Maßnahmen gab es bei der Planung und Umsetzung keine Herausforderungen. Unter „Sonstiges" wurden von den Betrieben besonders häufig Denkmalschutz-Aspekte bzw. bauliche Herausforderungen genannt. Betriebe, die bisher keine Maßnahmen geplant oder umgesetzt haben, gaben vergleichsweise besonders häufig „zu geringes Nachfragepotenzial" als Grund dafür an, dass ihr Unternehmen (bisher) nicht im Bereich Barrierefreiheit aktiv geworden ist. Die Angaben decken sich weitestgehend mit den unter Kapitel 3.2 genannten Herausforderungen (vgl. Abb. 6).

---

6   Quelle: Eigene Darstellung basierend auf Fazel et al. 2016

Abb. 6: Herausforderungen[7]

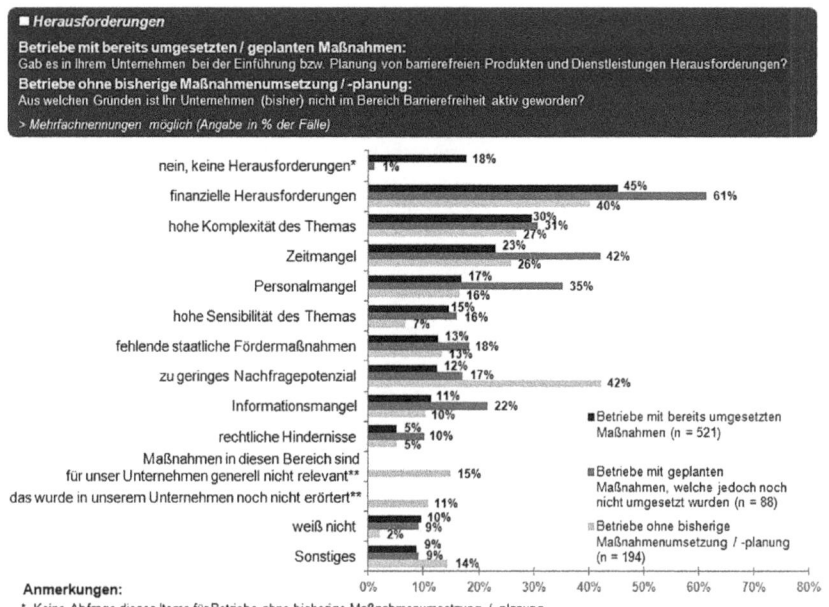

4.4 Erfolgsfaktoren

Als Erfolgsfaktoren wurden von den befragten Betrieben u. a. „Engagement der Entscheidungsträger", „Sensibilisierung für das Thema Barrierefreiheit", „zielgruppenorientierte Angebotsentwicklung", „ganzheitlicher Ansatz" und „Organisation und Koordination" genannt (vgl. Abb. 7). Auch in diesem Bereich entsprechen die Angaben den in der Literatur genannten Schlüsselstrategien und Ansätzen (vgl. Kapitel 3.3). Auffällig ist, dass unter den Befragten der Erfolgsfaktor „Netzwerkarbeit und partizipativer Ansatz" im Vergleich zur Literatur eine niedrigere Gewichtung erfährt. Dies könnte darauf zurückzuführen sein, dass die Unternehmen die Frage vornehmlich aus ihrer eigenen einzelbetrieblichen Perspektive beantwortet haben, während in der Literatur in der Regel von einer destinationsweiten Entwicklung ausgegangen wird.

---

7 Quelle: Eigene Darstellung basierend auf Fazel et al. 2016

Abb. 7: Erfolgsfaktoren[8]

5. Fazit und Ausblick

Die Bedeutung barrierefreier Angebote und *Tourismus für Alle* wird bedingt durch den demografischen Wandel in Zukunft weiter zunehmen. Barrierefreie Angebote und eine barrierefrei zugängliche Umwelt können auch für andere Nutzergruppen die Attraktivität und den Komfort erhöhen. Entsprechend kann Barrierefreiheit als ein Qualitätsmerkmal zur Profilierung und Wettbewerbssteigerung sowie als Standortvorteil genutzt werden. Herausforderungen für die Umsetzung barrierefreier Angebote entstehen u. a. durch die hohe Komplexität des Themas, Informationsdefizite, psychologisch-mentale Barrieren und teilweise mangelnden Organisationsstrukturen. Daher werden die vorhandenen Marktpotenziale bisher noch nicht voll ausgeschöpft. Zu den Erfolgsfaktoren für eine erfolgreiche zukünftige Umsetzung zählen u. a. das Engagement und Bekenntnis der Entscheidungsträger, ein kooperatives koordiniertes Vorgehen, Netzwerkmanagement, eine langfristige strategische Planung und Vorgehensweise, Qualifizierung und Wissenstransfer sowie eine erlebnis- und bedürfnisorientierte Infrastruktur- und Angebotsplanung, Kommunikation, Vermarktung und Vertrieb.

---

8   Quelle: Eigene Darstellung basierend auf Fazel et al. 2016

Die deutschlandweite Befragung von durch ServiceQualität Deutschland zertifizierten Betrieben spiegelt die in der Literatur genannten Aspekte wider. Darüber hinaus zeigen die empirischen Daten, dass die Mehrzahl der befragten Unternehmen dem Thema Barrierefreiheit eine hohe Relevanz zuschreibt. Knapp zwei Drittel der befragten Unternehmen haben laut der Umfrage bereits barrierefreie Maßnahmen umgesetzt. Weitere 11 % planen konkrete Maßnahmen für die Zukunft. Aus den Daten wird jedoch auch deutlich, dass viele Betriebe, bedingt durch die genannten vielfältigen Herausforderungen, bisher oft nur in einzelnen Bereichen Maßnahmen umgesetzt haben. Eine ganzheitliche Umsetzung entlang aller Elemente der Servicekette ist oftmals noch nicht erfolgt.

In der aktuellen Befragung wurden nur bereits durch ServiceQualität Deutschland zertifizierte Betriebe erfasst. Es ist möglich, dass diese Unternehmen aufgrund der Sensibilisierung für Servicequalität auch besonders sensibel und aufgeschlossen gegenüber dem Thema Barrierefreiheit eingestellt sind. Ein Abgleich der vorliegenden Daten mit einer zukünftigen Befragung nicht zertifizierter Betriebe könnte Aufschluss geben, ob die Bedeutung des Themas und die Umsetzungsquote barrierefreier Angebote und Maßnahmen auch für diese Betriebe vergleichbare Werte aufweisen.

Literaturverzeichnis

ADAC (2013) *Barrierefreier Tourismus für Alle. Eine Planungshilfe für Tourismuspraktiker zur erfolgreichen Umsetzung barrierefreier Angebote.* Allgemeiner Deutscher Automobil Club e. V. (ADAC). München [pdf] http://www.behindertenbeauftragte-oal.de/fileadmin/redakteur1/Planungshilfe_Barrierefreier_Tourismus_komplett_ADAC.pdf (aufgerufen am 08.11.2016).

Berdel, D.; Gödl, D.; Schoibl, H. (2003) *Qualitätskriterien im Tourismus für behinderte und ältere Menschen.* Studie im Auftrag des Bundesministeriums für soziale Sicherheit, Generationen und Konsumentenschutz (BMSG) [Hrsg.]. BMSG. Wien.

BMJV (2017) *Gesetz zur Gleichstellung von Menschen mit Behinderungen* (Behindertengleichstellungsgesetz BGG) § 4 Barrierefreiheit. Bundesministerium der Justiz und des Verbraucherschutzes. [online] http://www.gesetze-im-internet.de/bgg/__4.html (aufgerufen am 10.11.2016).

BMWi (2013) *Tourismusperspektiven in ländlichen Räumen. Band 5: Kurzreport Barrierefreiheit.* Bundesministerium für Wirtschaft und Technologie (BMWi). Berlin. [pdf] https://www.bmwi.de/BMWi/Redaktion/PDF/Publikationen/tourismusperspektiven-barrierefreiheit,property=pdf,bereich=bmwi2012,sprache=de,rwb=true.pdf (aufgerufen am 08.11.2016).

BMWi (2008) *Barrierefreier Tourismus für Alle in Deutschland – Erfolgsfaktoren und Maßnahmen zur Qualitätssteigerung.* Bundesministerium für Wirtschaft und Technologie (BMWi). Berlin. [pdf] http://www.fur.de/fileadmin/user_upload/extene_Inhalte/Publikationen/BMWi-Studie_Barrierefreier_Tourismus.pdf (aufgerufen am 08.11.2016).

Bruhn, M. (2013a) *Qualitätsmanagement für Dienstleistungen. Handbuch für ein erfolgreiches Qualitätsmanagement. Grundlagen – Konzepte – Methoden.* 9. Auflage. Springer Gabler. Berlin.

Bruhn, M. (2013b) *Servicequalität. Konzepte und Instrumente für eine perfekte Dienstleistung.* dtv. München.

Calvo-Mora, A.; Navarro-Garcia, A.; Perianez-Cristóbal, R. (2015) Tourism for All and Performance: An Analysis of Accessibility Management in Hotels. In: Peris-Ortiz, M.; Álvarez-García, J.; Rueda-Armengot, C. [Hrsg.] (2015) *Achieving Competitive Advantage through Quality Management.* Springer. Cham. S. 111–132.

Darcy, S.; Buhalis, D. (2011) Conceptualising Disability. In: Buhalis, D.; Darcy, S. [Hrsg.] (2011) *Accessible tourism. Concepts and issues.* Channel View. Bristol. S. 21–45.

Eichhorn, V.; Buhalis, D. (2011) Accessibility: A key objective for the tourism industry. In: Buhalis, D.; Darcy, S. [Hrsg.] (2011) *Accessible tourism. Concepts and issues.* Channel View Publications. Bristol. S. 46–72.

Fazel, M.; Jokel, R.; Karki, B.; Langer, J.; Reichart, B.; Schmitt, S.; Schulze, S.; Schuster, C. (2016) *Accessibility. An Analysis of Chances, Challenges, Success Factors and Development of Recommendations for Service Quality in the Tourism Sector.* Seminararbeit im Master International Tourism Management der Fachhochschule Westküste bei Göttel, S. und Koch, A. Heide (unveröffentlicht).

Fuchs, O.; Schleifnecker, T. (2002) *Barrierefreier Tourismus in Rheinland-Pfalz. Anforderungen an eine ‚idealtypische' Modellregion.* IES-Projektbericht. Institut für Entwicklungsplanung und Strukturforschung GmbH an der Universität Hannover. Hannover.

Ghijsels, P. (2012) Accessible tourism in Flanders: Policy support and incentives. In: Buhalis, D.; Darcy, S.; Ambrise, I. [Hrsg.] (2012) *Best Practices in accessible tourism. Inclusion, disability, aging population and tourism.* Channel View Publications. Bristol. S. 36–45.

Hitsch, W.; Peters, M.; Weiermair, K. (2007) Probleme, Risiken und Chancen des barrierefreien Tourismus. In: Haehling von Lanzenhauer, C.; Klemm, K. [Hrsg.] (2007) *Demographischer Wandel und Tourismus. Zukünftige Grundlagen und Chancen für touristische Märkte.* Schmidt. Berlin. S. 229–246.

Kästner, J. (2007) *Barrierefreier Tourismus. Reisen mit Mobilitätseinschränkung.* VDM Verlag Dr. Müller. Saarbrücken.

Längle, M. (2010) *Barrierefreier Tourismus – Herausforderung und Chance.* Heilbronner Reihe Tourismuswirtschaft. Hochschule Heilbronn. uni-edition. Berlin.

Leidner, R.; Neumann, P.; Rebstock, M. (2009a) Von Barrierefreiheit zum Design für Alle – Eine Einführung. In: Leidner, R.; Neumann, P.; Rebstock, M. [Hrsg.] (2009) *Von Barrierefreiheit zum Design für Alle – Erfahrungen aus Forschung und Praxis.* Arbeitsgemeinschaft Angewandte Geographie Münster e. V. (AAG). Arbeitsberichte Heft 28. 2. Auflage. Münster. S. 1–9.

Leidner, R.; Neumann, P.; Rebstock, M. (2009b) Design für Alle – Herausforderungen und Handlungsempfehlungen für Städte und Gemeinden. In: Leidner, R.; Neumann, P.; Rebstock, M. [Hrsg.] (2009) *Von Barrierefreiheit zum Design für Alle – Erfahrungen aus Forschung und Praxis.* Arbeitsgemeinschaft Angewandte Geographie Münster e. V. (AAG). Arbeitsberichte Heft 28. 2. Auflage. Münster. S. 11–17.

Mallas, A.; Neumann, P.; Weber, P. (2007) Vom ‚Tourismus für Menschen mit Behinderung' zum ‚Tourismus für Alle'. In: Becker, C.; Hopfinger, H.; Steinecke, A. [Hrsg.] (2007) *Geographie der Freizeit und des Tourismus. Bilanz und Ausblick.* 3. Aufl. Oldenbourg. München. S. 309–319.

NeumannConsult (2014) *Ökonomische Bedeutung und Reisemuster im barrierefreien Tourismus.* Eine Studie im Auftrag der Europäischen Kommission [pdf] http://www.barrierefreiheit.de/tl_files/bkbdownloads/News/neumannconsult_oekonomische_bedeutung_barrierefreier_tourismus_in_europa.pdf (aufgerufen am 02.12.2016).

Neumann, P. (2012) Accessible tourism for All in Germany. In: Buhalis, D.; Darcy, S.; Ambrise, I. [Hrsg.] (2012) *Best Practices in accessible tourism. Inclusion, disability, aging population and tourism.* Channel View Publications. Bristol. S. 46–54.

Neumann, P; Reuber, P. [Hrsg.] (2004) *Ökonomische Impulse eines barrierefreien Tourismus.* Münstersche Geographische Arbeiten 47. Münster.

Schmitt, R.; Pfeifer, T. (2015) *Qualitätsmanagement. Strategien – Methoden – Techniken.* 5. aktual. Auflage. Hanser. München.

Matilde S. Groß

„Tourismus für Alle" in ländlichen Räumen unter besonderer Berücksichtigung von Sachsen-Anhalt

1. Einleitung

Die touristische Entwicklung in ländlichen Räumen steht vor großen Herausforderungen. Diese liegen einerseits in den Charakteristika der Branche selbst begründet, andererseits ist der Tourismus unmittelbar von strukturellen und politischen Rahmenbedingungen abhängig. Die vielfältigen Probleme und Hemmnisse erfordern eine übergreifende Zusammenarbeit in unterschiedlichen, aber in Zusammenhang stehenden Handlungsfeldern. Ein solches Handlungsfeld ist die Ermöglichung der Teilhabe für alle Bevölkerungsschichten am Tourismus. Der vorliegende Beitrag widmet sich dieser Herausforderung und stellt zuerst die allgemeinen Rahmenbedingungen zum Tourismus in ländlichen Räumen vor, um danach zur speziellen Situation des „Tourismus für Alle" in ländlichen Räumen zu kommen. Abschließend zeigt das beispielhafte Aufzeigen der Lage zu „Tourismus für Alle" in Sachsen-Anhalt die praktische Umsetzbarkeit auf.

2. Tourismus in ländlichen Räumen

Tourismus in ländlichen Räumen ist weit mehr als „Urlaub auf dem Bauernhof" und seine Varianten wie „Urlaub beim Winzer" oder „Urlaub auf dem Reiterhof". Das Spektrum beinhaltet aktuelle Produktlinien oder Marken einzelner Bundesländer wie „Urlaub auf dem Lande" (z. B. Mecklenburg-Vorpommern), „Kinderland" oder „Wellness- und Gesundheitshöfe" (Bayern), „Grüner Süden" (Baden-Württemberg) ebenso wie die schier unzählbaren Angebote rund um ländliche Traditionen und Lebensart.

Aber auch Angebote ohne Bezug zur Landwirtschaft und Regionalkultur, Aktivitäten in der Natur wie Radtourismus, Wandern oder Wintersport und auch das Erleben vielfältiger Kultur- und Naturlandschaften zählen dazu. Die Bandbreite ist so groß wie die Landschaftsformen in Deutschland: Küsten, Flachland, Mittelgebirge oder Alpen.

Ländliche Räume bilden z. B. Gemeinden unter 5.000 Einwohnern und Regionen mit einer Einwohnerdichte von weniger als 150 Einwohnern/km², also alle Regionen außerhalb städtischer Verdichtungsräume. Dies entspricht etwa 60 % der Fläche Deutschlands, wobei das Bundesministerium für Ernährung und Landwirtschaft sogar von 90 % der Fläche Deutschlands spricht. In Dörfern, Gemeinden und Städten auf dem Land leben mehr als die Hälfte der Einwohner unseres Landes, sprich 46,9 Mio. Menschen (vgl. Bundesministerium für Ernährung und Landwirtschaft 2017, o.S.).

Auch alle anderen Rahmenbedingungen (vgl. Abb. 1) scheinen für den Tourismus in Deutschlands ländlichen Räumen günstig (vgl. May 2017, 34). Trotzdem profitieren bisher vor allem die Großstädte von den Nachfragezuwächsen der letzten Jahre im Deutschlandtourismus (vgl. Statistisches Bundesamt & FUR zitiert nach BMWi 2013a, 6 f.).

Abb. 1: Treiber für den Tourismus in ländlichen Räumen[1]

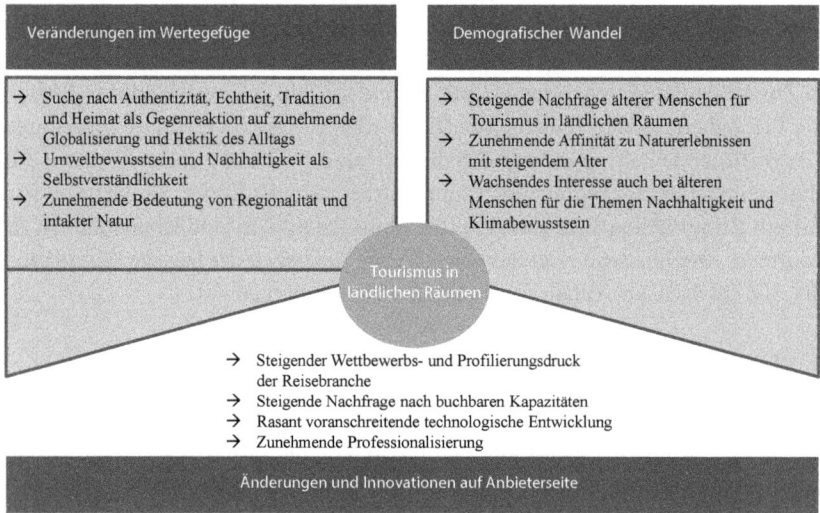

Wie anfangs erwähnt, ist das in ländlichen Räumen vorzufindende Themenspektrum sehr breit gefächert. Eine übergreifende und dennoch präzise Zielgruppensegmentierung ist daher schwierig. Dennoch lassen sich wichtige Urlaubsthemen in ländlichen Regionen und deren spezifische Anforderungsprofile diagnostizieren (vgl. BMWi 2013a, 11):

- Natur-Urlaub
- Strand-/Badeurlaub (Küste und Binnengewässer)

---

[1] Quelle: BMWi 2013a, 9.

- Aktiv-Urlaub
- Urlaub auf dem Bauernhof (mit seinen regionalen Varianten)
- Gesundheits- und Wellnesstourismus.

Die aktuelle und künftige Nachfrage für diese touristischen Kernthemen wird von fünf durch ihr Wertesystem definierte Gästetypen bestimmt, die konkretes Interesse am jeweiligen Thema zeigen und denen die damit verknüpften Kernmotive (Eckpfeiler ihrer Verhaltensmuster) besonders wichtig sind. Sie haben sowohl im Tages- als auch Übernachtungstourismus große Relevanz (vgl. BMWi 2013a, 12):

- Wasserorientierte Erholungssuchende
- Naturbegeisterte „Best Ager"
- Sportliche „Performer"
- Landaffine Familienmenschen
- Konservative Gesundheitsorientierte (vgl. Abb. 2).

Abb. 2: Zielgruppen für Tourismus im ländlichen Raum[2]

Wasserorientierte Erholungssuchende (6,3 Mio.*)

Naturbegeisterte Best Ager (5,1 Mio.)

Sportliche Performer (4,4 Mio.)

Landaffine Familienmenschen (3,7 Mio.)

Konservative Gesundheitsorientierte (3,5 Mio.)

* Personen mit Interesse an den Kernthemen und Inlandsinteresse 2011-2013, Basis: Reiseanalyse 2011 der Forschungsgemeinschaft Urlaub und Reisen e.V.

---

2 Quelle: BMWi 2013a, 12.

Grundsätzlich gilt: Basis für eine positive Entwicklung des Tourismus in ländlichen Räumen sind und bleiben unternehmerischer Wille und die Fähigkeiten der betreffenden Partner. Diese gilt es zu stärken. Eines von zehn identifizierten Handlungsfeldern (vgl. BMWi 2013a, 22) ist dabei eine komfortorientierte und barrierefreie Gestaltung der Angebote. Barrierefreiheit als Zukunftsfeld ist vor allem als regionale Aufgabe der übergreifenden Destinationsebene zu verstehen. Nur so können vollständige Angebotsketten und die Integration in regionale Strategien gewährleistet werden, wie das folgende Kapitel zeigt.

3. „Tourismus für Alle" in ländlichen Räumen

Seit annähernd 40 Jahren werden in Deutschland Anforderungen an einen barrierefreien Tourismus von den verschiedensten Akteuren thematisiert. Zu ihnen zählen vornehmlich Behindertenverbände, Tourismusverantwortliche in Bund, Ländern und Kommunen sowie Interessenvertreter aus der Tourismus- und Freizeitwirtschaft – insbesondere aus Teilen der Reise- und Mobilitätsbranche, dem Gastgewerbe sowie Tourismusdienstleister, Animations- und Situationsgestalter. Doch nur langsam verabschiedet sich die touristische Barrierefreiheit vom Stigma eines begrenzten, tabuisierten und verschwiegenen Marktsegmentes. Deshalb muss immer noch gefordert werden, sich für eine adäquate Kooperation der unterschiedlichen Akteure einzusetzen (vgl. Wilken 2016, 146).

Immer mehr Gäste sind aufgrund ihres fortgeschrittenen Alters oder einer (teilweise vorübergehenden) Behinderung auf Barrierefreiheit angewiesen. Rollstuhlfahrende Personen, Blinde, seh- bzw. gehbehinderte Menschen, schwerhörige[3] oder gehörlose Personen, aber auch viele Ältere ohne spezifische Einschränkungen finden heute häufig nur erschwert Zugang zu Urlaubsangeboten. Von barrierefreien Angeboten profitieren jedoch ebenfalls Familien, Personen mit vorübergehenden Unfallfolgen oder Gäste mit schwerem bzw. unhandlichem Gepäck. Neben baulichen Barrieren, z. B. unüberwindbare Stufen oder zu kleine Sanitärbereiche, bestehen sensorische Barrieren (z. B. unzureichende Farbkontraste, keine tastbaren Informationen und fehlende Induktionsschleifen[4]) und Barrieren in der Kom-

---

3 Man sollte nicht denken, dass Schwerhörigkeit nur eine Frage des Alters ist. Immer mehr Menschen jeden Alters und aller Bevölkerungsschichten werden durch Lärmeinwirkungen im Beruf und in der Freizeit, aber auch durch plötzliche Krankheit schwerhörig oder ertauben sogar (vgl. Deutscher Schwerhörigenbund e. V. 2017, o.S.).

4 Eine Induktionsschleifenanlage ermöglicht es Hörgeräteträgern, störungsfrei Audiosignale wie Musik in Kinos und Theatern, Wortbeiträge bei Veranstaltungen und Vorträgen bspw. in Kirchen usw. drahtlos über die Hörgeräte zu empfangen. Dazu muss

munikation (z. B. nicht lesbare Internetseiten) sowie Barrieren im Service (z. B. fehlendes Gästeführungsangebot in Gebärdensprache für höreingeschränkte Gäste). Gerade in ländlichen Räumen stellt die Bereitstellung barrierefreier Urlaubserlebnisse entlang der gesamten Reisekette eine große Herausforderung dar (vgl. Wollesen & Reif 2017, 116). Barrierefreiheit kann aber darüber hinaus einen wichtigen Beitrag zur Erhöhung der Lebensqualität und damit gegen die allgemeine Landflucht leisten (vgl. BMWi 2013b, 5). Schlüsselstrategien sind deshalb ein regionaler Entwicklungsansatz und die Integration in regionale (Marken-) Strategien, die in den folgenden Abschnitten erläutert werden.

3.1 Regionaler Entwicklungsansatz

Das touristische Angebot eines Betriebes, eines Ortes bzw. einer Region setzt sich aus verschiedenen Teilleistungen zusammen (vgl. Abb. 3).

Abb. 3: Servicekette im Tourismus⁵

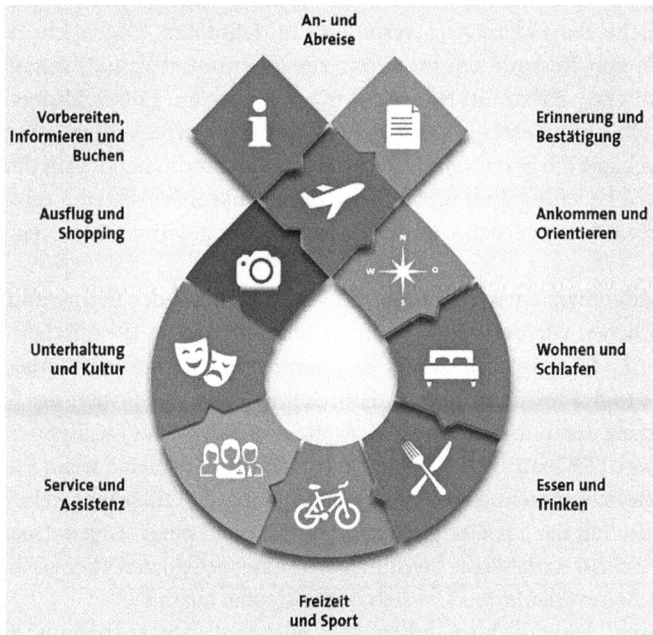

---

ein Hörgerät über eine sogenannte Telefonspule (kurz T-Spule) verfügen, die das elektromagnetische Wechselfeld der Induktionsschleife aufnimmt.
5   Quelle: ADAC 2003, 21 und IMG 2014, 4.

Touristische Teilleistungen sind grundsätzlich für alle Reisenden gleich. Mobilitäts- oder aktivitätseingeschränkte Gäste stellen jedoch aufgrund ihrer spezifischen Bedürfnisse in der Regel höhere bzw. spezifischere Anforderungen an die einzelnen Angebotselemente. Notwendig ist nicht nur eine passend auf die spezifischen Nutzeranforderungen zugeschnittene Infrastruktur, sondern ebenfalls eine hohe Service- und Erlebnisqualität. Auch hier geht es um echte Urlaubserlebnisse (z. B. Segeltörn, Museumsbesuch, Radfahren, Naturbeobachtungen) und nicht nur um die rein funktionale Zugänglichkeit von Hotels, Attraktionen oder Verkehrsmitteln (vgl. BMWi 2013b, 5).

Reisefreudige Personen mit Beeinträchtigungen wünschen sich über barrierefreie Basisangebote hinaus – genauso wie alle anderen Gäste auch – Erlebniswerte: Allein für ein barrierefreies Badezimmer fährt kein Gast in eine Region.

Angesichts der Charakteristik ländlicher Regionen (z. B. geringe Angebotsdichte mit kleinteiligen, räumlich verstreuten, weit voneinander entfernten Angeboten und oftmals schwache Leistungs- und Investitionsfähigkeit) stehen hier die Entscheidungs- und Leistungsträger vor der Aufgabe, örtliche oder teilräumliche *Entwicklungsschwerpunkte* zu definieren. Dies dient der Konzentration von Ressourcen, motiviert zur Eigeninitiative und schafft häufig „erlebnisdichte Kristallisationspunkte", von denen Entwicklungsimpulse hinsichtlich barrierefreier Entwicklung auf die ganze Region ausstrahlen. Weiterhin kann die barrierefreie Entwicklung im ländlichen Raum durch eine regionale Vernetzung über touristische Infrastruktur (vor allem Freizeitwege) günstig beeinflusst werden – und zwar entlang der gesamten Servicekette (vgl. Abb. 3).

Diese erlebnisreichen Teilräume sind entsprechend der natur- und kulturlandschaftlichen Gliederung (z. B. durch Aufgreifen eines spezifischen Themas der Region) oder entsprechend der Reisemotivationen und/oder Reisearten der Nachfrage (vgl. Kap. 2) zu planen. Hilfreich ist dabei das Prüfen der Möglichkeiten entlang der touristischen Servicekette respektive eines idealtypischen Gästepfades (vgl. ITF 2015, 65 ff.). Vor allem letzterer wird gemeint, wenn thematisch interessante, zusammenhängende und sich ergänzende Teilleistungen kombiniert werden, ähnlich der Produktgestaltung im Rahmen einer Angebotspauschale. Ein erster Schritt ist dabei die Identifizierung eines geeigneten Themas bzw. eines typischen Reiseverlaufs, an dem sich der Gästepfad ausrichtet.

Dabei sind die Pfade hinsichtlich ihrer zeiträumlichen Ausprägung zu unterscheiden in:

- Gästepfade/-programme für Tagestourismus: Besuch der Region nur für einen Tag; ohne Übernachtung vor Ort

- Gästepfade/-programme für Übernachtungstourismus: Besuch der Region für mehrere Tage; mindestens mit einer Übernachtung vor Ort.

Als zweiter Schritt erfolgt die Erfassung thematisch relevanter Betriebe gemäß der Stationen der touristischen Servicekette und den sieben Urlaubsbausteinen Wohnen, Essen & Trinken, Service & Assistenz, Infrastruktur, Ortscharakter, Landschaft und Verkehr (vgl. ADAC 1989, 12) innerhalb der betreffenden Region. Die Festlegung der einzelnen Stationen im Gästepfad, insbesondere der möglichen Sehenswürdigkeiten und Attraktionen, erfolgt stets unter dem Gesichtspunkt eines attraktiven und abwechslungsreichen Urlaubsangebotes. Die letztendliche Auswahl, welche Betriebe und Attraktionen in das (neue) Tourismusangebot einzubeziehen sind, sollte am besten bei einem regionalen Arbeitsgruppentreffen aller Beteiligten stattfinden. Ein vierter Schritt stellt eine Vorab-Visualisierung der Stationen des Gästepfades in einer Regionskarte oder einem Orts- bzw. Stadtplan dar. Der anschließende Schritt ist die Festlegung von Verbindungswegen (Wege zwischen den einzelnen Stationen der Servicekette), die je nach Entfernung zwischen den Stationen mit unterschiedlichen, möglichst umweltfreundlichen Verkehrsmitteln zurückgelegt werden sollten. Der ideale Weg ergibt sich aus Barrierefreiheit plus Atmosphäre und Attraktivität (ITF 2015, 70). Abschließend muss die erarbeitete Gesamtkonzeption barrierefrei der Öffentlichkeit zugänglich gemacht werden.

Dabei ist der zentrale Erfolgsfaktor das Vorhandensein einer regionalen *Koordinationsinstitution*. Ohne gezielte Lenkung kann das klein- und mittelständische Engagement auf Betriebsebene kaum in einen regionalen Zusammenhang gestellt werden. Auf Grundlage einer regionalen Entwicklungsstrategie sichert diese Koordination ein zielorientiertes und klares Vorgehen. Organisatorisch muss angeraten werden, eine eigene, finanziell abgesicherte Arbeitseinheit im regionalen Kontext einzurichten (z. B. Koordinationsstelle im Landkreis), um den Entwicklungsprozess der zunehmenden Barrierefreiheit nachhaltig abzusichern sowie marktgerecht und professionell zu bearbeiten (vgl. BMWi 2013b, 7).

3.2 Integration in regionale (Marken-)Strategien

Wie im Tourismus allgemein gilt auch bei Barrierefreiheit: Gerade für ländliche Regionen ist die konsequente Bearbeitung und Inszenierung von profilgebenden Schwerpunkten zur Bündelung der kleinteiligen Angebote zwingend notwendig. Themenentwicklung und -inszenierung erleichtern die Entwicklung konkreter touristischer Angebote und eine Abstimmung dieser zu einem touristischen Gesamterlebnis. Eine Entwicklung entlang von regionalen Themen (z. B. Kultur- oder Naturtourismus) fördert die Vernetzung zwischen den Leistungsträgern, schafft kreative Milieus, in denen innovative Lösungsansätze und marktorientierte Tourismusprodukte gedeihen können. Durch die regionale Themeninszenierung erfolgt zudem eine Konzentration der finanziellen und personellen Ressourcen (vgl. BMWi 2013b, 7).

Hier greift wiederum die Segmentierung in verschiedene Zielgruppen, die bevorzugt im ländlichen Räumen anzutreffen sind (vgl. Abb. 2): Wasserorientierte Erholungssuchende, Naturbegeisterte „Best Ager", Sportliche „Performer", Landaffine Familienmenschen, Konservative Gesundheitsorientierte. Gerade Familien mit kleinen Kindern profitieren in besonderem Maße von barrierefreier Gestaltung, entsprechenden Angeboten und Services. Eine konsequente Nutzung der Zielgruppensynergien von Familien und aktivitäts- und mobilitätseingeschränkten Menschen kann ein Schlüssel auf dem Weg zu einer barrierefreien Region sein.

Themenentwicklung und -inszenierung entlang der regionalen (Marken-)Strategie bedeutet auch, dass ländliche Regionen für nachfragerechte Animations- und Betreuungsangebote zu sorgen haben. Die Servicekette (vgl. Abb. 3) zeigt Service und Assistenz zwar als eigenes Kettenglied, aber dieses Glied sollte bei allen anderen Servicekettengliedern ebenso als begleitende Funktion verstanden und angeboten werden.

Hinsichtlich der wirtschaftlichen Verhältnismäßigkeit gilt grundsätzlich, dass durch die barrierefreie Gestaltung die Kosten für ein Produkt oder eine Dienstleistung nicht unverhältnismäßig steigen dürfen. Deshalb sollten Empfehlungen, Normen und Richtlinien bereits bei der Konzeption neuer Angebote und nicht erst bei nachträglichen Änderungen berücksichtigt werden. Hinzu kommt, dass die barrierefreie Gestaltung von Produkten und Dienstleistungen eine komplexe Zielgröße ist und einzelne Anforderungen und Empfehlungen miteinander konkurrieren können. Eventuelle Widersprüche oder Zielkonflikte sollten im Rahmen des Gestaltungsprozesses zusammen mit allen Beteiligten geklärt, gewichtet und aufgelöst werden, wobei auch Kompromisse nötig sein können (vgl. BMWi 2008, 119). Die Pyramide der Barrierefreiheit (vgl. Abb. 4) lässt sich dabei auf alle Elemente der touristischen Servicekette übertragen, wobei die Übergänge der einzelnen Ebenen der Pyramide in der Praxis fließend sind. Dieses Modell zeigt auch, dass es für touristische Leistungsträger abgestufte Möglichkeiten gibt, sich mit unterschiedlichem Kapitaleinsatz wirtschaftlich sinnvoll im Markt barrierefreier touristischer Angebote zu positionieren bzw. in Barrierefreiheit zu investieren.

Abb. 4: *Pyramide der Barrierefreiheit*[6]

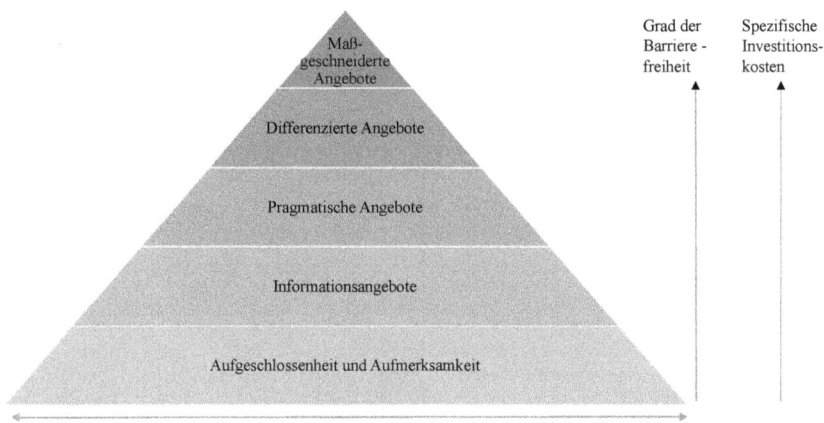

Als erfolgreiche Beispiele barrierefreier Angebote im ländlichen Raum werden in Deutschland u. a. genannt: Ostfriesland, Ruppiner Seenland, Lausitzer Seenland, Eifel, Sächsische Schweiz und Fränkisches Seenland (vgl. Arbeitsgemeinschaft „Barrierefreie Reiseziele in Deutschland" 2017, o.S.). Wie die Situation in Sachsen-Anhalt aussieht, zeigt der folgende Abschnitt.

4. „Tourismus für Alle" in Sachsen-Anhalt

Das Land Sachsen-Anhalt (ST) gehört zu den am stärksten von der demografischen Entwicklung betroffenen Bundesländern in Deutschland (vgl. Institut für Strukturpolitik und Wirtschaftsförderung 2015, 30). Der demografische Wandel und die sich daraus ableitenden Bedürfnisse einer zunehmend älter werdenden Gesellschaft sowie der Zusammenhang von Alter und Beeinträchtigung haben auch in ST das öffentliche Bewusstsein geprägt und die Sensibilität der Tourismusbranche für das Thema „Barrierefreiheit" geschärft. Barrierefreies Reisen stellt auch für die Reiseziele in ST einen nachhaltigen Wettbewerbsvorteil dar und verbessert die Möglichkeiten zur Teilhabe für Alle.

Im Laufe der Geschäftstätigkeit der auch im touristischen Marketing tätigen Investitions- und Marketinggesellschaft (IMG) hat sich das Thema „Tourismus für Alle" über die Jahrzehnte kontinuierlich entwickeln können (vgl. Tab. 1).

---

6 Quelle: Verändert nach BMWi 2008, 120.

Tabelle 1: *Ablauf der Vorgänge zur Barrierefreiheit in Sachsen-Anhalt*[7]

Vorgang Jahr	
Ministerium für Wirtschaft und Arbeit des Landes ST und Ministerium für Gesundheit und Soziales des Landes ST (Hg.) (2002): „Tourismus für Alle" – Handbuch barrierefreier Tourismus in ST	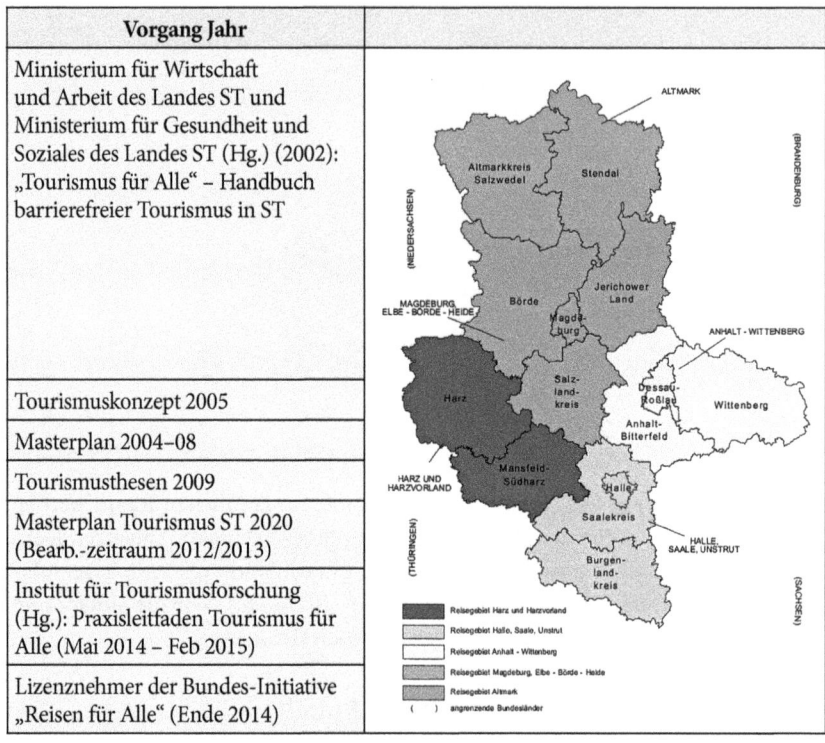
Tourismuskonzept 2005	
Masterplan 2004–08	
Tourismusthesen 2009	
Masterplan Tourismus ST 2020 (Bearb.-zeitraum 2012/2013)	
Institut für Tourismusforschung (Hg.): Praxisleitfaden Tourismus für Alle (Mai 2014 – Feb 2015)	
Lizenznehmer der Bundes-Initiative „Reisen für Alle" (Ende 2014)	

Ein besonderer Meilenstein zum Thema „Barrierefreiheit" findet sich im Masterplan Tourismus Sachsen-Anhalt 2020, weil hier Barrierefreiheit als eines von neun strategischen Handlungsfeldern bestimmt wird (vgl. Ministerium für Wissenschaft und Wirtschaft des Landes Sachsen-Anhalt 2013, 32). Damit fällt der Startschuss in ST in die Zeit einer dritten bundesweiten Initiative durch ein Bundesministerium mit Bezug auf barrierefreies Reisen, hier speziell zu den Tourismusperspektiven in ländlichen Räumen des BMWi[8]. Im Masterplan Tourismus Sachsen-Anhalt 2020 wird dazu ausgeführt:

---

7   Eigene Recherchen anhand der aufgeführten Vorgänge bzw. Publikationen.
8   1. Initiative) BMWA 2003: Ökonomische Impulse eines barrierefreien Tourismus für alle, 2.) BMWi 2008: Barrierefreier Tourismus für Alle in Deutschland und 3.) BMWi 2013a und als spezieller Kurzreport Barrierefreiheit BMWi 2013b.

"Vor dem Hintergrund des demografischen Wandels und der überwiegend älteren Gästestruktur in Sachsen-Anhalt ist der Ausbau der Barrierefreiheit in der touristischen Infrastruktur zwingend. Gleichzeitig müssen mehr Angebote im Sinne des Tourismus für Alle entwickelt werden. Daher muss durch die öffentlichen und die privaten Anbieter touristischer Leistungen in den Ausbau des Angebotes und deren Bewerbung investiert werden." (Ministerium für Wissenschaft und Wirtschaft des Landes Sachsen-Anhalt 2013, 10)

Tabelle 2: Tourismusstatistik ST 2015[9]

Gästestatistik ST	Bundesweit	Marktanteil ST
Gästeankünfte 2015: 3.143.256	166.787.000	1,9 %
Übernachtungen 2015: 7.608.823	436.233.000	1,7 %
Steigende Zahl **ausländischer Gäste:** 260.905 (+ 28,67 % von 2011 zu 2015)	131.817.000	0,2 %
TOP 3 Reiseregionen: Harz und Harzvorland (2,82 Mio. Übernachtungen, entspricht 37 % aller Übernachtungen in ST), Magdeburg, Elbe-Börde-Heide (1,6 Mio. Übernachtungen) und Halle, Saale-Unstrut (1,45 Mio. Übernachtungen) **Top 3 Städte 2016:** Magdeburg (370.699 Gästeankünfte), Wernigerode (320.568 Gästeankünfte), Halle/Saale (219.553 Gästeankünfte).		

Seit Ende 2014 ist die IMG Lizenznehmerin des Bundesprojekts „Reisen für Alle", welches unter der Federführung des Deutschen Seminar für Tourismus (DSFT) e. V. liegt. Im Rahmen dieses Projektes „Reisen für Alle" und der Zusammenarbeit von zahlreichen Betroffenenverbänden und Touristikern wurde eine für alle Bundesländer einheitliche Kennzeichnung von barrierefreien Angeboten entwickelt. Mit Hilfe von gleichartigen Kriterien und deren Überprüfung durch geschultes Erhebungspersonal vor Ort wird den Gästen auch in ST eine wichtige Entscheidungsgrundlage für den nächsten Urlaub oder die Bildungs- bzw. Geschäftsreise geboten. Die Prüfberichte und das Ergebnis der Zertifizierung sind auf den Internetseiten der IMG und auf dem Bundesportal von „Reisen für Alle" einsehbar (vgl. Investitions- und Marketinggesellschaft Sachsen-Anhalt 2017, o.S.).

---

9 Quelle: Statistisches Landesamt ST 2015, S. 10 und 2016, S. 13, 47 sowie Statistisches Bundesamt 2017, online.

Vor diesem Hintergrund formulierte das Institut für Tourismusforschung der Hochschule Harz einen „Praxisleitfaden Tourismus für Alle – Leitlinien für die Entwicklung barrierefreier Angebote in den Kommunen in ST" (gefördert vom Ministerium für Wissenschaft und Wirtschaft des Landes Sachsen-Anhalt). Ziel war es, in ST die barrierefreie touristische Gestaltung nicht nur vereinzelter Leuchttürme, sondern ganzer Destinationen voranzutreiben. Dies geschah im Rahmen der Qualifizierung des Luthertourismus unter Beteiligung von Lutherstadt Eisleben und Mansfeld-Lutherstadt im Süden des Bundeslandes. Inhalt des Leitfadens ist eine Beschreibung der Vorgänge und Arbeitsschritte, um den Kommunen in ST ein Hilfsmittel zur Bewältigung des langwierigen Prozesses der barrierefreien touristischen Gestaltung ihrer Destinationen anzubieten. Häufig stehen hier insbesondere alte, jahrhundertelang gewachsene Ortschaften und Städte mit historischer Baukultur sowie die ländlich geprägten Beförderungsunternehmen vor besonderen Herausforderungen.

Daher sind nicht zwingend alle Kommunen bzw. Destinationen als barrierefreie Reiseziele geeignet. Folgende Grundsatzfragen sind vor Projektbeginn zu klären:

- Verfügt die Kommune bzw. Destination über ausreichend Potenzial für Tourismus?
- Besteht seitens der relevanten Akteure am Thema barrierefreier Tourismus Interesse und ist der Wille zur Umsetzung vorhanden?
- Welche barrierefreien Tourismusangebote existieren bereits in der Region?
- Wie lautet das konkrete Projektziel? Soll eine barrierefreie Ausrichtung der gesamten Kommune erzielt werden oder sollen vorerst einzelne barrierefreie Gästepfade bzw. Leuchtturmprojekte entstehen?

Um das Potenzial, das sich aus einem Tourismus für Alle ergibt, nutzbar zu machen und die Zugänglichkeit und Nutzbarkeit von (touristischen) Einrichtungen und Dienstleistungen für alle Menschen sicherzustellen und zu verbessern, konnten im Forschungsvorhaben zehn notwendige Schritte der Umsetzung identifiziert werden (vgl. Abb. 5). Idealerweise sind diese zehn Arbeitsschritte durch die entsprechend eingerichtete Koordinierungsstelle zu begleiten.

Abb. 5: Zehn Schritte der Umsetzung[10]

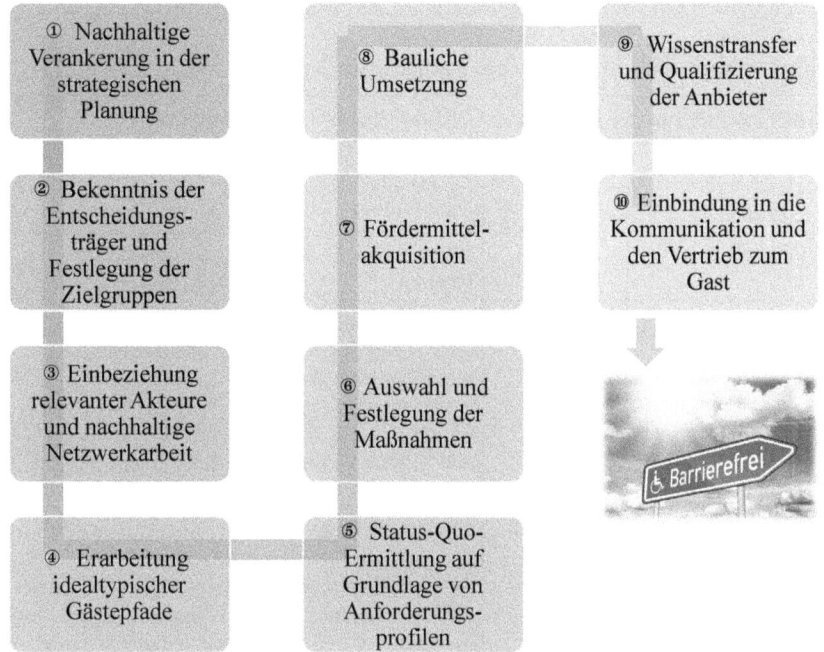

Ein Patentrezept gibt es nicht, sondern das Vorgehen ist auch immer individuell an das Reiseziel, ländlich-städtische Strukturen usw. anzupassen. Mit der Kommunikation des Angebotes an Partner, an die Bevölkerung und insbesondere an die Gäste ist das Vorhaben „Barrierefreier Tourismus" jedoch nicht abgeschlossen. Jede Phase sollte regelmäßig auf Erweiterungsmöglichkeiten und Optimierungsbedarf im Sinne eines nachhaltigen Qualitätsmanagements geprüft werden.

Inzwischen erfüllen rund 60 Unternehmen, Betriebe und touristische Leistungsträger (darunter 5 Sanitätshäuser) in ST die aktuell bundesweiten Standards der Barrierefreiheit und können daher auch von Gästen mit besonderen Bedürfnissen genutzt werden (vgl. Tab. 3).[11] Die räumliche Verteilung dieser Angebote

---

10 Abbildung erstellt anhand ITF 2015, 46–102.
11 Investitions- und Marketinggesellschaft Sachsen-Anhalt 2017, o.S. sowie schriftliche Auskunft der IMG-Projektleiterin Frau Barbara Weinert-Nachbagauer vom 30.01.2017.

konzentriert sich allerdings auch im insgesamt ländlich geprägten ST am stärksten in den beiden Großstädten Magdeburg (11 Angebote) und Halle (5 Angebote).

Tabelle 3: Barrierefreie Angebote nach Gemeindegruppen in ST[12]

Gemeindegruppen in ST	Anzahl der Gemeinden[13]	Zertifizierte barrierefreie Angebote
Mineral- und Moorheilbäder	5	Schullandheim Blankenburg
Luftkurorte	10	2 Ferienheime in Arendsee, Jugendherberge Schierke,
Erholungsorte	38	Landhotel mit Gastronomie Bad Dürrenberg, Erlebnispädagogisches Centrum Havelberg, Jugendherberge Thale & WR, Schullandheim Stecklenberg; Bodetal Therme Thale; Museum für Luftfahrt und Technik Wernigerode, Miniaturenpark Wernigerode
Sonstige Gemeinden	238	2 Hotels mit Gastronomie in Halle, 1 Hotel mit Gastronomie in Magdeburg, Oschersleben & Schönebeck; Jugendherberge in Magdeburg, Halle, Dessau, Naumburg, Nebra, Wittenberg, Kelbra, Kretzschau, & Falkenstein; Schullandheim Klietz; Touristinformation in Magdeburg, Barby und Zeitz; Spielplatz „Magdeburger Tor" und Strandbad in Barby, Bowlingcenter Genthin, HaWoGe Spielemagazin Halberstadt, Georg-Friedrich-Händel-Halle und Bergzoo Halle; Messe, Technikmuseum, Johanniskirche, Getec Arena, MDCC Arena und Elbauenpark, Otto-von-Guericke-Museum in Magdeburg; Motorsport Arena Oschersleben, Museum „Arche Nebra", Schlossensemble und Torhaus Stadt Zeitz

---

12 Quelle: Investitions- und Marketinggesellschaft Sachsen-Anhalt 2017, o.S.
13 Die genannten Gemeindezahlen ergeben sich aus dem Datenschlüssel „Gemeindegruppe" des Statistischen Bundesamt zum 31.12.2014 (vgl. Stat. Bundesamt 2016, schriftliche Auskunft). Eine aktuellere Ausgabe lag bei Veröffentlichungsschluss nicht vor. ST hat danach 291 Gemeinden, die Tourismusdaten an das Stat. Landesamt melden.

Dabei wird ersichtlich, dass ein zusammenhängender Gästepfad (erlebnisorientiert inszeniert entlang eines destinationsbezogenen Themas) vorerst, aufgrund der mengenmäßigen Verteilung, nur in den Großstädten Magdeburg und Halle möglich ist. Der Ausbau der einzelnen Angebote entlang der gesamten Servicekette wird für die kommenden Jahre weiterhin Aufgabe der verschiedenen Destinationsebenen bleiben müssen (vgl. Schritt 4 in Abb. 5).

In diesem Zusammenhang ist auch über die Anzahl möglicher Stationen zu entscheiden, die von einem Menschen mit Mobilitäts- und Aktivitätseinschränkung bewältigt werden kann. Aus den Erfahrungen der Workshops in den Modellorten kann weitergegeben werden, dass nicht mehr als zwei bis drei Sehenswürdigkeiten/Attraktionen für einen intensiven Besuch pro Tag eingeplant werden sollten. Dies hängt jedoch davon ab, wie viele Sehenswürdigkeiten intensiver besichtigt bzw. besucht werden (z. B. Museen) und welche Sehenswürdigkeiten im Vorübergehen betrachtet werden (vgl. ITF 2015, 68).

Ein rahmengebender Baustein der Servicekette ist dabei die An- und Abreise (vgl. Abb. 3) sowie die Mobilität vor Ort. Hiermit kann die Reiseentscheidung, Sachsen-Anhalt zu bereisen, zielbringend beeinflusst werden. Eine nachhaltige Mobilität mit dem Zug komfortabel zu organisieren, wäre eine große Reiseerleichterung. Bundesweit haben sich bereits zwei große Partner gefunden: In Kooperation mit der Arbeitsgemeinschaft „Barrierefreie Reiseziele in Deutschland" hat die Deutsche Bahn AG Mobilitätspakete geschnürt, die sowohl die An- und Abreise mit möglicher Ein-, Um- und Ausstiegshilfe, die Anschlussmobilität am Urlaubsort und die Übernachtung, als auch ein mögliches Ausflugs- und Kulturprogramm beinhalten (vgl. Arbeitsgemeinschaft „Barrierefreie Reiseziele in Deutschland" 2017, o.S.). Magdeburg ist hierbei bisher der einzige Vertreter in ST.

Der Blick auf das meistbesuchte Reisegebiet in ST, der Harz, zeigt, dass vieles in Arbeit ist. Der Harzer Tourismusverband versucht auf seiner Internetpräsenz rechtzeitig aufzuklären: „In Naturlandschaften gibt es für Menschen mit Behinderungen viele natürliche Grenzen, die kaum überwindbar sind. Die Wege in die Natur sind teilweise sehr lang, oft muss man kraxeln, um auf manchen Felsen zu gelangen – es wäre einfach nicht machbar, alle diese Orte für behinderte Menschen zu öffnen. Dennoch gibt es auch im Nationalpark Harz bereits einige interessante Angebote für Menschen mit Behinderungen. [...] Die Möglichkeiten zur barrierearmen bzw. barrierefreien Gestaltung der Einrichtungen und Angebote des Nationalparks Harz sind bei weitem nicht ausgeschöpft – es ist noch viel zu tun." (vgl. Harzer Tourismusverband e. V. 2017, o.S.)

Als barrierefrei im Harz werden auf http://www.barrierefrei-im-harz.de drei Orte präsentiert[14]: Blankenburg, Ilsenburg und Wernigerode, wobei davon bisher wenige Anbieter in den Orten nach dem bundesweiten Zertifizierungsverfahren geprüft sind (vgl. Tab. 3). Die dazugehörigen Internetseiten dieser drei Harzorte sind einheitlich und jeweils weitgehend anhand der Servicekette aufgebaut. Damit weisen sie eine komfortable Informationsstruktur auf. Den größten Informationsvorsprung hat Wernigerode erreicht, da seit 2011 eine kompetent aufgearbeitete, 42-seitige Broschüre zu allen barrierearmen bzw. -freien Angeboten der Stadt und der Umgebung präsentiert wird (vgl. Abb. 6).

Abb. 6: Ausschnitt aus der Broschüre Wernigerode – Barrierefreie Angebote[15]

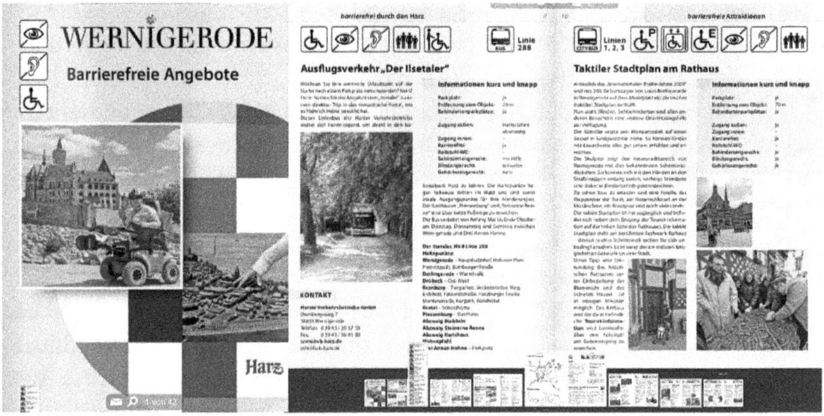

Das in ST und im Harz beliebtestes Ausflugs- und Reiseziel ist der Brocken (1.141 Meter über NN), der bisher nur teilweise barrierefrei erreichbar ist. Auch hier stellen die natürlichen Gegebenheiten hohe Anforderungen an die gehbehinderten Besucher, da von der Endstation der Brockenbahn bis zum höchsten Punkt oder zum barrierefreien Nationalpark-Besucherzentrum Brockenhaus über eine Länge von 200 Metern ein Höhenunterschied von ca. 50 Metern überwunden werden muss, der für Rollstuhlfahrer nur mit Hilfe einer Begleitperson zu schaffen ist. Der

---

14 Diese Webpräsenz entstand im Rahmen einer Arbeitsgelegenheit, gefördert durch die Kommunale Beschäftigungsagentur (KOBA) Jobcenter Landkreis Harz. Die Durchführung wurde durch die Weiterbildungsakademie Überlingen, Niederlassung Wernigerode realisiert.
15 Quelle: Wernigerode Tourismus GmbH 2011, 1 und 12–13. siehe auch https://www.yumpu.com/de/document/view/39869948/barrierefreie-angebote-in-wernigerode.

benachbarte Brockengarten ist ebenfalls teilweise mit dem Rollstuhl erlebbar. Bezüglich der gastronomischen Einrichtungen kann nur der großräumige Touristensaal (mit rollstuhlgerechten Toiletten) durch einen Seiteneingang erreicht werden. Das Brockenhotel mit Turmcafé Hexenklause ist nicht barrierefrei.

Zum Reformationsjubiläum 2017 erwartet ganz ST ein hohes Besucheraufkommen – auch aus dem Ausland. Ziel der IMG ist es, gemeinsam mit allen Partnern sukzessive eine flächendeckende Barrierefreiheit in der touristischen Servicekette zu erreichen. Am Modellprojekt „Luther 2017" wird dieser Anspruch in seiner ganzen Komplexität umgesetzt: Broschüre, Internetauftritt und mobile App(lication) sind barrierearm. Parallel dazu wird im Rahmen der Sanierung der historischen Lutherorte und der Neugestaltung der touristischen Infrastruktur die Barrierefreiheit an den wichtigsten Besucherzielen hergestellt (vgl. DZT 2013, 15).

Infrastrukturell wurde im Rahmen der Bau- und Sanierungsmaßnahmen vor Ort (v. a. in Wittenberg z. B. Schlosskirche, aber auch in Eisleben z. B. im Museum Luthers Sterbehaus) auf den Aspekt der Barrierefreiheit geachtet. Weitgehend beziehungsweise teilweise barrierefreie Rundgänge bieten das Lutherhaus und das Melanchthonhaus in Wittenberg, Luthers Sterbehaus in Eisleben, Luthers Elternhaus in Mansfeld sowie die Sonderausstellungen im Augusteum Wittenberg (vgl. Stiftung Luthergedenkstätten in Sachsen Anhalt 2017, o.S.).

Der Verein Reformations-Jubiläum 2017 bittet die an Barrierefreiheit interessierten Gäste per Mail, Telefon oder Brief um Kontaktaufnahme und Mitarbeit, damit die Veranstaltungen rund um den Kirchentag 2017 in Berlin und Wittenberg sowie um den Reformationssommer in Wittenberg möglichst barrierefrei gestaltet werden können. Ferner sind eine 140-seitige Broschüre „Kirchentag barrierefrei" sowie eine 72-seitige Broschüre in leichter Sprache abrufbar (vgl. Reformationsjubiläum 2017 e. V. 2017, o.S.).

Die IMG ist aktuell dabei, auch die Einrichtungen in der Lutherstadt Wittenberg nach den Kriterien von „Reisen für Alle" zu zertifizieren. Als ersten Hotelpartner konnte das Luther Hotel gewonnen werden. Die Erhebung hat schon stattgefunden und aktuell erfolgt die Auswertung. Ebenso arbeitet die IMG an einer einheitlichen und umfassenden Informationsbroschüre über die barrierefreien Angebote in ST. Diese steht jedoch noch nicht zur Verfügung.

5. Fazit

Die zunehmenden demografischen Veränderungen unserer Gesellschaft zeigen sich in der steigenden Nachfrage nach barrierefreien Urlaubsangeboten, auch im ländlichen Raum. Daher ist die Verbesserung der Barrierefreiheit im touristischen Angebot des Landes Sachsen-Anhalt als grundsätzliches Ziel sowie als Querschnittsaufgabe im Masterplan Tourismus fest verankert. So zeigen die Fallbeispiele aus Sachsen-Anhalt, aber auch Erfahrungen in ganz Deutschland, dass es mehrere Wege zur Entwicklung von barrierefreien Serviceketten in ländlichen Räumen gibt. Die hier zusammengestellten Erfolgsfaktoren beziehen sich auf die Bildung regionaler Entwicklungsschwerpunkte und deren Einbindung in die regionale Markenstrategie bzw. in das regionale Tourismuskonzept sowie eine netzwerkorientierte Koordinationsstelle.

Literaturverzeichnis

Allgemeiner Deutscher Automobil-Club (ADAC) (1989): *Neues Denken im Tourismus. Ein tourismuspolitisches Konzept für Fremdenverkehrsgemeinden*, München

ADAC (2003): *Barrierefreier Tourismus für alle: eine Planungshilfe für Tourismus-Praktiker zur erfolgreichen Entwicklung barrierefreier Angebote*, München

Arbeitsgemeinschaft „Barrierefreie Reiseziele in Deutschland" 2017: *Urlaub für Alle – Barrierefreie Reiseziele in Deutschland*, [online] Erfurt, http://www.barrierefreie-reiseziele.de/) [letzter Zugriff: 30.01.2017]

Bundesministerium für Ernährung und Landwirtschaft (2017): *Ländliche Regionen entdecken,* [online] Berlin, http://www.bmel.de/DE/Laendliche-Raeume/Infografiken/_node.html;jsessionid=3E7875A1F618FA9AB2A311B002511A9C.2_cid376 [letzter Zugriff: 18.01.2017]

Bundesministerium für Wirtschaft und Technologie (BMWi) (2013a): *Tourismusperspektiven in ländlichen Räumen – Handlungsempfehlungen zur Förderung des Tourismus in ländlichen Räumen*, Berlin

Bundesministerium für Wirtschaft und Technologie (BMWi) (2013b): *Tourismusperspektiven in ländlichen Räumen – Band 5: Kurzreport Barrierefreiheit*, Berlin

Bundesministerium für Wirtschaft und Technologie (BMWi) (2008): *Barrierefreier Tourismus für Alle in Deutschland – Erfolgsfaktoren und Maßnahmen zur Qualitätssteigerung*, Berlin

Deutscher Schwerhörigenbund e. V. (DSB): *Wir über uns,* [online] Berlin, http://www.schwerhoerigen-netz.de/MAIN/dsb_intern.asp [letzter Zugriff: 18.01.2017]

Deutsche Zentrale für Tourismus (DZT) (2013): *Barrierefreier Tourismus in Deutschland*, Frankfurt/M.

Eisenstein, B. et al. (Hg.) (2017): *Tourismusatlas Deutschland*, Konstanz

Harzer Tourismusverband e. V. (HTV) (2017): *Barrierefrei unterwegs im Harz – Barrierearme Freizeitmöglichkeiten im Nationalpark Harz*, [online] Goslar, http://www.harzinfo.de/service/barrierefrei-unterwegs.html [letzter Zugriff: 30.01.2017]

Investitions- und Marketinggesellschaft Sachsen-Anhalt mbH (IMG) (2017): *Tourismus für Alle*, [online] Magdeburg, http://www.sachsen-anhalt-tourismus.de/tourismus-fuer-alle/ [letzter Zugriff: 30.01.2017]

Investitions- und Marketinggesellschaft Sachsen-Anhalt mbH (IMG) (2014): *Tourismus für Alle – Barrierefreiheit in Sachsen-Anhalt*, Magdeburg [online] http://www.sachsen-anhalt-tourismus.de/fileadmin/bilder/barrierefrei/img_broschuere_tourismus-fuer-alle2014.pdf [letzter Zugriff: 30.01.2017]

Institut für Strukturpolitik und Wirtschaftsförderung gGmbH (2015): *Jahresbericht Strukturkompass 2015 – Strukturelle Rahmenbedingungen der Kreisfreien Städte und Landkreise in Sachsen-Anhalt im bundesweiten Kontext – Entwicklung eines bundesweiten Strukturindex im Rahmen der Auswertungen zum Strukturkompass Sachsen-Anhalt*, Halle

Institut für Tourismusforschung an der Hochschule Harz (ITF) (2015): *Praxisleitfaden Tourismus für Alle – Leitlinien für die Entwicklung barrierefreier Angebote in den Kommunen im Land Sachsen-Anhalt. Eine Vorgangsbeschreibung für die barrierefreie, touristische Gestaltung von Destinationen*, Wernigerode

May, C. (2017): *Sommerfrische 2.0*, in: Eisenstein, B. et al. (Hg.), *Tourismusatlas Deutschland*, Konstanz, S. 34–35

Ministerium für Wirtschaft und Arbeit & Ministerium für Gesundheit und Soziales des Landes Sachsen-Anhalt (Hrsg.) (2002): *„Tourismus für Alle" Handbuch barrierefreier Tourismus in Sachsen-Anhalt*, Tourismus-Studien Sachsen-Anhalt Heft 11, Magdeburg

Ministerium für Wissenschaft und Wirtschaft des Landes Sachsen-Anhalt (Hrsg.) (2013): *Masterplan Tourismus Sachsen-Anhalt 2020*, Magdeburg

Reformationsjubiläum 2017 e. V. (2017): *Reformation 2017 – Alle sollen dabei sein können*, [online] Berlin, https://r2017.org/barrierefrei/ [letzter Zugriff: 30.01.2017]

Statistisches Bundesamt (2017): *Ankünfte und Übernachtungen 2015*, [online] Berlin, https://www.destatis.de/DE/ZahlenFakten/Wirtschaftsbereiche/BinnenhandelGastgewerbeTourismus/Tourismus/Tabellen/AnkuenfteUebernachtungenBeherbergung.html [letzter Zugriff: 30.01.2017]

Statistisches Bundesamt (2016): *Schriftliche Auskunft* von Frau Kirsten Merk, Mitarbeiterin der Abteilung Binnenhandel, Gastgewerbe, Tourismus, am 28.10.2016, Wiesbaden

Statistisches Landesamt Sachsen-Anhalt (Stat. LA ST) (2016): *Tourismus – Gäste und Übernachtungen im Reiseverkehr, Beherbergungskapazität*, Reihe Statistische Berichte, Halle

Stat. LA ST (2015): *Tourismus – Gäste und Übernachtungen im Reiseverkehr, Beherbergungskapazität*, Reihe Statistische Berichte, Halle

Stiftung Luthergedenkstätten in Sachsen-Anhalt (2017): *Information und Service*, [online] Lutherstadt Wittenberg, https://www.martinluther.de/de/besuch/information-service#barrierefreiheit) [letzter Zugriff: 30.01.2017]

Weinert-Nachbagauer, Barbara (2017): *Schriftliche Auskunft zum Projektstand vom 30.01.2017 per E-Mail*

Wernigerode Tourismus GmbH (2011): *Wernigerode – Barrierefreie Angebote*, Wernigerode

Wilken, Udo (2016): *Herausforderungen bei der Gestaltung und Vermarktung eines barrierefreien Tourismus*. In: Zeitschrift für Tourismuswissenschaft, Vol. 8/1, S. 145–156

Wollesen, A. & Reif, J. (2017): *Reisen für alle*, in: Eisenstein, B. et al. (Hg.), *Tourismusatlas Deutschland*, Konstanz, S. 116–117

Monika Sußner

Zertifizierte Barrierefreiheit im Tourismus – Der richtige Weg für Schleswig-Holstein?

1. Einleitung

Der jährlich von der Welttourismusorganisation ausgerufene Welttourismustag stand 2016 unter dem Motto *Tourism for All*. Dies kann als Zeichen dafür gedeutet werden, dass Barrierefreiheit im Tourismus und die Zugänglichkeit touristischer Leistungen als Teil der Entwicklung zu einem sozial nachhaltigen Ansatz im Tourismus angesehen wird. Spätestens seit der Positionierung der Vereinten Nationen mit der *Convention for the Rights of Persons with Disabilities* (UN 2008) und der Welttourismusorganisation mit dem *Global Code of Ethics for Tourism* (UNWTO 2001e) ist Barrierefreiheit als Bestandteil im Tourismus angekommen. Trotz der intensiven Bearbeitung des Themas durch Tourismusexperten weist die mangelnde Bereitschaft der Leistungsträger im Tourismus, sich mit Barrierefreiheit auseinanderzusetzen, dennoch darauf hin, dass ein Bedarf an umsetzbaren Regularien besteht, die als Handlungsanweisungen fungieren können. Die Unsicherheit der Leistungsträger im Umgang mit dem Thema *Barrierefreiheit* wird durch eine unübersichtlich anmutende Anzahl an Auszeichnungen und Klassifizierungen noch bestärkt. Dies gibt Anlass zu der Frage, wie Barrierefreiheit erfolgreich in den Tourismus im deutschsprachigen Raum integriert werden kann, um sowohl den Anforderungen der Nachfragegruppe zu begegnen, als auch eine Überforderung der Leistungsträger zu vermeiden.

Vor diesem Hintergrund wird in diesem Artikel eine Studie vorgestellt, die sich mit der Frage beschäftigt, ob eine bereits etablierte qualitätsorientierte Zertifizierung für Dienstleistungsunternehmen ein passendes Instrument zur Messung und Kennzeichnung von Barrierefreiheit im Tourismus in Deutschland darstellen kann. Darüber hinaus wird eruiert[1], welche Maßnahmen Verbände und Organisationen ergreifen können, um das Thema *Barrierefreiheit* für die touristischen Leistungsträger einfacher zugänglich gestalten zu können.

---

1 Dies in Ergänzung zu dem Artikel von Göttel & Koch im vorliegenden Band.

2. Hintergrund der vorliegenden Studie

Im Rahmen dieser Studie soll aufgezeigt werden, warum Anbieter touristischer Leistungen vor der Auseinandersetzung mit dem Thema *Barrierefreiheit* zurückschrecken und wie stark das Bewusstsein für die Wichtigkeit der Thematik ausgeprägt ist. Darüber hinaus wurde eruiert, inwiefern ein grundlegendes Interesse an Schulungen und Informationen zum Thema *Barrierefreiheit* und zur Umsetzung geeigneter Maßnahmen besteht. Basierend auf den Ergebnissen einer Online-Befragung[2] wurden vertiefende Interviews mit Experten aus unterschiedlichen Fachbereichen und Anbietern touristischer Leistungen geführt, um Aufschluss über die aktuelle Lage des barrierefreien Tourismus in Deutschland und den Grad der Vernetzung und Kooperation sowohl untereinander, als auch mit verschiedenen Organisationen in diesem Bereich zu gewinnen. Darüber hinaus wurde eine Einschätzung darüber abgefragt, ob das Zertifizierungssystem der Initiative ServiceQualität Deutschland ein passendes Instrument zur Kennzeichnung und Messung barrierefreier Leistungen im Tourismus darstelle.

3. Barrierefreiheit und ServiceQualität

3.1 Das internationale Regelwerk zur Umsetzung eines barrierefreien Tourismusansatzes

Die Vereinten Nationen haben im Dezember 2008 das *Übereinkommen über die Rechte von Menschen mit Behinderungen* zur Ratifizierung und Unterschrift durch die Mitgliedsstaaten freigegeben, zu dem sich bis heute über 160 Staaten und Länder bekennen. (Vgl. UN 2016) Der Zweck des Übereinkommens ist es einerseits, die Rechte behinderter Menschen zu stärken und andererseits spezielle Regelungen zu schaffen, um die Teilhabe und Teilnahme behinderter Personen in allen Lebenssituationen zu gewährleisten. Neben den Themen Gleichberechtigung, Antidiskriminierung und Teilhabe am politischen Leben werden unter anderem auch die Bereiche Gesundheit, Bildung, Beschäftigung, Habilitation und Rehabilitation sowie persönliche Mobilität, Barrierefreiheit und Zugänglichkeit abgedeckt. (Vgl. UN 2008, 2–5)

Die Präambel des Übereinkommens enthält neben der Erkenntnis, dass Behinderungen aus der Wechselwirkung zwischen Menschen mit Beeinträchtigungen und einstellungs- und umweltbedingten Barrieren entstehen, die Aussage, dass

---

2 Zu der deutschlandweiten Onlinebefragung von Unternehmen, die mit dem Qualitätssiegel der Initiative ServiceQualität Deutschland ausgezeichnet sind, siehe den Artikel von Göttel & Koch in diesem Band.

die Thematik *Barrierefreiheit* ein fester Bestandteil der Strategie zur nachhaltigen Entwicklung der unterzeichnenden Staaten zu machen sei. (Vgl. BMJV 2008, 1420–1421)

Die unterzeichnenden Mitgliedsstaaten verpflichten sich unter anderem, alle geeigneten Maßnahmen zu treffen, damit behinderten Menschen der Zugang zu Tourismusstätten nicht verwehrt bleibt. Darüber hinaus verpflichten sie sich, mindestens eine staatliche Anlaufstelle für Angelegenheiten im Zusammenhang mit der Durchführung des Übereinkommens zu schaffen und die internationale Zusammenarbeit zu diesem Thema durch den Austausch von Informationen, Erfahrungen und Ausbildungsprogrammen zu stärken. (Vgl. BMJV 2008, Artikel 30–32) Die Einführung eines länderübergreifenden Systems zur Zertifizierung und Kontrolle der Barrierefreiheit touristischer Leistungen würde diesen Austausch von Ausbildungsprogrammen sowie die Schaffung einer staatlichen Anlaufstelle für alle Belange behinderter Personen, gerade im Bereich des Tourismus, begünstigen.

Einen weiteren wichtigen Schritt hin zum barrierefreien Tourismus stellt der bereits 1999 im Rahmen der Generalversammlung der Welttourismusorganisation in Chile aufgestellte *Global Code of Ethics for Tourism For Responsible Tourism*[3] dar.

Die Rechte der Menschen auf Ausübung touristischer Aktivitäten generell und die Barrierefreiheit touristischer Produkte im Speziellen werden in mehreren Grundsätzen behandelt. So beschäftigt sich Artikel 2 mit dem Thema *Der Tourismus als möglicher Weg zu individueller und kollektiver Erfüllung*. Hier ist die Gleichheit von Männern und Frauen im Rahmen touristischer Aktivitäten verankert sowie die Aufforderung, die Menschenrechte und insbesondere die individuellen Rechte sensibler Gruppen, „wie Kindern, alten Menschen, Behinderten, ethnischen Minderheiten und indigenen Völkern, gerade im Tourismus" zu fördern. (Vgl. UNWTO 2001a) Dieser Aspekt wird in Artikel 7 des Verhaltenskodex spezifiziert, der *das Recht auf Tourismus* näher definiert. So besagt dieser Artikel unter anderem, dass „der Tourismus von Familien, jungen Erwachsenen, (…), Senioren und Menschen mit Behinderungen unterstützt und ermöglicht werden" (UNWTO 2001d) soll. Dies schließt folglich die Zugänglichkeit touristischer Angebote, Leistungen und Aktivitäten für alle Zielgruppen ein.

---

3 Der Verhaltenskodex kann als ein umfassendes Regelwerk für die Schlüsselfiguren des Tourismus gesehen werden, mit dem Ziel, die Förderung eines verantwortungsbewussten, nachhaltigen, universell zugänglichen Tourismus voranzutreiben. Die zehn Grundsätze des Kodex sollen die wirtschaftlichen, sozialen, kulturellen und ökologischen Komponenten des Reisens und des Tourismus abdecken. (Vgl. UNWTO 2001e, 1–2).

Die Überlegung, eine Tourismusindustrie zu schaffen, die weder bestimmte Gruppen ausgrenzt, noch wirtschaftliche, soziale, kulturelle oder ökonomische Nachteile für die involvierten Gruppen mit sich bringt, erscheint sehr ambitioniert und wünschenswert, ist jedoch in der Praxis zum Teil schwer umsetzbar. Die erwähnte barrierefreie Zugänglichkeit touristischer Attraktionen steht zum Beispiel im Gegensatz zu Artikel 4 des Verhaltenskodex, der sich mit dem Thema *Tourismus als Nutzer des Kulturerbes der Menschen und Beitrag zu dessen Pflege* beschäftigt.[4] Dies wirft die Frage auf, wie die Konservierung und der Schutz solcher Stätten mit notwendigen Umbaumaßnahmen im Zuge der einfachen Zugänglichkeit für Behinderte, Familien und ältere Menschen in Einklang zu bringen ist.

Auch die in Artikel 3 geforderte Planung der touristischen Infrastruktur, um Ökosysteme und die Artenvielfalt zu schützen und die damit einhergehende Beschränkung von Baumaßnahmen und Aktivitäten in manchen sensiblen Gebieten (Vgl. UNWTO 2001b), steht im Gegensatz zum Prinzip der gleichberechtigten Behandlung aller Menschen in einem touristischen Rahmen.

Die Auseinandersetzung mit dem Kodex und der Konvention zeigt, dass die Wechselwirkung der Grundsätze untereinander eine durchaus nicht zu ignorierende Schwierigkeit für deren Umsetzung darstellt. Dennoch bilden diese beiden Dokumente eine wichtige Basis für das Thema *Barrierefreiheit* im touristischen Kontext.

3.2 Barrierefreiheit als Aspekt der Servicequalität

Der Begriff der Behinderung, der mit den Terminologien Barrierefreiheit und Zugänglichkeit unweigerlich einhergeht, ist aufgrund seiner Komplexität nur schwer zu greifen und daher schwer zu definieren. In § 2 des neunten Buches des Sozialen Gesetzbuches wird Behinderung wie folgt definiert:

„(1) Menschen sind behindert, wenn ihre körperliche Funktion, geistige Fähigkeit oder seelische Gesundheit mit hoher Wahrscheinlichkeit länger als sechs Monate von dem für das Lebensalter typischen Zustand abweichen und daher ihre Teilhabe am Leben in der Gesellschaft beeinträchtigt ist."[5]

---

4   Hier geht es darum, dass „im Rahmen touristischer Politiken und Aktivitäten [...] das künstlerische, archäologische und kulturelle Erbe respektiert werden" sollte und so geschützt werden solle, dass es an die künftigen Generationen weitergegeben werden kann. Weiter soll „besondere Sorgfalt [...] auf die Erhaltung und Aufwertung von Denkmälern, Schreinen und [...] auf archäologische und historische Stätten verwandt werden." (UNWTO 2001c)
5   BMJV 2001

Dabei sind Einschränkungen der körperlichen Funktionen, die Verminderung der intellektuellen Fähigkeiten sowie Beeinträchtigungen der seelischen Gesundheit miteinzuschließen. (Vgl. Hitsch, Peters, Weimair 2007, 231)

In der Behindertenrechtskonvention (UN 2008) wird die Definition der Behinderung erweitert, indem der Begriff der Barriere aufgegriffen wird.[6] Diese Erweiterung der Definition um den Aspekt der Barrieren wird in § 4 des Gesetzes zur Gleichstellung von Menschen mit Behinderung (2017) aufgegriffen, indem der Begriff Barrierefreiheit eingeführt wird:

> „Barrierefrei sind bauliche und sonstige Anlagen, Verkehrsmittel, technische Gebrauchsgegenstände, Systeme der Informationsverarbeitung, akustische und visuelle Informationsquellen und Kommunikationseinrichtungen sowie andere gestaltete Lebensbereiche, wenn sie für Menschen mit Behinderungen in der allgemein üblichen Weise, ohne besondere Erschwernis und grundsätzlich ohne fremde Hilfe auffindbar, zugänglich und nutzbar sind. Hierbei ist die Nutzung behinderungsbedingt notwendiger Hilfsmittel zulässig."[7]

Die wissenschaftliche Auseinandersetzung mit dem Thema *Barrierefreiheit im Tourismus* erfolgte bis dato verstärkt unter dem Aspekt der Mobilität bzw. der Einschränkung der Mobilität. (Vgl. u. a. Hrubesch 1998; Freyer 1988; Kästner 2007) Auch in den für diese Studie geführten Interviews wurde deutlich, dass mit dem Begriff *Barrierefreiheit* zumeist die Zugänglichkeit von Gebäuden für Rollstuhlfahrer oder gehbehinderte Personen assoziiert wird.

Mobilität stellt eine wichtige Voraussetzung zur Durchführung touristischer Aktivitäten dar, da sie in allen Phasen der Customer Journey eine Rolle spielt. So erläutert zum Beispiel Eichhorn (2011), dass behinderte Menschen umso mehr auf einfache Zugänglichkeit angewiesen sind, je höher der Grad ihrer Mobilitätseinschränkung ist. Darüber hinaus wird hervorgehoben, dass sowohl der Transport zur Destination als auch innerhalb der Destination eine sehr wichtige Rolle spiele. In seiner von Leiper (2004) und Buhalis (2003) adaptierten und erweiterten Darstellung des touristischen Systems zeigt er auf, wie die Barrierefreiheit alle Prozesse der Customer Journey beeinflusst. (Vgl. Eichhorn & Buhalis 2011, 48–50)

---

6 Demzufolge zählen Menschen, „die langfristige körperliche, seelische, geistige oder Sinnesbeeinträchtigungen haben, welche sie in Wechselwirkung mit verschiedenen Barrieren an der vollen, wirksamen und gleichberechtigten Teilhabe an der Gesellschaft hindern können", (BMJV 2008, 1423) zu den Menschen mit Behinderungen.
7 BMJV 2017

Abb. 1: *The Tourism system and accessibility*[8]

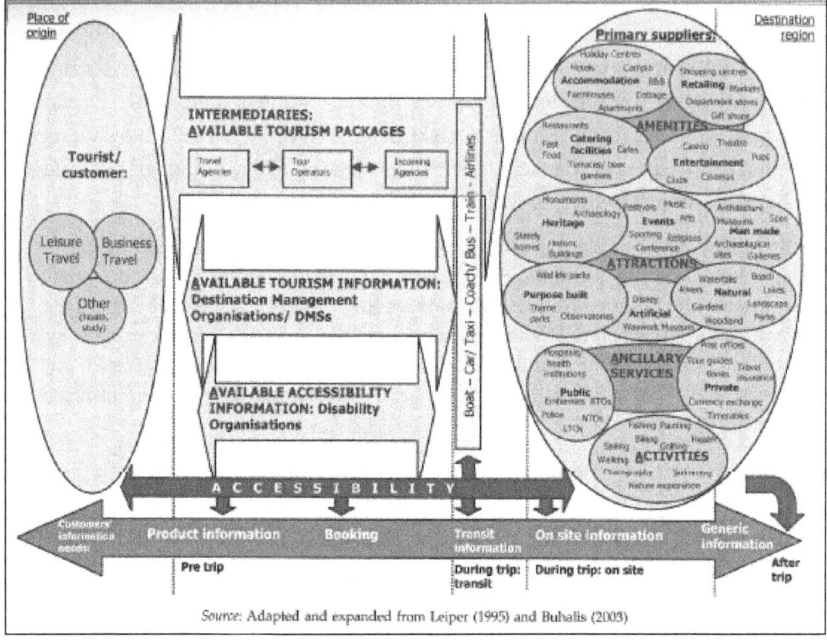

Source: Adapted and expanded from Leiper (1995) and Buhalis (2003)

Dennoch zeigt sich, dass Barrierefreiheit im Tourismus nicht länger nur auf Mobilitätseinschränkungen reduziert werden kann. So stellen zum Beispiel Darcy und Buhalis (2011b) fest, dass Inklusion, Behinderung und demografischer Wandel wichtige Bereiche für Studien im Tourismus darstellen, die eine multidisziplinäre Herangehensweise an das Thema vorschreiben.[9] Darüber hinaus sehen sie die Behinderung des Menschen weniger als medizinisches Phänomen, sondern als soziales Konstrukt an, das über unterschiedliche Zeitabschnitte von verschiedenen kulturellen Impulsen beeinflusst wird und sich so fortwährend im Wandel befindet. Die Umwelt wird als Konstrukt aus sozialem Umfeld, Praktiken und Einstellungen wahrgenommen, welches behinderte Personen ausschließt. Daraus resultiert die Behinderung als Kreation eines unfähig

---

8   Quelle: Eichhorn & Buhalis 2011, 49
9   Im Bereich des barrierefreien Tourismus können Einflüsse unter anderem aus den Bereichen Geographie, Ökonomie, Destinationsplanung, Psychologie, Sozialpsychologie, Management von Organisationen, postmoderne Kulturstudien, Marketing, Architektur und Medizin identifiziert werden. (Vgl. Darcy & Buhalis 2011b, 1)

machenden sozialen Umfeldes. Es liege also folglich in der Verantwortung der Gesellschaft, die Umwelt und Einstellungen der darin agierenden Menschen zu modifizieren, um ein für alle zugängliches Umfeld zu schaffen. (Vgl. Darcy & Buhalis 2011a, 23 ff.)

Einen sozio-anthropologischen Ansatz zur Entwicklung des barrierefreien Tourismus stellt Portales (2015) vor. Anhand einer Szenario-Analyse geht er folgender Frage auf den Grund:

> „Could it be that capitalism did not believe in tourism for people with disabilities as a real business opportunity?"[10]

Weiter stellt er die Frage, warum die Produktivität dieses Segments im Tourismus bislang noch nicht verstärkt und ausgebaut wurde. (Vgl. Portales 2015, 270) Portales blickt mit seinem Ansatz zum Teil sehr optimistisch in die Zukunft und wartet mit einigen Ideen zur Umsetzung eines barrierefreien Ansatzes im Tourismus auf. So sieht er Barrierefreiheit als universell hilfreichen Ausgangspunkt für die Umsetzung eines funktionierenden Tourismuskonzeptes. Eine Voraussetzung der erfolgreichen Umsetzung barrierefreier Aspekte in einem Tourismuskonzept sieht er in der Schulung aller beteiligten Akteure. Auch der Gedanke der Servicequalität spiele eine große Rolle für barrierefreie Destinationen. Einen wichtigen Aspekt stelle auch die frühzeitige Abschaffung der negativen Einstellung gegenüber Personen mit Behinderungen dar. Behinderung solle als Ausdruck der Diversifikation verstanden werden und dieses Konzept bereits in der schulischen Bildung gelehrt werden. Darüber hinaus solle barrierefreier Tourismus als Curriculum in touristischen Studiengängen verankert werden. Schließlich hält Portales eine Verpflichtung der Regierung als fundamental wichtig, eine Kooperation der involvierten Parteien in Reisen, Barrierefreiheit, Servicequalität und im zugänglichen Tourismus voranzutreiben, um den barrierefreien Tourismus zukünftig und nachhaltig weiterzuentwickeln. (Vgl. Portales 2015, 282)

Diese Ansätze scheinen sehr ambitioniert, wobei die Gegenläufigkeit mancher Ansätze eine unkomplizierte Umsetzung erschweren könnte. So ist vor allem die Vereinbarkeit von barrierefreien Aspekten, gerade im Bereich der barrierefreien Mobilität, mit Aspekten der Nachhaltigkeit nicht immer gegeben.[11]

Gleichwohl sind gerade die Ansätze zur Reduzierung von Barrieren, die durch die persönliche Einstellung der Beteiligten entstehen, und damit einhergehend

---

10 Portales 2015, 270
11 Dieses Dilemma wurde bereits in Kapitel 3.1 in Verbindung mit dem Kodex der Welttourismusorganisation diskutiert.

die Ansätze im Bereich des Servicegedankens Aspekte, die auch von anderen Autoren aufgegriffen werden. So halten auch Eichhorn und Buhalis (2011) eine Reduktion von Barrieren im Verhalten bzw. in der Haltung der Menschen für die Grundvoraussetzung einer erfolgreichen Reduktion physischer Barrieren. Probleme rechtlicher Natur verhinderten aber oftmals diese Entwicklung. So seien zum Beispiel viele Einrichtungen und Gebäude des touristischen Lebens Privateigentum und somit hänge die Entscheidung, ob eine einfache physische Zugänglichkeit geschaffen werde, an Privatpersonen. Diese aber sähen häufig nur zusätzliche Kosten in der Umsetzung barrierefreier Aspekte und wären darüber hinaus besorgt über rechtlichen Konsequenzen, die eine falsche Umsetzung nach sich ziehen könnte. Gesetze zum Schutz der Rechte behinderter Personen schufen also oftmals negative Einstellungen gegenüber dem Thema *Barrierefreiheit* und führten so dazu, dass die davon profitierende Nachfragegruppe nicht als lukrativer Markt wahrgenommen werde. (Vgl. Eichhorn & Buhalis 2011, 52)

Die Einschätzung, dass die Nachfrage für barrierefreie touristische Produkte in der Zielgruppenplanung vernachlässigt werden kann, wird unter anderem durch Neumann (2014) widerlegt. In einer Befragung mobilitäts- und aktivitätseingeschränkter Personen wurde die ökonomische Bedeutung des barrierefreien Tourismus in Europa ermittelt.[12] Die erhobenen Daten ergaben, dass die Gruppe der mobilitäts- und aktivitätseingeschränkten Personen durchaus eine relevante Rolle spiele, gerade im Inlandtourismus. (Vgl. Neumann 2014, 2) Neumann prognostiziert, dass bis zum Jahr 2020 „die Zahl der Reisen von älteren und behinderten Gästen innerhalb der EU auf 862 Millionen Reisen pro Jahr steigen" (Neumann 2014, 2 f.) werde.

Dabei ist es interessant, näher auf die Motivation der älteren Reisenden einzugehen. Patterson (2006) stellt in seinem Buch *Growing Older* die Forschungsergebnisse unterschiedlicher Studien zum Thema *Reisemotivation im Alter* dar. Er stellt die Theorie auf, dass verschiedene Faktoren die Reiseintensität älterer Menschen beeinflussen können. So können ein schlechter Gesundheitszustand, fehlende finanzielle Mittel, das Fehlen einer Reisebegleitung oder Probleme mit dem Transport Barrieren darstellen, die die Reiseplanung älterer Menschen beeinflussen können. Oftmals hindert das Fehlen passender und leicht zugänglicher Informationen über das Reiseziel und die Reise selbst ältere Menschen daran, zu reisen. (Vgl. Patterson 2006, 45)

---

12 Die Studie wurde im Auftrag der Europäischen Kommission durchgeführt.

3.3 Ein Kennzeichnungssystem als Option zur Abschaffung von Barrieren in Tourismus

Aufgrund der Entwicklungen auf dem Nachfragemarkt des deutschen Tourismus in den letzten Jahren gewinnt der barrierefreie Tourismus auch hier stetig an Wichtigkeit. Die räumliche Nähe und die instabile politische Lage in früher frequentierten Urlaubsländern können unter anderem ausschlaggebend dafür sein, dass die Übernachtungszahlen in deutschen Destinationen steigen. Seit 2005 verzeichnen deutsche Beherbergungsbetriebe stetig wachsende Übernachtungszahlen. (Vgl. DESTATIS 2016)

In der Studie „Ökonomische Impulse eines barrierefreien Tourismus für Alle" des Bundesministeriums für Wirtschaft und Technologie[13], die als Grundlage zur mittel- und langfristigen Planung in den Destinationen Deutschlands dienen sollte, wurde bereits 2004 die Tendenz zum Inlandstourismus als Wegweiser für Politik und Wirtschaft erkannt, sich dem Thema *barrierefreies Reisen* verstärkt zu widmen. (Vgl. Neumann & Reuber 2004, 2–4) Basierend auf den Ergebnissen dieser Studie, die dem Tourismusstandort Deutschland die ungenutzten Potenziale auf dem Markt des barrierefreien Tourismus aufgezeigt hat, wurde 2008 eine weitere Studie veröffentlicht. Diese sollte nicht nur als Erfolgskontrolle der angestoßenen Entwicklungen im Bereich des barrierefreien Tourismus in Deutschland dienen, sondern auch aktuelle Entwicklungstrends aufzeigen und Strategien und Maßnahmen zur Steigerung der Qualität touristischer Produkte und Leistungen im barrierefreien Tourismus dokumentieren. (Vgl. Neumann et al. 2008, 13) Dabei steht die Erkenntnis im Mittelpunkt der Studie, dass Zugänglichkeit ein Anliegen aller Menschen und nicht nur einer Minderheit ist. Dies könne nur durch eine Beteiligung betroffener Menschen und deren Interessenverbände an der Planung und Umsetzung von Strategien zur Zugänglichkeit umgesetzt werden. Des Weiteren sei der Trend zu erkennen, dass Barrierefreiheit und *Design für Alle* europaweit als Förderkriterium in Vergaberichtlinien, öffentliche Ausschreibungen und Konzessionen aufgenommen werde. So sei langfristig eine nachhaltige Entwicklung hin zu einer verbesserten Lebensqualität absehbar. (Vgl. Neumann et al. 2008, 17–19)

Diese Impulse zeigen, dass das Thema *Barrierefreiheit* im Tourismus auch im deutschen Tourismus umsetzbar sein kann. Die Bundesregierung setzt hier einen politischen Rahmen, in dem Projekte mit Bezug zum Themenbereich barrierefreier Tourismus, wie zum Beispiel das Projekt *Reisen für Alle*, gefördert werden. (Vgl. BMWi 2016) Nicht zuletzt wurde diese Entwicklung durch die Positionierung der

---

13 Vgl. Artikel Barrierefreiheit als Qualitätsmerkmal von Göttel & Koch in diesem Band.

Tourismusbeauftragten zum Thema *barrierefreies Reisen* am diesjährigen Welttourismustag deutlich.[14] Zu diesem Anlass traf sich die Tourismusbeauftragte Anfang Oktober 2016 mit Experten, Anbietern touristischer Leistungen und Vertretern von Behindertenorganisationen im Rahmen der Fachkonferenz *Reisen für Alle*, um zu diskutieren, wie Anreize zur Entwicklung und Zertifizierung barrierefreier Angebote geschaffen werden können und wie eine professionelle Kommunikation dieser touristischen Angebote in Deutschland durchgeführt werden kann. (Vgl. BMWi 2016)

Das vom Bundesministerium für Wirtschaft und Energie geförderte Projekt *Reisen für Alle* wurde 2011 zu dem Zweck initiiert, ein Kennzeichnungssystem für barrierefreie Leistungen entlang der touristischen Servicekette zu entwickeln und so branchenübergreifende Qualitätsstandards einzuführen. Zudem sollte die Transparenz und Verlässlichkeit der Angebote und Dienstleistungen erhöht werden. (Vgl. DSFT 2017c)

Das Projekt baut auf dem Übereinkommen der Vereinten Nationen (2008) und den *Tourismuspolitischen Leitlinien* der Bundesregierung (2009) auf, die unter anderem die Teilhabe Aller am Tourismus anstreben und deshalb das Ziel setzen, „das Ideal des barrierefreien Reisens in der gesamten touristischen Leistungskette" (BMWi 2009, 9 f.) zu verankern. Mit der bundesweiten Einführung des Kennzeichnungssystems *Reisen für Alle* sind inzwischen viele Bundesländer Lizenznehmer des Kennzeichnungssystems. Bis heute wurden ca. 1.700 Betriebe und Angebote anhand des Kriterienkatalogs geprüft und teilweise zertifiziert. (Vgl. DSFT 2017a) Das Projekt stellt neben dem Kennzeichnungssystem auch eine Plattform für Angebote im barrierefreien Tourismus, die direkt buchbar sind, bereit. Die Grundlage des Kennzeichnungssystems ist hierbei keine Selbsteinschätzung durch die Betriebe, sondern die Erhebung der Daten zur Barrierefreiheit vor Ort durch geschulte Personen. (Vgl. DSFT 2017b)

Das Vorhaben, ein bundesweit einheitliches Kennzeichnungssystem einzuführen, ist positiv zu bewerten, da dies eine transparente Sicht auf barrierefreie Angebote zulässt. Allerdings wurde im Rahmen der für diese Studie geführten Gespräche mit Unternehmern und Organisationen deutlich, dass das System Schwachstellen aufweist und nicht durchgehend als guter Ansatz verstanden wird. Das System wird als sehr kompliziert und teuer eingeschätzt, darüber hinaus wird der Nutzen für die beteiligten Unternehmen infrage gestellt. Ein weiterer Aspekt

---

14 Der Welttourismustag, der seit 1980 durch die Welttourismusorganisation ausgerufen wird, stand im Jahr 2016 unter dem Motto Tourism for All – Promoting Universal Accessibility. (Vgl. UNWTO 2016)

sei, dass das System vornehmlich Menschen mit Behinderung anspreche und für Familien mit Kindern oder Senioren nicht attraktiv sei.[15]

Die von den interviewten Personen aufgezeigten Kritikpunkte am System *Reisen für Alle* lassen darauf schließen, dass die Nachfrage nach einem kostengünstigeren, weniger komplexen und weniger auf Ausstattung ausgelegten Kennzeichnungssystem durchaus gegeben scheint, welches die Sensibilisierung für das Thema *Barrierefreiheit* in den Mittelpunkt stellt.

3.4 Barrierefreier Tourismus in Schleswig-Holstein

Im Jahr 2012 wurde das Projekt *Barrierefreier Tourismus in Schleswig-Holstein* initiiert, bei dem neben Tätigkeiten zur Sensibilisierung der touristischen Anbieter die Erfassung und Darstellung des barrierefreien Angebots in Schleswig-Holstein in Zusammenarbeit mit dem Projekt *Reisen für Alle* im Mittelpunkt standen.[16] (Vgl. TA.SH 2015, 5)

Das Projekt endete 2015 und die 42 zu Projektende zertifizierten Objekte werden seitdem von der Bundesstelle des Projekts *Reisen für Alle* in Berlin betreut. Dem Abschlussbericht des Projekts ist zu entnehmen, dass eine langfristige erfolgreiche Bearbeitung des Themas *Barrierefreiheit* mit der Schaffung einer landesweiten Koordinierungsstelle zur Motivation, Sensibilisierung und Netzwerkpflege einhergehen muss. Darüber hinaus sollten Anreize für die Kennzeichnung geschaffen werden und der Erfahrungsaustausch unter den Betrieben gefördert werden. (Vgl. TA.SH 2015, 35–39)

---

15 Vgl. EX2, Experteninterview. 08.07.2016; EX3, Experteninterview. 06.09.2016; EX4, Experteninterview. 07.09.2016; UN3, Unternehmerinterview. 29.08.2016; UN2, Unternehmerinterview. 26.08.2016

16 Neben Schulungen für die Kennzeichnung Reisen für Alle wurde ein Praxisseminar zum Thema Umgangsformen und spezieller Service im barrierefreien Tourismus sowie ein Seminar im Bereich Servicequalität angeboten. Das Seminar, das im Rahmen des Projekts ServiceQualität Deutschlan (SQD) in Schleswig-Holstein entwickelt wurde und eine Erweiterung des bereits etablierten Seminars Ausbildung zum Q-Coach um barrierefreie Aspekte darstellte, musste aufgrund zu geringer Teilnehmerzahlen abgesagt werden. (Vgl. TA.SH 2015, 18) Darüber hinaus bestand ein Schwerpunkt der Projektarbeit in der Vermittlung von Unternehmensberatern zu den Themen Personalangelegenheiten, Sensibilisierung/spezifische Anforderungen, bauliche Beratung, wirtschaftliche Aspekte, Fördermöglichkeiten sowie Marketing und Vertrieb. Dem Projektbericht ist zu entnehmen, dass bis Ende der Projektlaufzeit keine Beratungsaufträge erfolgt sind. (Vgl. TA.SH 2015, 17)

Auch wenn das Projekt *Barrierefreier Tourismus in Schleswig-Holstein* nicht die erwarteten Ergebnisse geliefert hat, so sollte es dennoch als Grundstein für die zukünftige Auseinandersetzung mit dem Thema *Barrierefreiheit im Tourismus* in Schleswig-Holstein angesehen werden.

3.5 Das Zertifizierungssystem nach ServiceQualität Deutschland als Alternative zu bisherigen Zertifizierungssystemen

Das Qualitätsmanagementsystem ServiceQualität Deutschland dient Dienstleistungsunternehmen als unterstützendes System zur Steigerung der Kundenzufriedenheit. Im Mittelpunkt des drei-stufigen Systems steht hierbei die Sensibilisierung für das Thema *Dienstleistungsqualität*, auf Basis einer Selbsteinschätzung des Unternehmens. (Vgl. SQD 2015, 5) Durch die Bearbeitung verschiedener Qualitätsinstrumente werden konkrete Maßnahmen definiert, die während des Zertifizierungszeitraums umgesetzt werden sollen. So werden jährlich Maßnahmen festgelegt, die die kontinuierliche Entwicklung der Dienstleistungsqualität sichern sollen. (Vgl. SQD 2017)

In Schleswig-Holstein[17] sind ca. 100 Unternehmen[18] nach dem System ServiceQualität Deutschland zertifiziert. Die Kernzielgruppe des Projekts sind Unternehmen der Hotellerie, Tourist-Informationen sowie Verbände und Organisationen. Die touristische Struktur in Schleswig-Holstein ist ausschlaggebend dafür, dass auch die Branche der Ferienhäuser und -appartements einen großen Teil der zertifizierten Betriebe ausmacht. (Vgl. SQD in Schleswig-Holstein 2016, 3) Neben der Kernaufgabe der Zertifizierung der Unternehmen und der Akquise neuer Partner und Zertifizierungsnehmer besteht ein großer Teil der Aufgaben des Projekts in der Durchführung von Seminaren. Neben den bundesweit einheitlichen Seminaren bot das Projekt 2014 erstmals ein zusätzliches Seminar zum Thema *Barrierefreiheit* an.[19] Hierfür wurde ein Seminartermin angesetzt, der aufgrund zu geringer Anmeldezahlen nicht realisiert werden konnte. (Vgl. SQD in Schleswig-Holstein 2016, 4) Trotz der mäßig positiven Resonanz vergangener Aktivitäten in diesem Bereich, wird angestrebt, das Thema *Barrierefreiheit*

---

17 Die Initiative ServiceQualität Deutschland ist in Schleswig-Holstein seit 2007 vertreten und ist als Projekt an der Fachhochschule Westküste angesiedelt. Träger sind das Institut für Management und Tourismus und das Ministerium für Wirtschaft, Arbeit, Verkehr und Technologie des Landes Schleswig-Holstein. (IMT 2016)
18 Stand März 2017.
19 Dieses Seminar wurde in Zusammenarbeit mit dem Lebenshilfe Ostholstein e. V. konzipiert und sollte eine Erweiterung des Seminars Ausbildung zum QualitätsCoach darstellen.

in das Projekt zu integrieren. Um eine erfolgreiche Realisierung des Vorhabens zu gewährleisten, wurde unter anderem eine Befragung durchgeführt, um den Standpunkt der Q-zertifizierten Unternehmen in ganz Deutschland zum Thema *Barrierefreiheit* zu erfassen.[20] Darüber hinaus sollten anschließend geführte Interviews mit Akteuren der Schleswig-Holsteiner Tourismuslandschaft die gewonnenen Ergebnisse vertiefen und Aufschluss über die konkreten Wünsche zur Behandlung des Themas *Barrierefreiheit im Tourismus* geben.

4. Empirische Ergebnisse

Im Rahmen der hier durchgeführten Forschung wurden Anbieter verschiedener touristischer Leistungen in nördlichen Regionen Deutschlands sowie Experten unterschiedlicher touristischer und nichttouristischer Organisationen zu ihrer Einschätzung des Themas barrierefreier Tourismus befragt. Darüber hinaus wurde die Möglichkeiten einer Umstrukturierung des Zertifizierungssystems nach ServiceQualität Deutschland zur Zertifizierung barrierefreier Leistungen diskutiert. Die Befragung wurde in Form von leitfadenbasierten Interviews durchgeführt. Insgesamt wurden 13 Interviews geführt, die Datenauswertung erfolgte nach den Prinzipien der qualitativen Inhaltsanalyse in Anlehnung an Mayring (2015). Für die Datenanalyse und um die Identität der befragten Personen unkenntlich zu machen, wurden die gewonnenen Informationen kodiert. Die in den Interviews erhobenen Daten können nicht automatisch als repräsentativ angesehen werden, da sie nur die Meinung und subjektive Sicht auf das Thema *Barrierefreiheit im Tourismus* der 13 Befragten wiedergeben. Aufgrund der Heterogenität der Befragten kann jedoch davon ausgegangen werden, dass die erhobenen Daten einen Einblick in den betrieblichen Umgang touristischer Dienstleistungsbetriebe in Deutschland mit dem Thema *Barrierefreiheit* geben.

Die hier vorliegende Analyse baut auf den Ergebnissen einer deutschlandweiten Onlinebefragung Q-zertifizierter Unternehmen zum Thema Barrierefreiheit als Qualitätsmerkmal auf.[21] Die Onlinebefragung ist Teil einer Studie, die ebenfalls in diesem Band erschienen ist. Aus diesem Grund soll hier auf die weiterführende Beschreibung der Onlinebefragung verzichtet werden. Für weitere Informationen zur Onlinebefragung siehe Artikel Barrierefreiheit als Qualitätsmerkmal von Göttel & Koch in diesem Band.

---

20 Vgl. Artikel Barrierefreiheit als Qualitätsmerkmal von Göttel & Koch in diesem Band.
21 Vgl. Kapitel 3.5 in diesem Artikel.

4.1 Einschätzung der Lage im barrierefreien Tourismus

Zunächst wurden die Interviewpartner nach ihrer Einschätzung der Lage im barrierefreien Tourismus in Deutschland befragt.

Sowohl die Interviews mit Unternehmern der Tourismusbranche als auch die Experteninterviews haben bestätigt, dass barrierefreier Tourismus für viele Anbieter ein sensibles Thema darstellt. Die Befragung hat sechs Bereiche an Herausforderungen ergeben, die die Einführung barrierefreier Leistungen behindern. Die am häufigsten benannten Faktoren sind die hohen Kosten und der große Aufwand, die aus Sicht der Unternehmer mit der Einführung barrierefreier Maßnahmen einhergehen. So stelle die alte Bausubstanz, gerade im Bereich der Privatvermieter, aber auch Aspekte des Denkmalschutzes Barrieren dar, die nur mit Einsatz großer finanzieller Mittel beseitigt werden können:

> „Schwierig ist es in den Ferienhäusern. Das sind ja oft alte Häuser und die alten Häuser haben ja, so wie hier auch, so ungeheuer steile Stufen nach oben. (…) Da ist es schwierig, da müsste man im Prinzip das ganze Haus entkernen und ganz umgestalten."[22]

Die Problematik des Umbaus bereits bestehender Gebäude und die damit einhergehenden Kosten zeige sich vor allem in Verbindung mit Zertifizierungen, wie zum Beispiel der Kennzeichnung nach *Reisen für Alle*. So wurde bestätigt, dass viele Unternehmen zwar die Möglichkeit zur Datenerhebung anhand des Zertifizierungssystems nutzen, insbesondere, wenn diese kostenlos angeboten werde. Jedoch entschieden sich viele Unternehmer aber dagegen, Veränderungen vorzunehmen, wenn diese mit Kosten und Aufwand verbunden seien. Neben diesen Kosten wurde der hohe Aufwand, der mit der Einführung barrierefreier Maßnahmen einhergehen könnte, als ein großes Hemmnis für barrierefreie Angebote im Tourismus angesprochen:

> „Wenn ich jetzt an der Rezeption bin und ich habe noch 40 andere Gäste, dann ist da keine Zeit jemanden dafür abzustellen, wir haben ja keine Pflegekräfte hier."[23]

Darüber hinaus stellen fehlende Informationen zum Thema *Barrierefreiheit* bzw. überholte Ansichten, was unter dem Begriff *Barrierefreiheit* zu verstehen sei, weitere negative Faktoren dar. So wurde in den Interviews deutlich, dass gerade Unternehmer, die sich, sei es im Rahmen einer Zertifizierung oder allgemein, noch nicht eingehend mit dem Thema beschäftigt haben, Barrierefreiheit fast immer mit der Gruppe der Rollstuhlfahrer in Verbindung bringen.

---

22 Vgl. UN2, Unternehmerinterview. 26.08.2016.
23 Vgl. UN5, Unternehmerinterview. 08.09.2016.

Neben dieser eingeschränkten Wahrnehmung spielt auch die fehlende Information zu den Möglichkeiten der Umsetzung barrierefreier Maßnahmen in den Unternehmen eine Rolle. So ergab sich aus einem Unternehmergespräch, dass der Wille zwar da sei, sich mit dem Thema auseinanderzusetzen, es jedoch an Aufklärung und Information seitens übergeordneter Stellen fehle.[24] Dazu kommen die fehlende Nachfrage, die einerseits von eingefahrenen Routinen der Nachfrageseite geprägt und andererseits der fehlenden Kommunikation zwischen den beiden Gruppen geschuldet ist, und die mangelnde Vernetzung innerhalb der Destination sowie entlang der Servicekette. Schließlich spielt auch die Überlegung, andere Gäste aufgrund der barrierefreien Angebote zu verlieren und mögliche schlechte Erfahrungen mit der Zielgruppe, eine tragende Rolle. Nun stellt sich die Frage, wie diesen Herausforderungen begegnet werden kann und ob ein einheitlicher Ansatz zur Integration barrierefreier Angebote zur Problemlösung beitragen kann.

4.2 Einschätzung der Notwendigkeit von Zertifizierungssystemen im Bereich Barrierefreiheit generell sowie dem System ServiceQualität in Deutschland

Es zeigt sich, dass die Einführung eines einheitlichen Ansatzes zur Kennzeichnung barrierefreier Angebote im Tourismus sowohl Befürworter als auch Gegenstimmen findet. Die Hauptaufgabe eines einheitlichen Ansatzes sollte sein, der Nachfrageseite transparente und ehrliche Informationen zu geben. Allerdings müsse diese Kennzeichnung dann auch aktiv beworben und durch die Behindertenverbände und andere Kanäle an den Nachfragemarkt herangetragen werden, um den Bekanntheitsgrad zu erhöhen.[25] Das Kennzeichnungssystem sollte aber auch leicht verständlich und einfach umsetzbar sein. Dabei darf der Kostenfaktor nicht außer Betracht gelassen werden, da dieser ein großes Hemmnis für viele Unternehmer darstellt, sich für ein einheitliches Kennzeichnungssystem auszusprechen.[26]

Darüber hinaus ist zu verzeichnen, dass eine durchwachsene Einstellung vorherrscht, ob das Zertifizierungssystem nach SQD ein sinnvolles Instrument zur Kennzeichnung barrierefreier Angebote im Tourismus darstelle. Dafür spricht, dass Barrierefreiheit aus dem Blickwinkel der Servicequalität betrachtet werde und so nicht nur bauliche Maßnahmen im Fokus stehen, welche oftmals als Hemmnis der Einführung solcher Angebote betrachtet werden:

---

24 UN1, Unternehmerinterview, 26.08.2016.
25 EX2, Experteninterview, 08.07.2016.
26 UN3, Unternehmerinterview, 29.08.2016.

„Da bin ich auch eigentlich noch von überzeugt. Weil ich immer noch glaube, dass man viel mit gutem Service an Barrieren abbauen kann, obwohl man sie vielleicht baulich noch hat. So, wenn man sich einfach mal damit auseinandersetzt."[27]

Des Weiteren wäre das Zertifizierungssystem deutlich weniger umfangreich und teuer, als das bereits etablierte System nach *Reisen für Alle*. Da das System nach *ServiceQualität Deutschland* allerdings auf Selbsteinschätzung und -auskunft basiert, könnte dies jedoch zu Falschaussagen und in der Konsequenz zu fehlender Transparenz und Zuverlässigkeit der Informationen führen.

Sowohl die befragten Experten als auch die Unternehmer waren sich einig, dass es sinnvoll sei, zunächst Informationsveranstaltungen zum Thema *Barrierefreiheit* durchzuführen. Diese sollten vor allem die Information der Unternehmer über Barrierefreiheit als auch den Austausch untereinander zum Ziel haben.[28] Darüber hinaus erscheine es sinnvoll, diese Veranstaltungen in Zusammenarbeit mit Verbänden und Tourismusorganisationen zu planen, um eine breite Masse an Unternehmern anzusprechen. Des Weiteren wäre eine Umsetzungsberatung zum Thema *Barrierefreiheit* denkbar.[29]:

5. Fazit

„Also ich glaube halt, generell muss es dahin gehen, dass Barrierefreiheit oder barrierefreier Tourismus aufhört ein Sonderthema zu sein, sondern viel mehr als selbstverständliches Thema oder selbstverständlicher Teilaspekt in sämtlichen anderen Bereichen mitgedacht wird."[30]

Dieses Zitat eines befragten Experten beschreibt sehr treffend die Essenz der Auseinandersetzung mit Barrierefreiheit im Tourismus: Obwohl viele Leistungsträger erkannt haben, dass das Thema *Barrierefreiheit* jetzt und in Zukunft eine Rolle auf dem touristischen Markt im deutschsprachigen Raum spielen wird, besteht eine große Hemmschwelle, sich mit dem Thema auseinanderzusetzen. Diese Hemmschwelle beruht nicht zuletzt auf der komplexen Wahrnehmung, die mit dem Begriff Barrierefreiheit einhergeht. Diese Komplexität sollte dazu führen, dass die Integration barrierefreier Angebote als Querschnittsaufgabe angesehen wird.

---

27 Vgl. EX1, Experteninterview. 15.06.2016.
28 Vgl. EX5, Experteninterview. 14.09.2016; UN2, Unternehmerinterview. 26.08.2016; UN4, Unternehmerinterview. 05.09.2016.
29 Vgl. UN4, Unternehmerinterview. 05.09.2016
30 Vgl. EX2, Experteninterview. 08.07.2016.

Die Behandlung des Themas durch die Wissenschaft hat sich zwar in den letzten Jahren von der eingeschränkten Betrachtung von Seiten mobilitätseingeschränkter Gäste hin zur Zugänglichkeit für jeden einzelnen Gast entwickelt. Diese Entwicklung zur komplexen Betrachtung des Themas trägt jedoch weiterhin dazu bei, dass das Themenfeld als schwer greifbar angesehen wird.

Das Engagement auf politischer Ebene, sei es auf internationaler oder nationaler Ebene, hat bislang noch nicht dazu geführt, dass an der Basis des touristischen Kerngeschäftes, also bei den Leistungsträgern vor Ort, eine Identifizierung mit dem Thema *Barrierefreiheit* stattgefunden hat. Dies mag an der fehlenden Koordination und Netzwerkarbeit oder an der zu geringen Kommunikation und Information zu diesem Thema liegen. Es ist nicht von der Hand zu weisen, dass die Sensibilisierung und Qualifizierung von tourismusrelevanten Entscheidungs- und Leistungsträgern als Basis für die erfolgreiche barrierefreie Gestaltung, Angebotsentwicklung und -vermarktung zu betrachten ist. Diese Sensibilisierung scheint auch dahingehend notwendig zu sein, dass viele Leistungsträger den Gewinn und die Bereicherung, die die barrierefreie Gestaltung mit sich bringen kann, noch nicht erkannt haben.

Zertifizierungen zur Kennzeichnung barrierefreier Angebote werden als gutes Hilfsmittel zur Orientierung für die Nachfrageseite angesehen, werden aber von vielen Unternehmern als zu kompliziert und mit zu geringer Außenwirkung eingeschätzt. Daher ist die Einführung eines weiteren Siegels neben der Zertifizierung nach *Reisen für Alle* vorerst nicht ratsam. Vielmehr sollte dieses Kennzeichnungssystem auch bei der Nachfrageseite bekannter gemacht werden. Auf Seiten der Anbieter touristischer Leistungen sollte zunächst die Information und Sensibilisierung zum Thema *Barrierefreiheit* im Vordergrund stehen.

Die Aufgabe von ServiceQualität Deutschland könnte es daher zukünftig sein, die Anbieter touristischer Leistungen aktiv an das Thema *Barrierefreiheit* heranzuführen und dafür zu sensibilisieren. In Verbindung damit sollte das Aufstellen von Maßnahmen zur Einführung barrierefreier Angebote aktiv beworben werden. Zusätzlich könnte eine Veranstaltungsreihe konzipiert werden, die weniger die einfache Information, sondern viel mehr den aktiven Austausch unter den Unternehmen und die Möglichkeit der Abfrage von Expertenwissen, in den Vordergrund stellt. Darüber hinaus könnte ein Pool an Experten aufgebaut werden, die den Mitgliedern von ServiceQualität Deutschland als Unterstützung bei der Umsetzung barrierefreier Maßnahmen zur Verfügung stehen. Durch Qualifizierung und Wissenstransfer kann die Sensibilisierung der Leistungsträger vorangetrieben werden.

6. Ausblick

Das Thema *Barrierefreiheit* und die Integration barrierefreien Aspekte in touristische Leistungen wird auch in Zukunft kontrovers diskutiert werden. Anbieter touristischer Leistungen werden sich mit dem Thema *Barrierefreiheit* und deren Umsetzung beschäftigen müssen. Dies setzt jedoch Unterstützung und Anleitung durch Experten auf diesem Gebiet voraus. Erst wenn alle Beteiligten der touristischen Servicekette die Wichtigkeit und vor allem die Vorteile der Barrierefreiheit erkannt haben, kann eine Entwicklung hin zur Gleichberechtigung Aller auch in diesem Bereich erfolgen. Dennoch darf nicht außer Acht gelassen werden, dass die Umsetzung einer universellen Zugänglichkeit Schwierigkeiten mit sich bringt. So ist zum Beispiel ein Eingangsbereich ohne Kanten und Erhöhungen barrierefrei zugänglich für mobilitätseingeschränkte Personen. Blinde und sehbehinderte Personen dagegen können auf Kanten und Erhebungen angewiesen sein, um sich im Raum zu orientieren. Neben diesen Hindernissen in der praktischen Umsetzung muss auch in Betracht gezogen werden, dass Eingriffe zur Schaffung von universeller Zugänglichkeit die natürliche Beschaffenheit mancher touristischen Attraktionen verändert. Dies ist nicht nur unter ökologischen und soziokulturellen Aspekten kritisch zu betrachten, sondern kann auch dazu führen, dass Attraktionen und touristische Leistungen ihre Attraktivität für andere Zielgruppen verlieren. Diese Aspekte müssen in der zukünftigen Auseinandersetzung mit dem Thema *Barrierefreiheit* in einem touristischen Kontext aufgenommen werden.

Literaturverzeichnis

Bundesministerium der Justiz und für Verbraucherschutz (BMJV) (Hg.) (2001): *Sozialgesetzbuch (SGB) Neuntes Buch (IX)* [online] https;//www.gesetze-im-internet.de/sgb_9/BJNR104700001.html [letzter Zugriff: 29.01.2017].

Bundesministerium der Justiz und für Verbraucherschutz (BMJV) (Hg.) (2008): *Übereinkommen über die Rechte von Menschen mit Behinderungen vom 13. Dezember 2006* [pdf] Köln: Bundesanzeigerverlag https://www.bundesanzeiger.de/ebanzwww/wexsservlet [letzter Zugriff: 29.01.2017].

Bundesministerium der Justiz und für Verbraucherschutz (BMJV) (Hg.) (2017): *Gesetz zur Gleichstellung von Menschen mit Behinderungen* [online] http://www.gesetze-im-internet.de/bgg/__4.html [letzter Zugriff: 22. Januar 2017].

Bundesministerium für Wirtschaft und Technologie (BMWi) (Hg.) (2009): *Tourismuspolitische Leitlinien der Bundesregierung* [pdf] www.bundesforum.de/…/Tourismuspolitische_Leitlinien_der_Bundesregierung.pdf [letzter Zugriff: 12.12.2016].

Bundesministerium für Wirtschaft und Technologie (BMWi) (Hg.) (2016): *Pressemitteilung vom 27.09.2016* [online] http://www.bmwi.de/Redaktion/DE/Pressemitteilungen/2016/20160927-diesjaehriger-wetltourismustag-steht-unter-dem-motto-tourismus-fuer-alle.html [letzter Zugriff: 05.02.2017].

Buhalis, D. (2003): *eTourism: Information Technology for Strategic Tourism Management*. Harlow: Prentice Hall.

Darcy, S.; Buhalis, D. (2011a): Conceptualising Disability. In: Buhalis, D.; Darcy, S. (Hg.) (2011): *Accessible Tourism. Concepts and Issues*. Bristol: Channel View Publication.

Darcy, S.; Buhalis, D. (2011b): Introduction: From Disabled Tourists to Accessible Tourism. In: Buhalis, D.; Darcy, S. (Hg.) (2011): *Accessible Tourism. Concepts and Issues*. Bristol: Channel View Publication.

Deutsches Seminar für Tourismus (DSFT) (Hg.) (2017a): *Reisen für Alle – Das Förderprojekt* [online] http://www.reisen-fuer-alle.de/das_foerderprojekt_260.html [letzter Zugriff: 05.02.2017].

Deutsches Seminar für Tourismus (DSFT) (Hg.) (2017b): *Reisen für Alle – Kennzeichnungssystem* [online] http://www.reisen-fuer-alle.de/kennzeichnungssystem_345.html [letzter Zugriff: 05.02.2017].

Deutsches Seminar für Tourismus (DSFT) (Hg.) (2017c): *Reisen für Alle. Förderprojekt 2011–2014* [online] http://www.reisen-fuer-alle.de/foerderprojekt_2011-2014_266.html [letzter Zugriff: 05.02.2017].

Eichhorn, V.; Buhalis, D. (2001): Accessibility: A Key Objective for the Tourism Industry. In: Buhalis, D.; Darcy, S. (Hg.) (2011): *Accessible Tourism. Concepts and Issues*. Bristol: Channel View Publication.

Experteninterviews, geführt am 15.06.2016, 08.07.2016, 06.09.2016, 07.09.2016 und 14.09.2016, Monika Sußner, [digital] telefonisch.

Fazel, M.; Jokel, R.; Karki, B.; Langer, J.; Reichart, B.; Schmitt, S.; Schulze, S.; Schuster, C. (2016): *Accessibiliy. An Analysis of Chances, Challenges, Success Factors and Development of Recommendations for Service Quality in the Tourism Sector*. Seminararbeit im Master International Tourism Management der Fachhochschule Westküste bei Göttel und Koch. Heide (unveröffentlicht).

Freyer, W. (1988): *Tourismus*. München: Oldenbourg Verlag.

Göttel, S.; Koch, A. (2017): Barrierefreiheit als Qualitätsmerkmal. In: Eilzer, Ch.; Eisenstein, B.; Arlt, W., G. (Hg.) (2017): *Schriftenreihe des Instituts für Management und Tourismus*. Peter Lang Verlag.

Hitsch, W.; Peters, M.; Weimair, K. (2007): Probleme, Risiken und Chancen des barrierefreien Tourismus. In: Haehling von Lanzenauer, C.; Klemm, K. (Hg.) (2007): *Demographischer Wandel und Tourismus: Zukünftige Grundlagen und Chancen für touristische Märkte*. Berlin: Schmidt.

Hrubesch, C. (1998): *Tourismus ohne Grenzen*. Rüsselsheim: Natursportverlag Rolf Strojec.

Institut für Management und Tourismus (IMT) (Hg.) (2016): *Projekte* [online] http://www.imt-fhw.de/de/weiterbildung/projekte/servicequalitaet-deutschland-in-schleswig-holstein.html [letzter Zugriff: 05.02.2017].

Kästner, J. (2007): *Barrierefreier Tourismus*. Saarbrücken: VDM Verlag.

Leiper, N. (2004): *Tourism Management*. Melbourne: Pearson Education.

Mayring, P. (2015): *Qualitative Inhaltsanalyse*. Weinheim und Basel: Beltz Verlag.

Neumann, P. (2014): *Ökonomische Bedeutung und Reisemuster im barrierefreien Tourismus in Europa* [pdf] www.fur.de/fileadmin/user_upload/.../BMWi-Studie_Barrierefreier_Tourismus.pdf [letzter Zugriff: 06. November 2016].

Neumann, P.; Reuber, P. (2004): *Ökonomische Impulse eines barrierefreien Tourismus für Alle* [pdf] Münster https://www.uni-muenster.de/imperia/md/content/geographiea/.../mga/mga47.pdf [letzter Zugriff: 29.01.2017].

Neumann, P.; Pagenkopf, K.; Schiefer, J.; Lorenz A. (2008): *Barrierefreier Tourismus für Alle in Deutschland* [online] www.fur.de/fileadmin/user_upload/.../BMWi-Studie_Barrierefreier_Tourismus.pdf [letzter Zugriff: 06. November 2016].

Portales, R., C. (2015): Removing "invisible" barriers: opening paths towards the future of accessible tourism. In: *Journal of Tourism Futures*, 2015. S. 269–284.

Patterson, I. (2006): *Growing Older*. Oxfordshire: CABI.

ServiceQualität Deutschland (SQD) (Hg.) (2015): *Was will die Initiative Service-Qualität Deutschland? Ausbildung zum QualitätsCoach* [pdf] n.v.

ServiceQualität Deutschland (SQD) (Hg.) (2017): *System* [online] http://www.q-deutschland.de/system/ [letzter Zugriff: 05.02.2017].

ServiceQualität Deutschland in Schleswig-Holstein (SQD in Schleswig-Holstein) (Hg.) (2016): *Die Lage in Schleswig-Holstein. Präsentation zur Lage in Schleswig-Holstein 2016* [pdf] n.v.

Statistikamt Nord. (2016): *Beherbergung im Reiseverkehr 2015 in Schleswig-Holstein* [pdf] Hamburg: Statistikamt Nord fileadmin/Dokumente/Statistische_Berichte/industrie__handel_und_dienstl/G_IV_1_j_S/G%20IV%20 1-j15-SH.pdf [letzter Zugriff: 30.01.2017].

Statistisches Bundesamt (DESTATIS) (Hg.) (2016): *Gästeübernachtungen in deutschen Beherbergungsbetrieben von 1992 bis 2015 (in Millionen)* [online] https://de.statista.com/statistik/daten/studie/29514/umfrage/gaesteuebernachtungen-in-deutschland-seit-1992/ [letzter Zugriff: 29.01.2017].

Tourismus-Agentur Schleswig-Holstein (TA.SH) (Hg.) (2015): *Bericht über das Projekt "Barrierefreier Tourismus in Schleswig-Holstein" 2013–2015*

[pdf] Kiel: Tourismus-Agentur Schleswig-Holstein GmbH http://webcache. googleusercontent.com/search?q=cache:qo5Xx8Zb_D0J:www.sh-business.de/ download.php%3Fartid%3D%257Bfc2625eb-0853-226b-55bb-0a75a3f7d2b0 %257D+&cd=2&hl=de&ct=clnk&gl=de&client=firefox-b-ab [letzter Zugriff: 05.02.2017].

United Nations (UN) (Hg.) (2008): *Convention on the Rights of Persons with Disabilities and Optional Protocol* [pdf] https://www.un.org/development/desa/ disabilities/convention-on-the-rights-of-persons-with-disabilities.html [letzter Zugriff: 29.01.2017].

United Nations (UN) (Hg.) (2016): *Convention on the Rights of Persons with Disabilities* [online] https://www.un.org/development/desa/disabilities/convention-on-the-rights-of-persons-with-disabilities.html [letzter Zugriff: 29.01.2017].

Unternehmerinterviews, geführt am 26.08.2016, 29.08.2016, 05.09.2016, 08.09.2016 und 27.09.2016. Monika Sußner, [digital] Nordstrand, Dersau, Sprakebüll, Eckernförde und St. Peter-Ording.

World Tourism Organisation (UNWTO) (Hg.) (2001a): *Article 2: Tourism as a vehicle for individual and collective fulfilment* [online] http://ethics.unwto.org/ en/content/global-code-ethics-tourism-article-2 [letzter Zugriff: 29.01.2016].

World Tourism Organisation (UNWTO) (Hg.) (2001b): *Article 3: Tourism, a factor of sustainable development* [online] http://ethics.unwto.org/en/content/ global-code-ethics-tourism-article-3 [letzter Zugriff: 29.01.2017].

World Tourism Organisation (UNWTO) (Hg.) (2001c): *Article 4: Tourism, a user of the cultural heritage of mankind and contributor to its enhancement* [online] http://ethics.unwto.org/en/content/global-code-ethics-tourism-article-4 [letzter Zugriff: 29.01.2017].

World Tourism Organisation (UNWTO) (Hg.) (2001d): *Article 7: Right to tourism* [online] http:// http://ethics.unwto.org/en/content/global-code-ethics-tourism-article-7 [letzter Zugriff: 29.01.2017].

World Tourism Organisation (UNWTO) (Hg.) (2001e): *Global Code for Ethics in Tourism* [pdf] http://ethics.unwto.org/en/content/full-text-global-code-ethics-tourism [letzter Zugriff: 29.012017].

World Tourism Organisation (UNWTO) (Hg.) (2016): *World Tourism Day* [online] http://wtd.unwto.org/resources [letzter Zugriff: 05.02.2017].

Julian Reif

Wahrnehmung von Deidesheim als Cittaslow-Stadt unter besonderer Berücksichtigung der barrierefreien Infrastruktur – eine qualitative Studie

1. Einführung und Fragestellung

Eingebettet in die Strategie zu einem barrierefreien Tourismus in Rheinland-Pfalz ist die Stadt Deidesheim ein sogenannter „barrierefreier Kristallisationspunkt" (RPT 2012). Mittels der Kristallisationspunkte verfolgt die Rheinland-Pfalz Tourismus GmbH den Ansatz, in ausgewählten rheinland-pfälzischen Gemeinden barrierefreie Angebote entlang der gesamten touristischen Servicekette zu installieren (vgl. RPT 2012, 24 f.). Als Mitglied im internationalen Städtenetzwerk „Cittaslow" wurden in Deidesheim seit dem Jahr 2009 vielfältige Infrastrukturprojekte (u. a. Sanierung des Marktplatzes als zentraler Begegnungsraum der Stadt) unter Berücksichtigung einer barrierefreien Gestaltung umgesetzt (vgl. Dörr und Wemhoener 2015, 145). Mit diesen Maßnahmen sollen „[…] erste Schritte hin zu einem „Urlaubs- und Weinerlebnis ohne Barrieren" […]" (RPT 2012, 9) in der Region Deidesheim geschaffen werden.

Aufgrund der hohen touristischen Bedeutung, der aktiven Vermarktung von Deidesheim als barrierefreies Reiseziel in Rheinland-Pfalz und der Mitgliedschaft in der Vereinigung Cittaslow erscheint die Stadt als geeigneter Untersuchungsraum, um zu erforschen, wie Touristen die Stadt und ihre barrierefreien Angebote wahrnehmen und wie die Besucher zu einem möglichen Ausbau der barrierefreien Gestaltung innerhalb der Stadt stehen. Vor dem Hintergrund der Umsetzung vieler baulicher Maßnahmen unter dem städtischen Leitbild „Cittaslow" soll zusätzlich der Frage nachgegangen werden, welche Assoziationen mit Deidesheim als Cittaslow-Stadt einhergehen und was die Urlauber mit dem Begriff „Cittaslow" verbinden.

Die nachfolgend beschriebene Methodik und Ergebnisdarstellung sind Teil eines Pilotprojekts von T.I.P. Biehl & Partner und dem Institut für Management und Tourismus (IMT) der FH Westküste aus dem Jahr 2015, bei dem der „Smart Focus", eine qualitative Gästebefragung vor Ort, in Deidesheim erprobt wurde (vgl. Reif/Hallerbach/May 2017). In enger Abstimmung mit den Destinationsverantwortlichen wurden auf Basis quantitativer Daten aus dem GfK/IMT DestinationMonitor Deutschland für die Region der Landkreise Bad Dürkheim und Neustadt an der Weinstraße Fragestellungen entwickelt und mit Hilfe von problemzentrierten Leitfadeninterviews beantwortet. Im vorliegenden Artikel liegt das Augenmerk auf der Analyse der Besucherwahrnehmung zur Barrierefreiheit und der Assoziationen mit dem Begriff „Cittaslow".[1]

2. Theoretische Einbettung

Wissenschaftliches Arbeiten wird weitestgehend mit einem quantitativen Vorgehen gleichgesetzt: Mayrhofer (2008, 26 ff.) stellt bei ihren Untersuchungen zu den Wahrnehmungs- und Deutungsmustern der Urlauber in der Dritten Welt fest, dass die Befragten erstaunt darüber sind, dass lediglich zehn bis fünfzehn Tiefeninterviews zur Beantwortung ihrer Fragestellung geführt haben und nicht mehrere hundert Fälle gesammelt werden. In einem Gespräch mit einer ihrer Probanden fasst Mayrhofer ihr Wissenschaftsverständnis wie folgt zusammen: „[...] ich weiß, dass es für mich wenig Sinn macht, einen Kreuzerlfragebogen zu erstellen, und hundert Leute den ankreuzerln zu lassen, weil er für mich nicht viel aussagt, wenn ich nicht weiß, was hinter der Kreuzerlantwort steht [....]" (ebd. 2008, 26). Der Blick hinter die „Kreuzerlantwort", also die Frage nach einem tiefergehenden Verständnis des Antwortverhaltens bei quantitativen Studien, bei denen zumeist vorgegebene Antwortitems abgefragt werden, hat spätestens seit dem cultural turn in der Geographie an Bedeutung gewonnen und zeigt sich u. a. daran, dass vermehrt hermeneutisch-verstehende Verfahren oder Mixed-Method-Ansätze zur Beantwortung von Forschungsfragen herangezogen werden (vgl. Hopfinger 2013, 1040; vgl. Jennings 2012, 683). Die vorliegende Untersuchung in Deidesheim lässt sich aufgrund der Methoden- und Themenwahl einem kulturwissenschaftlichen Paradigma der Tourismusgeographie zuordnen, bei welchem mittels problemzentrierter Interviews „methodisch kontrolliertes Fremdverstehen" (Hopfinger 2013, 1040) betrieben wird.[2]

---

[1] Weitere Informationen zu diesem Projekt finden sich bei Reif/Hallerbach/May (2017). Die Autoren diskutieren in ihrem Artikel die Vor- und Nachteile der Methode und gehen in der Ergebnisdarstellung auf das Natur- und Landschaftserleben sowie die Qualitätseinschätzung der Deidesheimer Gäste ein.

[2] Neben einem Wandel der sozialwissenschaftlichen Methoden (Wissenschaftler übernimmt Rolle des „Eintauchers") lassen sich nach Hopfinger (2013, 1038 f.) drei weitere Dimensionen eines kulturwissenschaftlichen Paradigmas in der tourismusgeographischen Forschung ausmachen: Wandel der Ontologie (weg von der Analyse eines gegenständlichen Raums, hin zu einem erweiterten Raumbegriff), Wandel der Epistemologie (Kritik am szientistisch-positivistischen Wissenschaftsmodell; Verstehen

Trotz eines verstärkten Einsatzes qualitativer Methodik in der Forschung haben qualitative Erhebungen in der Praxis noch nicht den Stellenwert wie in anderen Branchen (vgl. Hallerbach und Biehl 2012, 274 f.; vgl. Eisenstein 2017, S. 37). Oft werden von Destinationsverantwortlichen aufgrund eines steigenden Legitimationsdrucks quantitative Analysen (bspw. zu Arbeitsplatzeffekten) gegenüber qualitativen Analysen bevorzugt. Dabei können aber gerade qualitative Studien dazu beitragen, den Destinationen handlungsauslösende Daten zur Verfügung zu stellen (vgl. Reif/Hallerbach/May 2017, S. 413), was auch die Ergebnisse der vorliegenden Untersuchung zeigt.

3. Methode

Die Fragestellungen zur Besucherwahrnehmung der Barrierefreiheit und der Assoziationen mit dem Begriff „Cittaslow" wurden in einen halbstrukturierten Gesprächsleitfaden überführt.[3] In Deidesheim wurden im September 2015 insgesamt 62 Interviews mit Übernachtungsgästen mit einem Freizeitreisemotiv mit einer Dauer von ca. 30 bis 45 Minuten durchgeführt. Das Besondere bei den Interviews, welche von geschulten Interviewern von T.I.P. Biehl & Partner durchgeführt wurden, war der Einsatz der Interviewtechnik des „go-along" (vgl. Kusenbach 2008). Durch das Verlassen einer herkömmlichen, zumeist starren Interviewsituation und die Teilhabe an der jeweiligen touristischen Aktivität des Befragten in der Destination (bspw. das Spazieren gehen, Bummeln oder Wandern) wird eine besondere, vertraute Gesprächsatmosphäre geschaffen. Solche Interviews in situ, welche in der „sinnlich erfahrbaren Umgebung" (Kazig und Popp 2011, 6) stattfinden, erlauben durch das Eintauchen des Forschers eine besonders dichte Analyse der Äußerungen der Probanden. Durch diese Zeitgleichheit von touristischem Erleben und qualitativen Leitfadeninterview lassen sich Gästeverhalten, Motivationen, Erwartungen und Wahrnehmungen besonders gut beschreiben. Die mittels eines MP3-Players aufgenommenen Gesprächsmittschnitte wurden transkribiert und in einer Excel-Tabelle aufbereitet. Nach einer Textreduktion erfolgte je Themenkomplex eine Generalisierung und Interpretation der einzelfallspezifischen verbalen Äußerungen im Hinblick auf die Gemeinsamkeiten. Die so verdichteten generalisierten Aussagen werden nachfolgend in

---

des „Warums") und ein Wandel der Themen (bspw. zur touristischen Inszenierung, Wahrnehmung und Handlung im Raum etc.).
3 Eine ausführliche Methodenbeschreibung findet sich in Reif/Hallerbach/May 2017, auf die die nachfolgende Beschreibung Bezug nimmt.

den wissenschaftlichen Diskurs um eine Barrierefreiheit im Tourismus bzw. die Cittaslow-Forschung eingebettet und interpretiert.

4. Ausgewählte Ergebnisse

4.1 Wahrnehmung der Barrierefreiheit in Deidesheim

Die meisten der Deidesheimer Touristen können den Begriff „Barrierefreiheit" einordnen und verbinden damit, dass behinderte Menschen Zugang zu Gebäuden oder Einrichtungen haben, ohne dass es Treppen, Stufen oder sonstige Hindernisse zu überwinden gilt. In erster Linie wird der Begriff dabei mit Rollstuhlfahrern assoziiert, aber auch mit älteren Personen, die auf Rollatoren angewiesen sind. Seltener werden Familien und generell ältere Menschen mit dem Begriff verbunden. In Verbindung mit anderen körperlichen Beeinträchtigungen (Sehen, Hören etc.) wird die Barrierefreiheit deutlich seltener thematisiert. Dennoch wird das Credo der Barrierefreiheit im Tourismus „Reisen für alle" von den meisten Befragten thematisiert. Insbesondere im Hinblick auf eine mögliche Inanspruchnahme barrierefreier Angebote bei zunehmenden Alter oder auch im Bewusstsein des demografischen Wandels in Deutschland bekommt das Thema bei den Befragten eine persönliche Relevanz („[...] da Deutschland immer älter wird, das Thema wird in den nächsten 10 Jahren massiv auf uns zukommen" Interviewpartner 26).

Bis auf wenige Ausnahmen (Sehbehinderung, Kinderwagen, Tochter im Rollstuhl) war das Thema für die meisten Befragten aktuell jedoch nicht relevant. Dennoch konnten von den Touristen vielfältige Aspekte und Elemente im Stadtraum während des Aufenthalts in Bezug auf die Barrierefreiheit wahrgenommen werden. Dabei traten neben einer als positiv wahrgenommenen barrierefreien Infrastruktur wie bspw. abgeflachte Bordsteine und eine Kennzeichnung von barrierefreien Gastronomiebetrieben allerdings auch negative Elemente zum Tragen, insbesondere im Hinblick auf eine generell schwierig umzusetzende Barrierefreiheit in einer historischen Altstadt. Bereits nach etwa fünf bis zehn Interviews ergeben sich relativ schnell die Hauptkritikpunkte und daran anschließend (zum Teil direkt umsetzbare und kleinteilige) Handlungsempfehlungen für die Verantwortlichen vor Ort. In Bezug auf die negative Wahrnehmung wird deutlich, dass es durch defekte bzw. nicht vorhandene Aufzüge sowie nicht barrierefrei gestaltete Züge noch zur Verbesserungen in der Etablierung einer gänzlich barrierefreien touristischen Servicekette gibt, besonders bei der An- und Abreise.

Abb. 1: *Von Touristen wahrgenommene Elemente der Barrierefreiheit in Deidesheim*[4]

Positive Wahrnehmung	Negative Wahrnehmung
• Tourist-Information/Geißbockbrunnen • Flaches Kopfsteinpflaster, was gut zu begehen/befahren (Rollstuhl/Rollator) ist • Abgeflachte Bürgersteige • Ritter von Böhl: Sehr barrierefrei, Rampen, breite Gänge) • Steigenberger Hotel: Zugang problemlos mit Rollstuhl möglich, barrierefrei gestaltet • Viele Gastronomiebetriebe als barrierefrei gekennzeichnet	• Regionalbahn ist nicht sehr barrierefrei ausgestattet • Bahnhof Neustadt: Aufzug defekt, so dass Treppen genutzt werden müssen • Unterkunft ohne Aufzug, oberes Stockwerk nur per Treppe erreichbar • Ritter von Böhl: Aufzug defekt, Spiegel im Zimmer zu tief, nur Hintereingang ist barrierefrei, Schild zur Barrierefreiheit und dahinter drei Stufen, labyrinthartiger Aufbau des Hauses (war für sehbehinderte Frau nur schwer zu bewältigen) • Deidesheimer Hof/Altes Spital: Treppe nicht rollstuhlgerecht, insgesamt für Rollstuhlfahrer schwierig, überall Stufen, auch für Kinderwagen schwierig • Schloss Deidesheim: Viele Treppen • Schmale Bürgersteige und schwer zu begehendes Kopfsteinpflaster • Schneller Durchgangsverkehr, Autos fahren zu schnell • Keine akustischen Signale an den Ampeln/keine Blindenampeln • Blumenkübel, die den Weg versperren bzw. schmälern • Marktplatz insgesamt nur schwer mit Rollstuhl/Rollator/Kinderwagen zu befahren • In vielen Geschäften keine ebenerdige Zugänge

Aus dem bereits 2008 aufgelegten Handlungsprogramm „Deidesheim Barrierefrei" (vgl. Herlitz 2008, 109) wurden in der Zwischenzeit vielfältige Projekte in Deidesheim umgesetzt. Im Bereich der im Handlungsprogramm vorgeschlagenen Maßnahmen der materiellen Umwelt werden dabei von den Touristen insbesondere die barrierefreien Leuchtturmprojekte wie die Umgestaltung des Marktplatzes mit den abgeflachten Bordsteinen, der Umbau des Bürgerhospitals bzw. des Gästehauses „Ritter von Böhl" sowie die barrierefrei gestaltete Tourist-Information als positive Beispiele während des Aufenthaltes deutlich wahrgenommen und in den Interviews artikuliert. Lediglich die Umgestaltung des Schlossparks als überwiegend barrierefrei angelegter generationsübergreifender Erlebnispark wurde von den Touristen nicht bewusst wahrgenommen.

Eine mögliche Ausweitung der Aktivitäten der Stadt in Bezug auf das Thema „Barrierefreiheit" wird von den Touristen differenziert betrachtet. Zwar wird der Nutzen für einzelne Gästesegmente durchaus gesehen („Nachfrage wird steigen" Interviewpartner 2), allerdings wird zumindest von einem Teil der Gäste ein „zu viel" an Barrierefreiheit auch kritisch gesehen. Wollesen und Reif (2017, 116) weisen darauf hin, dass es bei der Vermarktung von Barrierefreiheit einen gewissen schmalen Grat zu bewältigen gilt. In den Interviews zeigt sich dies an der von einer sozialen Erwünschtheit losgelösten Diskussion um einen möglichen Ausbau

---

4 Quelle: Eigene Darstellung.

der städtischen Aktivitäten in diesem Bereich. Die Hypothese ist, dass gerade die in qualitativen Interviews herrschende lockere Gesprächsatmosphäre dafür verantwortlich ist, dass Thema der Barrierefreiheit – welches als „begrenztes, tabuisiertes und verschwiegenes Marktsegment" (Wilken 2016, 146) angesehen wird – offen angesprochen werden kann. Einige Gäste, die selbst nicht auf barrierefreie Angebote angewiesen sind, betonten die Gefahr, dass eine zu starke Sichtbarkeit barrierefreier Angebote und Infrastruktur die subjektive Urlaubsatmosphäre negativ beeinflussen kann. Ab einem nicht näher zu bestimmenden, recht subjektiven „tipping point" kann das Thema bei einem Teil der Nachfrage folglich weniger auf Akzeptanz und eher auf Ablehnung stoßen. Exemplarisch für diese Teilgruppe steht Interviewpartner 16, der meint, dass Deidesheim sich „nicht nur auf Barrierefreiheit beschränken [sollte], sonst fühlt man sich selbst behindert, wenn man in so einem Ort Urlaub macht." Aussagen wie „Das ist ja das Seniorendorf" von Interviewpartner 21 weisen auf eine mögliche Stigmatisierung des Reiseortes hin, bei dem es zukünftig unter Umständen zu einem Zielgruppenkonflikt im Zusammenleben der Gäste kommen kann. Deidesheim hat es aus Sicht der Gäste somit schwieriger, eine junge Zielgruppe anzusprechen („Für jüngere Generation [wird das] schwierig weil dann viele Ältere da sind" Interviewpartner 21).

Die für Deidesheim wichtige Urlaubsatmosphäre bedingt sich u. a. durch das historische Ortsbild mit seiner alten Bausubstanz (vgl. Hallerbach/Reif/May/Eisenstein 2015, 71). Dementsprechend werden Eingriffe in das charakteristische Ortsbild (bspw. Rampen und Aufstiegshilfen, welche zu sehr im Vordergrund stehen) als kritisch angesehen und ablehnend gegenübergestanden („Charakter der Stadt geht verloren, Treppen gehören zum Stadtbild" (Interviewpartner 35) „Charme der Stadt geht verloren" Interviewpartner 25).

4.2 Wahrnehmung von Deidesheim als Cittaslow-Stadt

Im Rahmen der Interviews wurde in einem weiteren Themenkomplex auch auf die Wahrnehmung von Deidesheim als Cittaslow-Stadt eingegangen. Die Fragen, die dabei im Vordergrund standen, waren, ob die Touristen das Label kennen, was sie damit verbinden und welche Bedeutung „Cittaslow" für ihren persönlichen Reiseaufenthalt hat.

Reif (2015, 157) zeigt in seiner Analyse des Reiseverhaltens inländischer Urlauber in deutsche Cittaslow-Städte auf, dass das Label „Cittaslow" bei der deutschen Bevölkerung einen geringen Bekanntheitsgrad aufweist. So zeigt sich auch in den qualitativen Interviews, dass nur wenige Urlauber in Deidesheim den Begriff kennen. Nicht nur, dass wenige Personen den Begriff einordnen können, auch die Kenner kommen nicht aufgrund des Labels nach Deidesheim. Die Mitgliedschaft in dem Netzwerk bzw. das Label an sich ist demnach nicht bewusst reiseanlassstiftend. Zu ähnlichen Ergebnissen kommen auch Cosar und Kozak (2014) bei qualitativen Interviews mit Touristen in der türkischen Stadt Seferihisar. Sie konnten zeigen, dass interne Faktoren wie bereits eigens gemachte Erfahrungen mit der Stadt einen größeren Einfluss auf das Besuchsverhalten haben als externe Faktoren wie die Mitgliedschaft im Cittaslow-Netzwerk (vgl. Cosar und Kozak 2014, 26). Gleichwohl kann das Wissen, dass es sich bei der besuchten Stadt um eine Cittaslow handelt, zu einem erneuten Besuch der Stadt anregen und auch dazu beitragen, andere Cittaslow-Städte zu besuchen und diese miteinander zu vergleichen (vgl. Cosar und Kozak 2014, 26 f.). Auch in Deidesheim zeigte sich, dass die Urlauber die Cittaslow-Städte miteinander vergleichen. So meint Interviewpartner 3 auf die Frage nach der Rolle, die Cittaslow für die Reiseplanung hatte: „Deidesheim steht zwar dafür, aber [das] hat weniger eine Bedeutung. Finde allerdings gut, dass dieses Thema so hervorgehoben wird. Kommen selber vom Bodensee, dort in [der] Nähe ist auch eine Cittaslow, allerdings wird das Thema dort nicht so hervorgehoben."

Die Kenner des Begriffs können jedoch den Kerngedanken der Cittaslow-Bewegung im Wesentlichen wiedergeben („Langsam, genussvoll, genießerlich" Interviewpartner 3; „Entschleunigung" Interviewpartner 5) und finden entsprechende Merkmale des Begriffs auch in Deidesheim wieder („ruhige, nette und gemütliche Stadt ohne Hektik" Interviewpartner 51). Obwohl die Nicht-Kenner mehrheitlich nichts Konkretes mit dem Begriff „Cittaslow" verbinden, sind die Bedeutungsinhalte doch weitestgehend positiv konnotiert, wobei insbesondere Assoziationen zu der Slow-Food-Bewegung gefunden werden.

Bei der Wahrnehmung von Deidesheim als Cittaslow-Stadt wird das Tourismusaufkommen als ein Problembereich identifiziert. Deidesheim will laut Interviewpartner 6 keine „Trubel-Stadt" sein. Die Stadt gilt aus Sicht der Touristen als ein Urlaubsort mit einem gewissen „schicken, mondänen Touch", in denen der Tourismus „zu bestimmten Jahreszeiten [...] zu stark das Stadtbild [prägt]" (Interviewpartner 31). Das erhöhte Verkehrsaufkommen in der Innenstadt und die damit verbundenen Parkplatzprobleme bzw. der Durchgangsverkehr werden interviewübergreifend als das zentrale, störende Element in der Deidesheimer Urlaubserfahrung ausgemacht. Zwar wird das historische Stadtbild mit dem Kopfsteinpflaster als positiv wahrgenommen, verbunden mit der Belastung durch Fahrzeuge hingegen wird die Lärmbelästigung von vielen Befragten als sehr negativ angesehen („Ich hasse Autos auf Kopfsteinpflaster" Interviewpartner 33). Hier ist die deutliche Empfehlung der Touristen die Errichtung einer weiteren

Ortsumgehung, um damit in touristisch stark frequentierten Zeiten die einheimische Bevölkerung und die Touristen selbst nicht zu sehr zu belasten. Laut den Meinungen der Urlauber läuft die Stadt sonst Gefahr, dass Maßnahmen, die Deidesheim im Bereich Cittaslow unternimmt, durch die Verkehrsbelastung konterkariert werden und dem „slow"-Begriff entgegenstehen. Auch wenn dies bei Deidesheim zur Zeit nicht der Fall ist, weisen Knox und Mayer darauf hin, dass die Aktivitäten von Cittaslow-Städten in einem Negativszenario enden können, indem durch die Attraktivität und der vergleichsweise geringen Einwohnerzahl dieser Städte diese vom Tourismus überrannt werden können (vgl. Knox und Mayer 2009, 46). Auch die Untersuchungen im türkischen Seferihisar zeigen u. a., dass der Status als Cittaslow zu einem erhöhten Besucher- und Verkehrsaufkommen beigetragen hat. Die Touristen nehmen zwar wahr, dass die türkische Stadt durch die Restauration historischer Stätten deutlich schöner geworden ist, jedoch ein Kommodifizierungsprozess einsetzte und dadurch Authentizität verloren ging und die Urlaubsatmosphäre, u. a. durch die Suche nach Parkplätzen, gemindert war (vgl. Cosar und Kozak 2014, 27 f.). Letzten Endes zeigt sich am Beispiel aus der Türkei das Confirmation/Disconfirmation-Paradigma der Kundenzufriedenheit: Das Label verspricht etwas, was für viele Besucher attraktiv ist, dann aber aufgrund des hohen Besuchsaufkommens nicht einzuhalten ist. Die Erwartungshaltung der Gäste wird nicht erfüllt und die Gästezufriedenheit bleibt aus bzw. verringert sich.

Neben dem gemeinsamen Austausch im Cittaslow-Netzwerk nutzt Deidesheim die durch das Netzwerk entstehenden Impulse, um die Lebensqualität für die Gäste und Einheimischen gleichermaßen zu verbessern (vgl. Dörr und Wemhoener 2015, 144). Grundsätzlich wird daher das Engagement der Stadt im Bereich der Cittaslow-Bewegung von den Urlaubern als sehr positiv wahrgenommen und selbst die Urlauber, die zunächst mit dem Begriff nichts verbunden haben, vermuten, dass Deidesheim aufgrund seiner Größe, der Gastronomie und der Gemütlichkeit gut zu den Inhalten passt.

5. Zusammenfassung und Ausblick

Die vorliegende Untersuchung hatte zum Ziel, eine Gästebefragung in Deidesheim zu erproben, bei denen die Urlauber u. a. über ihr Naturerleben, die Wahrnehmung der barrierefreien Infrastruktur sowie die Assoziationen mit dem Begriff „Cittaslow" und dessen Umsetzung in der Stadt befragt werden. Im Sinne des Aufdeckens neuer Zusammenhänge und der Generierung neuer Hypothesen wurde bewusst eine qualitative Interviewform gewählt, bei der die Interviewer die Urlauber in ihrer Urlaubssituation ein Stück auf ihrem Weg durch Deidesheim begleitet haben. Die Art des Interviews während des Konsums des touristischen Produktes gibt tiefe Einblicke in das subjektive Gästeverhalten. Die vorliegende Untersuchung lässt sich aufgrund der Fragestellung und Methodenwahl in den Kontext eines kulturwissenschaftlichen Paradigmas der tourismusgeographischen Forschung einordnen.

Die Ergebnisse zur Barrierefreiheit zeigen eine unterschiedlich starke Wahrnehmung der Thematik bei den Interviewpartnern. Gerade die Leuchttürme der Barrierefreiheit in Deidesheim werden durchaus positiv von den Gästen in den Interviews artikuliert und wahrgenommen. Vielerorts fällt den Touristen jedoch auf, dass es Bereiche gibt, bei denen es noch Verbesserungen in der Infrastruktur für eine mobil eingeschränkte Klientel gibt. Auf der einen Seite wird eine barrierefreie bzw. barrierereduzierte Infrastruktur in Deidesheim im Sinne eines „Reisen für alle" gerade auch im Hinblick auf eine älter werdende Gesellschaft als wichtig und richtig erachtet, andererseits wird die Umsetzung aufgrund der historisch gewachsenen Stadtstruktur als schwierig angesehen und vor einem „zu viel" an Barrierefreiheit gewarnt.

Bei der Wahrnehmung von Deidesheim als Cittaslow-Stadt gibt es Unterschiede zwischen wenigen Kennern und vielen Nicht-Kennern des Begriffs. Ein auf Nachhaltigkeit, Regionalität, Gemütlichkeit und Entschleunigung ausgerichtetes Stadterlebnis passt aus Sicht der Befragten zu Deidesheim, wobei das zum Teil erhöhte Verkehrsaufkommen in der Innenstadt den Cittaslow-Gedanken konterkariert. Hier ist die Empfehlung der Errichtung einer weiteren Ortsumgehung, um den historischen Stadtkern zu entlasten. Diese und weitere Ergebnisse des „Smart-Focus" fließen nun in die Arbeit der Tourismusverantwortlichen in Deidesheim mit ein.[5]

Literaturverzeichnis

Cosar, Y. und Kozak, M. (2014): Slow Tourism (Cittaslow) Influence over visitors' Behavior. In: *Tourists' Behaviors and Evaluations. Advances in Culture, Tourism and Hospitality Research 9.* S. 21–29.

Dörr, M. und Wemhoener, S. (2015): Kooperationen von kleinen und mittleren Städten: Die Vereinigung Cittaslow am Beispiel der Stadt Deidesheim. In:

---

5 Zukünftig wird im Rahmen eines Forschungsprojektes des Instituts für Management und Tourismus der Fachhochschule Westküste die Datenlage für die Cittaslow-Städte weiter verbessert. In ausgewählten zertifizierten Gemeinden wird daher im Laufe des Jahres 2017 die einheimische Bevölkerung über die Lebensqualität, den Umgang mit dem Cittaslow-Konzept sowie das Tourismusbewusstsein befragt.

Eisenstein, B.; Eilzer, C.; Dörr, M. (Hrsg.) (2015): *Kooperation im Destinationsmanagement: Erfolgsfaktoren, Hemmschwellen, Beispiele. Ergebnisse der 1. Deidesheimer Gespräche zur Tourismuswissenschaft.* Frankfurt am Main, S. 139–151. (=Schriftenreihe des IMT 10).

Eisenstein, B. (2017): Destinationsmarktforschung – Relevanz und Grundlagen. In: Eisenstein, B. (Hrsg.) (2017): *Marktforschung für Destinationen: Grundlagen – Instrumente – Praxisbeispiele.* Berlin. S. 11–70.

Hallerbach, B. und E. Biehl (2012): Vom Erbsenzählen zum Insight. Klassische Gästebefragungen contra offene Befragungsformen – Neue Impulse für Gästebefragungen in touristischen Destinationen. In: Zehrer, A.; Grabmüller, A. (Hrsg.) (2012): *Tourismus 2020+ interdisziplinär.* Berlin. S. 271–281.

Hallerbach, B.; Reif, J.; May, C.; Eisenstein, B. (2015): *Gästebefragung Deidesheim.* Unveröffentlichter Ergebnisbericht. Trier, Heide.

Herlitz, L. (2008): *Barrierefreier Tourismus in Rheinland-Pfalz. Voraussetzungen und Potentiale am Beispiel der Stadt Deidesheim.* Trier. (=Materialien zur Fremdenverkehrsgeographie 67).

Hopfinger, H. (2013): Geographie des Freizeit und des Tourismus. In: Gebhardt, H.; Glaser, R.; Radtke, U.; Reuber. P. (Hrsg.) (2013): *Geographie. Physische Geographie und Humangeographie.* Heidelberg. S. 1021–1043.

Jennings, G. (2012): Methodologies and Methods. In: Jamal, T. und Robinson, M. (Hrsg.) (2012): *The SAGE Handbook of Tourism Studies.* Los Angeles. S. 672–692.

Kazig, R. und Popp, M. (2011) Unterwegs in fremden Umgebungen. Ein praxeologischer Zugang zum „wayfinding" von Fußgängern. In: *Raumforschung und Raumordnung* 69 Heft 1. S. 3–16.

Kusenbach, M. (2008): Mitgehen als Methode. In: Raab, J. et al. (Hrsg.) (2008): *Phänomenologie und Soziologie. Theoretische Positionen, aktuelle Problemfelder und empirische Umsetzungen.* Wiesbaden, S. 349–358.

Mayrhofer, M. (2008): *UrlauberInnen am Urlaubsort in einem Land der sogenannten Dritten Welt. Verhalten und Handeln, Wahrnehmungs- und Deutungsmuster, subjektives Urlaubserleben – eine empirische Studie in Goa, Indien.* Wien. (=Abhandlungen zur Geographie und Regionalforschung 11).

Knox, P.L. und Mayer, H. (2009): *Small Town Sustainability: Economic, Social, and Environmental Innovation.* Basel, Boston, Berlin.

Reif, J. (2015): Kooperation gegen die Beschleunigung: das Reiseverhalten in deutsche Cittaslow-Städte. In: Eisenstein, B.; Eilzer, C.; Dörr, M. (Hrsg.) (2015): *Kooperation im Destinationsmanagement: Erfolgsfaktoren, Hemmschwellen, Beispiele. Ergebnisse der 1. Deidesheimer Gespräche zur Tourismuswissenschaft.* Frankfurt am Main, S. 153–172.

Reif, J.; Hallerbach, B. und May, C. (2017): Qualitative Leitfadeninterviews als Ergänzung oder Alternative zu quantitativen Vor-Ort-Gästebefragungen – Ergebnisse des „Smart Focus" aus der Cittaslow-Stadt Deidesheim. In: Eisenstein, B. (Hrsg.) (2017): *Marktforschung für Destinationen: Grundlagen – Instrumente – Praxisbeispiele*. Berlin. S. 403–415.

Rheinland-Pfalz Tourismus GmbH (RPT) (2012): *Auf dem Weg zum barrierefreien Tourismus in Rheinland-Pfalz. Informationen für Regionen, Orte, Betriebe.* [pdf] Koblenz. http://www.projectm.de/sites/default/files/2016-04/Leitfaden-Barrierefreies-Rheinland-Pfalz.pdf [letzter Zugriff: 2.1.2017].

Wilken, U. (2016): Herausforderungen bei der Gestaltung und Vermarktung eines barrierefreien Tourismus. Ein zukunftsoffenes Resümee nach 40 Jahren. In: *Zeitschrift für Tourismuswissenschaft 8 (1)*. S. 145–156.

Wollesen, A. und Reif, J. (2017): Barrierefreier Tourismus. Reisen für alle. In: Eisenstein, B.; Schmudde, R.; Reif, J.; Eilzer, C. (Hrsg.) (2017): *Tourismusatlas Deutschland*. Konstanz. S. 116–117.

Christian Eilzer

Flachlandwandern in Deutschland: Küstenregionen und das Flachland als Wanderdestinationen von morgen?

1. Einleitung

Während das Wandern vor den 1990er-Jahren ein in der Wissenschaft eher wenig diskutiertes Phänomen und kaum präsent war, erfährt „die Renaissance des Wanderns als eine der beliebtesten Freizeitaktivitäten breiter Bevölkerungsschichten" (BMWi 2010, 18) seitdem eine hohe Aufmerksamkeit. Viele Expertinnen und Experten pointieren die neue Popularität des Wanderns als ‚Wanderboom' oder sprechen von einem ‚Comeback des Wanderns' (vgl. Dreyer/Menzel 2009, 73 f.). Die Themen „Wandern" und „Wandertourismus" haben dabei nicht nur in Wissenschaft und Forschung wie beispielsweise durch die im Jahr 2010 publizierte „Grundlagenuntersuchung Freizeit- und Urlaubsmarkt Wandern" verstärkt Einzug gehalten, sondern erfahren auch eine hohe mediale Aufmerksamkeit. So titelte etwa die Zeitschrift Focus in der Ausgabe Nr. 32 vom 01. August 2015: „Abenteuer Wandern. Auf dem Weg ins Glück. Fit, schlank & gesund mit dem Trendsport Nr. 1: Die schönsten Ziele, die beste Ausrüstung."

Auf die „Neuentdeckung der Freizeitaktivität Wandern" (Menzel/Dreyer 2009, 264) wirken unterschiedliche Faktoren ein, die diese Entwicklung begünstigt haben. So führte beispielsweise ein Wertewandel, insbesondere eine zunehmende Individualisierung, zu einem sportiven Lebensstil, wodurch Natursportaktivitäten wie das Wandern einen Aufschwung erfahren haben (vgl. Roth/Jakob/Türk 2003, 38). Der zunehmende Mangel an Natur im Alltag verstärkt zudem das Bedürfnis, sich zur Erholung in der Natur aufzuhalten (vgl. Roth/Jakob/Türk 2003, 38) – in Form einer „Gegenbewegung zum Phänomen der Schnelllebigkeit in der Arbeitswelt und zum Massentourismus" (Dreyer/Menzel/Endreß 2010, 14). Auch Faktoren wie der demografische Wandel oder das zunehmende Gesundheitsbewusstsein in der Gesellschaft zahlen auf den Bedeutungszuwachs des Wanderns ein. Neben der Nachfrageseite findet das Thema „Wandern" zudem auf der Angebotsseite höhere Beachtung. In vielen Destinationen sind Investitionen in die wandertouristische Infrastruktur, zielgruppenspezifische Angebotsentwicklungen sowie eine verstärkte Implementierung von Qualitätsstandards wie die Zertifizierung von Wanderwegen oder von Wandergastgebern zu verzeichnen (vgl. Dreyer/Menzel 2009, 74). Die Outdoorindustrie trägt des Weiteren durch Produkte und Kampagnen zur Aufmerksamkeitssteigerung u. a. für das Wandern bei und gibt dem Wandern ein frisches und zeitgemäßes Image. Dabei haben sich Funktionsbekleidung und Ausrüstungsgegenstände – unabhängig von der tatsächlichen Nutzung für Outdooraktivitäten – zu Lifestyle-Produkten und Statussymbolen entwickelt, mit denen auch nicht Nicht-Wanderer gut ausgestattet sind (vgl. BMWi 2010, 58).

In Deutschland haben sich die Mittelgebirge zu den bevorzugten Wanderregionen entwickelt (vgl. Steinecke 2006, 217). Noch heute konzentrieren sich viele Wanderwege auf Mittelgebirge (vgl. Wahl 2012, 17), die als „klassische Wanderregionen" (Menzel/Endreß 2008, 12) Deutschlands mit Berggipfeln, Aussichtsreichtum und Wäldern punkten können (vgl. Brämer 2005, 7 ff.). Aus Sicht der Wanderer, die regelmäßig, gelegentlich oder auch eher selten wandern, zählen die Mittelgebirge zu den beliebtesten Landschaftsformen für Wanderungen: 40 % dieser sogenannten aktiven Wanderer sind am liebsten in dieser Landschaft unterwegs, 49 % bevorzugen vom Schwierigkeitsgrad moderate Wanderungen im leichthügeligen Gelände (vgl. BMWi 2010, 26 f.).

Neben den Mittelgebirgen rücken auch andere Regionen und Landschaftsformen zusehends in den Vordergrund, wenn es um das Thema „Wandern" geht. Neben bisher eher unbekannteren Mittelgebirgen besetzen auch Seen- und Küstengebiete das Thema und schaffen wandertouristische Angebote (vgl. PROJECT M 2014, 38). Auch aus Sicht der Wanderer sind Ziele außerhalb der klassischen Wanderregionen in Mittelgebirgen gefragt: 30 % der aktiven Wanderer bevorzugen als Landschaftsform Küstenregionen und das Flachland, 29 % unternehmen am liebsten leichte Wanderungen im Flachen (vgl. BMWi 2010, 26 f.).

Durch die Entwicklung wandertouristischer Angebote in anderen Regionen und Landschaftsformen als in den klassischen Mittelgebirgsregionen und im hochalpinen Gelände sowie durch eine intensivere Vermarktung dieser neuen Angebote wächst die Anzahl potenzieller Wanderziele innerhalb Deutschlands und verschärft – möglicherweise – die Konkurrenzsituation zwischen Regionen und Angeboten. Mit Blick auf die von Wanderern präferierten Landschaftsformen und bevorzugten Schwierigkeitsgrade von Wanderungen scheinen diese ‚neuen' wandertouristischen Angebote außerhalb klassischer Wanderregionen von hoher Relevanz zu sein und auf ein Publikum zu treffen, für das Wanderungen im Flachen ein relevantes Thema sind. Dieser Artikel befasst sich mit der Frage, ob Küstenregionen und das Flachland als neue Wanderdestinationen der Zukunft gesehen werden können. Untersucht wird dabei u. a., ob Einflussfaktoren wie der demografische Wandel oder die Zielsetzung der Herstellung von Barrierefreiheit (vgl. BGG 2016, § 1) relevante Faktoren für die Entwicklung des Wanderns in diesen Regionen sind bzw. sein können und welche Schlussfolgerungen für die Entwicklung des Flachlandwanderns gezogen werden können.

2. Flachlandwandern in Deutschland

Nach Ergebnissen der Grundlagenuntersuchung zum Freizeit- und Urlaubsmarkt Wandern aus dem Jahr 2010 können 56 % der deutschen Bevölkerung als aktive Wanderer bezeichnet werden (vgl. BMWi 2010, 24).[1] Insbesondere durch einen Zuwachs bei Wanderern, die eher selten wandern, wird von einem weiteren Anstieg der gesamten Wandernachfrage in Deutschland ausgegangen, so dass im Jahr 2013 sogar knapp 69 % der deutschsprachigen Bevölkerung als aktive Wanderer bezeichnet werden (vgl. PROJECT M 2014, 10). Bezogen auf ihr Wanderverhalten geben dabei drei von vier Befragten an, dass Wandern für sie eher eine Freizeitaktivität im Rahmen von Tagesausflügen ist (vgl. BMWi 2010, 50). Quantitativ werden damit die meisten Wanderungen im Tagesausflugsverkehr durchgeführt, wobei die Zahl der Tageswanderungen im Rahmen von Tagesausflügen vom Wohnort aus nach Angaben der Grundlagenuntersuchung Freizeit- und Urlaubsmarkt Wandern 369,1 Mio. beträgt (vgl. BMWi 2010, 50 f.).

Insgesamt werden von der deutschen Bevölkerung jährlich etwa 390 Mio. Wanderungen durchgeführt (vgl. BMWi 2010, 28). Doch welche Rolle spielt dabei das Flachlandwandern? Dieser Frage soll anhand von drei Kriterien nachgegangen werden, über die eine Einschätzung der Bedeutung und der Rolle des Flachlandwanderns in Deutschland erfolgen kann. Untersucht wird diese Fragestellung anhand der bevorzugten topografischen Gegebenheiten durch die aktiven Wanderer, der präferierten Wanderdestinationen von Wanderurlaubsinteressenten sowie anhand der räumlichen Verteilung von Wanderwegen. Im Anschluss werden exemplarisch drei Regionen vorgestellt, die bereits über Angebote zum Flachlandwandern verfügen bzw. in denen das Thema „Wandern" in letzter Zeit verstärkt diskutiert wird.

---

1 Die Ermittlung des Marktvolumens erfolgte auf Basis einer persönlichen Einschätzung durch die Befragten. Als „aktive Wanderer" werden in der Studie Wanderer bezeichnet, die nach eigener Einschätzung „regelmäßig", „gelegentlich" oder „eher selten" wandern. (vgl. BMWi 2010, 24).

Topografische Gegebenheiten

Die verschiedenen Landschaftsformen und Zielgebiete in Deutschland, in denen die Deutschen im Rahmen von Wanderungen unterwegs sind, können als ein Indikator für unterschiedliche Präferenzen und Ansprüche betrachtet werden, die mit der Freizeitaktivität „Wandern" verbunden sind. Nach der Marktstudie „Wandern in Deutschland" aus dem Jahr 2009 bevorzugen 30 % der Urlaubswanderer und 25 % der Tageswanderer die Mittelgebirge, jeweils 24 % das Hochgebirge sowie 17 % das Flachland (vgl. Görtz 2010, 36). 29 % der Urlaubswanderer bzw. 30 % der Tageswanderer geben an, keine spezielle Landschaftsform zu bevorzugen (vgl. Görtz 2010, 36). Zu anderen Ausprägungen, insbesondere im Hinblick auf die Hochgebirge, kommt die „Grundlagenuntersuchung Freizeit- und Urlaubsmarkt Wandern": Bezogen auf die Landschaftsform bevorzugen danach 40 % der aktiven Wanderer die Mittelgebirge, 30 % Küstenregionen und das Flachland und 9 % das Hochgebirge (vgl. BMWi 2010, 26). Hinsichtlich des Schwierigkeitsgrades der Wanderung werden moderate Wanderungen in leichthügeligem Gelände von den aktiven Wanderern am meisten geschätzt (49 %), gefolgt von leichten Wanderungen im Flachen (29 %) und anspruchsvollen Wanderungen mit großen Höhenunterschieden (21 %) (vgl. BMWi 2010, 26 f.).

Abb. 1: Bevorzugte Landschaftsformen und Schwierigkeitsgrade der aktiven Wanderer[2]

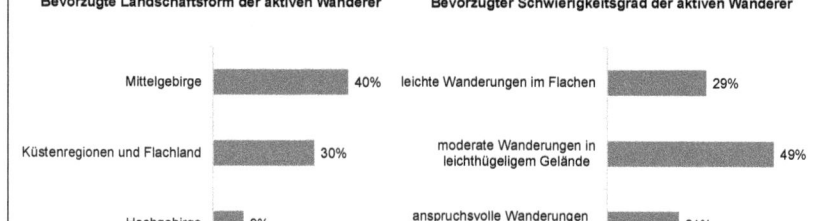

---

2 Quelle: BMWi 2010, 26 f.

Wenngleich die Studien das Volumen unterschiedlich beziffern,[3] zeigt sich für die Ausübung des Wanderns die Relevanz der verschiedenen Landschaftsformen in Bezug auf Höhenparameter und Schwierigkeitsgrad. Demnach kommen für aktive Wanderer sowohl Wanderungen im Flachland, im Mittelgebirge als auch im Hochgebirge infrage. Die Gründe hierfür können neben der Präferenz für eine bestimmte Landschaftsform an sich vielschichtig sein. Eine Rolle spielen kann dabei die Motivation für die Wanderung, das Thema der Wanderung oder die Lage der Quellmärkte, durch die Landschaftsform und Höhenparameter vorbestimmt sein können. Insbesondere bei Tageswanderungen kann dies der Fall sein. Bei einer Tageswanderung beispielsweise ausgehend von einem Wohnort in Schleswig-Holstein oder Mecklenburg-Vorpommern sind aufgrund der dortigen geografischen Gegebenheiten und der Entfernung zu Mittel- und Hochgebirgen lediglich Küstenregionen und das Flachland erreichbar, wodurch sich Präferenzen erklären lassen.

Präferierte Zielgebiete von Wanderurlaubsinteressenten

Im Unterschied zu Tagesausflügen lässt sich das gewählte Wandergebiet im Rahmen von Urlaubsreisen weniger durch den Faktor erklären, dass die umgebende Landschaft aufgrund der fehlenden Erreichbarkeit von alternativen Landschaftsformen – wie es bei einem Tagesausflug vom Wohnort aus eher der Fall ist – ausgewählt worden ist, wenngleich Präferenzen bestimmter Landschaftsformen auch auf die Entscheidung für ein Urlaubsziel einen Einfluss haben werden. Im Jahr 2016 hatten 44 % der Deutschen ein sehr großes bis großes Interesse an der Urlaubsaktivität bzw. -art „Wandern" (vgl. inspektour GmbH 2016, o.S.). Sofern der Urlaub tatsächlich als Wanderurlaub geplant wird, kann davon ausgegangen werden, dass sich diese Gruppe der Wanderinteressierten bewusst für Reiseziele entscheidet, die ihnen die Ausübung der Aktivität „Wandern" ermöglichen. Als präferierte Zielgebiete nennen die Wanderurlaubsinteressenten auf den ersten drei Plätzen ‚klassische' Wandergegenden bzw. -regionen mit dem Allgäu, dem Bayerischen Wald und dem Schwarzwald, gefolgt von Harz, Bodensee und Oberbayern (vgl. inspektour GmbH 2016, o.S.). Mit der Nordsee auf Platz 13, der Lüneburger Heide auf Platz 15, der Mecklenburgischen Seenplatte auf Platz 17 sowie Mecklenburg-Vorpommern auf Platz 20 befinden sich unter den ersten zwanzig Nennungen auch vier Regionen, die sich der Küste und dem Flachland zurechnen lassen (vgl. inspektour GmbH 2016, o.S).

---

3   Zur Vergleichbarkeit von Marktforschungsstudien zum Wandern vgl. z. B. Vogt (2009).

Abb. 2: *Präferierte Zielgebiete von Wanderurlaubsinteressenten in Deutschland*[4]

Rang	Zielgebiet
1	Allgäu
2	Bayerischer Wald
3	Schwarzwald
4	Harz
5	Bodensee
6	Oberbayern
7	Erzgebirge
8	Chiemsee
9	Zugspitzregion
10	Mosel
11	Garmisch-Partenkirchen
12	Berchtesgadener Land
13	Nordsee
14	Eifel
15	Lüneburger Heide
16	Hochschwarzwald
17	Mecklenburgische Seenplatte
18	Chiemgau
19	Franken
20	Mecklenburg-Vorpommern
21	Sächsische Schweiz-Elbsandsteingebirge
22	Thüringen
23	Baden-Württemberg
24	Fichtelgebirge
25	Sauerland
26	Füssen im Allgäu
27	Schwäbische Alb
28	Insel Rügen
29	Rheinland-Pfalz
30	Sachsen

---

4 Quelle: inspektour GmbH 2016, o.S. (gestützte Präferenz, Konkurrenzanalyse zur gestützten Themeneignung auf Basis aller untersuchten Destinationen, Basis sind die Themen-Interessenten für das Thema „Wandern", Top-Two-Box auf Skala von „5 = sehr gut geeignet" bis „1 = gar nicht geeignet").

Wanderwege und Wanderregionen

Deutschland verfügt über ein dichtes Netz markierter Wanderwege, das auf eine Gesamtlänge von etwa 300.000 bis 400.000 Kilometern geschätzt wird (vgl. DWV 2016a). Im Zuge der „Qualitätsoffensive Wandern" aus dem Jahr 2002 des Deutschen Tourismusverbandes und des Deutschen Wanderverbandes ist mit der Internetplattform www.wanderbares-deutschland.de ein Angebot entstanden, das einen Überblick zu einem Teil des Wanderangebotes gibt. Ein Großteil der eingestellten Wanderwege und Qualitätswege befindet sich in eher klassischen Wandergebieten, vor allem in Bayern, Nordrhein-Westfalen, Rheinland-Pfalz, Hessen und Baden-Württemberg. Neben diesen Regionen sind darüber hinaus aber auch Angebote in Flachlandwanderzielen wie Mecklenburg-Vorpommern (50 Wege) oder Schleswig-Holstein (43 Wege) abrufbar. Beispiele für Wege in Flachlandregionen sind der Nord-Ostsee-Wanderweg (109 km, 5 Etappen), der Ostseeküsten-Wanderweg E9 (400 km, 15 Etappen) oder der Hünenweg in Niedersachsen (208 km, 8 Etappen). Über die Plattform sind auch bereits, wenn auch wenige, Wanderregionen auffindbar, wie z. B. die NORDPFADE im Landkreis Rotenburg (Wümme).

Abb. 3: Anzahl gelisteter Wege nach Bundesländern auf www.wanderbares-deutschland.de[5]

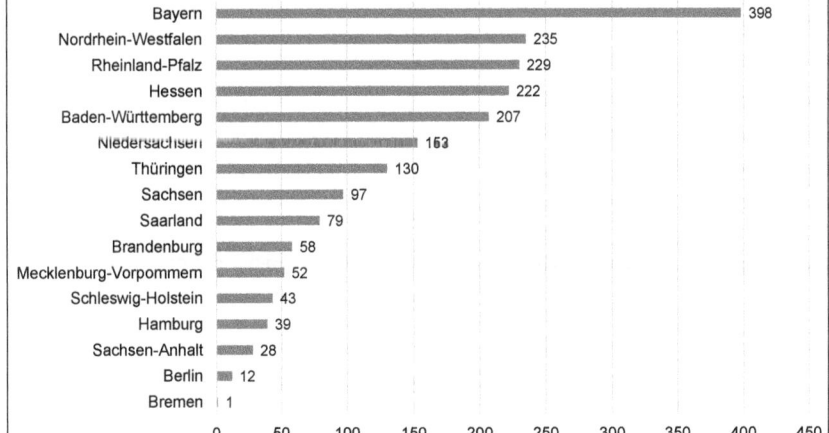

---

5   Quelle: DWV 2016b. Eine Zuordnung bundeslandüberschreitender Wege zu mehreren Bundesländern ist möglich. (Abrufdatum 25.08.2016).

Beispiele zum Flachlandwandern in Deutschland

Im Bundesland Mecklenburg-Vorpommern wurde das Thema „Wandern" als touristisches Angebotselement bewusst aufgegriffen. So präsentiert sich Mecklenburg-Vorpommern auf der Internetplattform von Wanderbares Deutschland als ‚Portalregion' und stellt Angebote in den drei Regionen Mecklenburgische Seenplatte, Mecklenburgische Schweiz und Mecklenburg-Schwerin gebündelt dar. Dabei wirbt die Wanderregion Mecklenburg-Vorpommern mit der unberührten Natur der Großschutzgebiete mit mehr als 2.000 Seen und der 1.900 Kilometer langen Ostseeküste mit ihren Inseln, Sandstränden und Steilküsten (vgl. DWV 2016c). Auch auf der Website des Tourismusverbandes Mecklenburg-Vorpommern wird das Wandern als Aktivität unter „Aktiv in der Natur" offensiv vermarktet. Vorgestellt werden u. a. Tages- und Mehrtagestouren, Pauschalangebote, Wanderevents und -veranstaltungen und zwei barrierefreie Wanderwege. Zudem wird für weitere Tourentipps auf das Naturerlebnisportal für Mecklenburg-Vorpommern verlinkt (vgl. Tourismusverband Mecklenburg-Vorpommern e. V. 2016).

Als Flachlandwanderregion unter dem Motto „flach – weit – einzigartig" präsentiert sich der Landkreis Rotenburg (Wümme) in Niedersachsen (vgl. TouROW 2016). Dort wurden 24 Rundwanderwege mit einer Länge von 5 bis 32 Kilometern ins Leben gerufen, die als NORDPFADE vermarktet werden. Entwickelt wurden die Wege nach den Kriterien der „Qualitätswege Wanderbares Deutschland", vier der NORDPFADE sind als „Qualitätsweg Wanderbares Deutschland – Traumtour" ausgezeichnet. Die NORDPFADE werben mit typischer norddeutscher Landschaft, leichten Wanderungen im Flachen und vielen naturnahen und abwechslungsreichen Wegen. Ein Wanderweg der NORDPFADE ist barrierefrei angelegt. (vgl. TouROW 2015, 4 ff.)

Im Vergleich zu Mecklenburg-Vorpommern und den NORDPFADEN in Niedersachsen setzt Schleswig-Holstein hingegen auf andere Profilierungsthemen und räumt dem Thema „Wandern" landesweit einen geringeren Stellenwert ein, auch wenn bereits verschiedene Wege beispielsweise über die Initiative „Wanderbares Deutschland" präsentiert werden, mit dem Nord-Ostsee-Wanderweg eine Streckentour durch Schleswig-Holstein verläuft und die Tourismus-Agentur Schleswig-Holstein auf ihrer Website unter der Kategorie „Aktivitäten" Wandertipps präsentiert (vgl. Tourismus-Agentur Schleswig-Holstein 2016). Auch scheinen die Nordseeinseln von Relevanz für Wanderinteressierte zu sein – so hat etwa der Reiseveranstalter Wikinger Reisen eine geführte Standortwanderreise auf der Insel Amrum im Programm (vgl. Wikinger Reisen GmbH 2016). Dass ein Potenzial für wandertouristische Angebote in Schleswig-Holstein vorliegt, zeigen

Ergebnisse der Gästebefragung Schleswig-Holstein aus dem Jahr 2013 am Beispiel des Landkreises Dithmarschen: Nach „Restaurant/Café besuchen", „Strandaufenthalte", „Faulenzen" und „Einkaufen/Shopping" liegt „Wandern" auf dem fünften Platz der beliebtesten Urlaubsaktivitäten der Gäste, gefolgt vom „Wattwandern" (vgl. NIT 2014, o.S.). Bei Tagesausflüglern aus der Metropolregion Hamburg ist „Spazieren gehen/Wandern" sogar die beliebteste Aktivität, der die Ausflügler in Dithmarschen nachgehen, gefolgt von dem Besuch von „Restaurants, Cafés, Bars etc." und „Einkaufen/Shoppen" (vgl. ift 2011, 72 ff.). Diese Erkenntnisse sowie die allgemein hohe mediale Aufmerksamkeit für das Wandern sind mögliche Gründe, dass auch im nördlichsten Bundesland Deutschlands unter Wahrung der landesweit definierten Profilierungsthemen in letzter Zeit eine verstärkte Beschäftigung mit dem Thema „Wandern" festzustellen ist.

Die Untersuchung anhand der topografischen Gegebenheiten, der präferierten Zielgebiete und der Verteilung der Wanderwege sowie die skizzierten Beispiele bestätigen, dass sich das Wandern bereits zu einem Thema entwickelt hat, das auch in für das Wandern bisher eher ‚untypischen' Regionen wie in Küstenregionen und im Flachland sowohl auf Angebots- als auch auf Nachfrageseite verstärkt Beachtung findet. Wie die Beispiele aufzeigen, sind die Intensität der Beschäftigung mit dem Bereich des Wanderns, die Priorität des Themas und auch der Entwicklungsstand wandertouristischer Infrastruktur dabei unterschiedlich stark ausgeprägt. Auch wenn eine Ausweitung des Angebotsspektrums im Wandern festzustellen ist und neue Wanderziele auf den Markt kommen, liegt weiterhin – gemessen an den bevorzugten Landschaftsformen, den präferierten Zielgebieten bei Wanderurlaubsinteressenten sowie dem Angebot an Wanderwegen – ein starker Fokus beim Wandern auf klassischen Reisezielen in Mittelgebirgen oder in (hoch)alpinem Gelände. Als Ergänzung kann das Wandern außerhalb dieser klassischen Wanderziele jedoch als Thema verstanden werden, das für Regionen etwa im Flachland oder an der Küste Chancen für die Positionierung bietet und/oder als Erweiterung vorhandener infrastruktureller Angebote von Relevanz sein kann.

3. Einflussfaktoren auf das Flachlandwandern

Auf die Entwicklung des Wandertourismus wirkt eine Vielzahl rahmensetzender, nachfrage- und angebotsseitiger Einflussfaktoren ein. Verschiedene Entwicklungen werden auch auf die Rolle und die Bedeutung des Wanderns in Küstenregionen und im Flachland Einfluss nehmen. Dabei lässt sich eine Reihe von Determinanten identifizieren, die das Wandern im Flachland befördern können.

Folgende dieser Faktoren und Entwicklungen, die zum Teil enge Verflechtungen aufweisen, gelten als wesentliche Treiber dieser Entwicklung:

- Demografische Entwicklung
- Gesundheitsorientierung
- Barrierefreiheit
- Landschaftspräferenz und Wohnort
- Ausdifferenzierung der Nachfrage

3.1 Demografische Entwicklung

Auch wenn in Urlaub und Freizeit in fast jeder Altersklasse gewandert wird (vgl. Dreyer/Menzel/Endreß 2010, 79) und unter den aktiven Wanderern alle Bevölkerungsschichten vertreten sind (vgl. BMWi 2010, 25), umfasst weiterhin – trotz des in den Medien häufig dargestellten Booms des Wanderns bei der jüngeren Generation – „die größte Gruppe die Wanderer fortgeschrittenen Alters […]" (Knoll 2016, 37). Als soziodemografischer Einflussfaktor ist neben dem Bildungsgrad das Alter ein entscheidender Faktor, der das Interesse und die Intensität des Wanderns beeinflusst (vgl. BMWi 2010, 40). So ist mit zunehmendem Alter eine steigende Bereitschaft zum Wandern festzustellen, die in der Altersklasse der 65- bis 74-Jährigen ihren Höhepunkt findet (vgl. BMW 2015, 25). Zurück geht die Bereitschaft zum Wandern erst in der Altersklasse 75 Jahre und älter (vgl. BMW 2015, 25), bei der vor allem gesundheitliche Gründe eine Rolle spielen dürften.

Bei Betrachtung einzelner Ausschnitte des Wandermarktes (z. B. Wandern im Urlaub) statt des Gesamtmarktes der Wandernachfrage zeigen sich ähnliche Verteilungen der Altersstruktur, jedoch auch einige Unterschiede. Hinsichtlich der Aktivität „Wandern im Urlaub" ist mit 22 % das größte Interesse in der Altersklasse der 55- bis 64-Jährigen zu verzeichnen, gefolgt von der Altersklasse ab 65 Jahren mit 21 % (vgl. PROJECT M 2014, 17). Bezogen auf die Anteile aller Wanderurlaubsinteressenten Deutschlands führt hingegen die Altersklasse der 45- bis 54-Jährigen mit 22 %, gefolgt von den 55- bis 64-Jährigen mit 19 % (vgl. PROJECT M 2014, 17). Bezogen auf Mittelgebirgswanderer dominiert die Gruppe der 40- bis 59-Jährigen mit 54 %, 26 % der Wanderer sind 60 Jahre und älter (vgl. Brämer 2009, 10 f.).

Nach der 13. Bevölkerungsvorausberechnung des Statistischen Bundesamtes ist davon auszugehen, dass sich die Bevölkerung Deutschlands zukünftig aus vielen Menschen höheren Alters und weniger Menschen jungen und mittleren Alters zusammensetzen wird. Betrug der Anteil der 65-Jährigen und Älteren im Jahr 2013 noch 21 %, ist mit einem Anstieg auf 33 % bis in das Jahr 2060 zu rechnen. Für den Anteil der 20- bis unter 65-Jährigen wird ein Rückgang um 10 Prozentpunkte von 61 % im Jahr 2013 auf 51 % im Jahr 2060 prognostiziert, für den Anteil der unter

20-Jährigen wird von einem Absinken von 18 % auf 16 % ausgegangen. Hinsichtlich der Bevölkerungszahl wird mit einem Rückgang von 80,8 Mio. auf 78,6 Mio. Menschen gerechnet. (vgl. Statistisches Bundesamt 2015, 15 ff.)

Die demografische Entwicklung der Bevölkerung in Deutschland wird als ein Faktor gesehen, der sich positiv auf die weitere Entwicklung des Wandermarktes auswirkt. Zum einen geht mit der demografischen Entwicklung eine steigende Bedeutung freizeitrelevanter Motive einher wie Förderung von Bewegung und Aktivität, Kultur und Bildung, Gesundheit sowie Suche nach sinnlichen Erlebnissen, Genuss oder Wohlbefinden, die auch im Marktsegment des Wanderns eine bedeutende Rolle spielen (vgl. BMWi 2010, 127). Zum anderen wird die Veränderung der Altersstruktur als förderlich für den Wandermarkt eingeschätzt, da gerade ältere Bevölkerungsschichten, die über eine überdurchschnittlich hohe Wanderaffinität verfügen, anteilsmäßig gewinnen werden (vgl. BMWi 2010, 127 f.). Quantitativ wird bis in die Jahre 2025/2030 mit einem leichten Wachstum der Wandernachfrage gerechnet, ab spätestens 2040 wird aufgrund des Rückgangs der Bevölkerung mit sinkenden Zahlen zu rechnen sein (vgl. BMWi 2015, 129 ff.).

Durch die demografische Entwicklung eröffnen sich auch Potenziale für das Wandern in Küstenregionen und im Flachland. So können Regionen im Flachen als Zielgebiet für Wanderer interessant sein, die Wanderungen mit Steigungen in Mittelgebirgen und im (hoch-)alpinem Gelände als zu anstrengend empfinden oder die sich diesen Herausforderungen z. B. aufgrund nachlassender körperlicher Fitness nicht mehr gewachsen fühlen. Dies kann insbesondere für Wanderer in höheren Altersklassen zutreffen. Des Weiteren wird bis in das Jahr 2020 ein Anstieg der Anzahl der Tagesausflüge um 11 % auf rund 3,1 Mrd. prognostiziert, in der die Gruppe der 65 Jährigen die stärkste Nachfragegruppe wird (vgl. BMWi 2010, 130). Von der steigenden Anzahl an Tagesausflügen in Kombination mit der hohen Wanderintensität der bei den Tagesausflügen anteilsmäßig stark zunehmenden älteren Altersklassen können Regionen im Flachland profitieren, da z. B. ausgehend von Norddeutschland Regionen mit Mittel- und Hochgebirgen bei Tagesausflügen nur schwer zu erreichen sind. Mit attraktiven Angeboten für wanderinteressierte Zielgruppen im Tagesausflugsverkehr können Regionen in Küstenregionen und im Flachland diese Entwicklung aufnehmen und für die jeweilige Region nutzen. Allerdings wird zu beachten sein, wie sich der demografische Wandel in einzelnen Quellmärkten vollziehen wird, da von unterschiedlichen Entwicklungen auszugehen ist.[6]

---

6 Zur demografischen Entwicklung in einzelnen Quellmärkten vgl. PROJECT M (2014), 39.

3.2 Gesundheitsorientierung

Gewandert wird aus unterschiedlichen Gründen. Als bedeutendster Beweggrund für das Wandern wird das Naturerlebnis genannt (vgl. z. b. BMWi 2010, 34; Brämer 2009, 14; GfK SE/Eisenstein 2015). Neben Motiven wie z. B. „sich bewegen, aktiv sein", „eine Region erleben" oder „Stress abbauen" ist auch das Thema „Gesundheit" bedeutsam für das Wandern – selbst wenn Primärmotive wie „Genuss" und „Freude" vor dem Sekundärmotiv „Gesundheit" dominieren (Dreyer/Menzel/Endreß 2010, 30). So geben 64 % der befragten Wanderer an, dass sie wandern, um gezielt ihre Gesundheit zu stärken (vgl. BMWi 2010, 114). In der Profilstudie Wandern '08 äußern sogar 70 % der Befragten, dass es Ihnen besonders wichtig ist, durch das Wandern „etwas für die Gesundheit" zu tun (vgl. Brämer 2009, 14 ff.).

Die Bedeutung des Wanderns für Gesundheit und Wohlbefinden ist in verschiedenen Studien untersucht worden.[7] Als Fazit kann festgehalten werden, dass dem Wandern eine Breitbandwirkung wie kaum einer anderen Fitnesssportart zugeschrieben wird (vgl. BMWi 2010, 114). Auch kann das Wandern positiv sowohl auf die physische, die psychische als auch die soziale Gesundheit einwirken (vgl. Dreyer/Menzel/Endreß, 80 f.). Als förderlich für die Entwicklung des Wanderns kann dabei angesehen werden, dass gesellschaftlich insgesamt die Bedeutung von Prävention und Gesundheitsförderung durch Bewegung mittels verschiedener Aktionen und Maßnahmen gestiegen ist (vgl. Endreß/Dreyer 2012, 184).

Nicht nur im Zuge eines generell gesellschaftlich steigenden Gesundheitsbewusstseins, sondern auch infolge des demografischen Wandels eröffnen sich Ansatzpunkte für die Gestaltung wandertouristischer Angebote (vgl. Kap. 3.1). Die Bedeutung des Motivs „Gesundheit" gewinnt dabei mit zunehmendem Alter an Bedeutung (vgl. BMWi 2015, 116; PROJECT M 2014, 14). Wanderungen unter dem Gesundheitsaspekt werden vor allem von den Wanderern als bedeutend erachtet, die mittlere Streckenlängen und Wege mit moderaten Schwierigkeitsgraden absolvieren – vor allem für die wohnortnahe Erholung und den Tagestourismus wird das Thema „Gesundheit" als Handlungsfeld identifiziert, das stärker Beachtung finden sollte (vgl. BMWi 2015, 116).

Die steigende Bedeutung des Gesundheitsmotivs beim Wandern kann das Wandern in Küstenregionen und im Flachland befördern. Wanderungen im Flachland stellen ein niedrigschwelliges Angebot mit geringen Zugangsbarrieren dar. Insbesondere im Vergleich zu (hoch-)alpinem Gelände und auch zu

---

7 Zum Thema „Wandern und Gesundheit" siehe z. B.: Österreichischer Alpenverein (2016); Quack (2015), Endreß/Dreyer (2012), Endreß/Dreyer/Menzel (2010).

Mittelgebirgsregionen profitieren Regionen im Flachland von topografischen Gegebenheiten, die Wanderinteressenten, die geringere körperliche Belastungen suchen und auf Steigungen möglichst verzichten wollen, entsprechende Angebote bieten können. In Verknüpfung mit weiteren gesundheitsfördernden Angeboten und Elementen (z. B. frische Luft) und unter Nutzung der besonderen topografischen Gegebenheiten kann das Wandern im Flachen beispielsweise als ein gesundheitsförderndes Element in ein Gesamtpaket für gesundheitsbewusste Nachfragegruppen integriert werden. Profitieren können die Regionen an den Küsten und im Flachland auch davon, dass dem Thema „Gesundheit" aufgrund der demografischen Entwicklung insbesondere auch bei Tagesauflügen, die von der ansässigen Bevölkerung aufgrund der Erreichbarkeit vor allem in der näheren Umgebung unternommen werden, ein Bedeutungszuwachs zugeschrieben wird.

3.3 Barrierefreiheit

Die Herstellung der Barrierefreiheit ist eine zentrale Zielsetzung des Gesetzes zur Gleichstellung von Menschen mit Behinderungen, um eine Benachteiligung von Menschen mit Behinderungen zu beseitigen und zu verhindern sowie um eine gleichberechtigte Teilhabe am Leben in der Gesellschaft zu gewährleisten und um eine selbstbestimmte Lebensführung zu ermöglichen (vgl. BGG 2016, § 1). Durch barrierefreie Gestaltung der Infrastruktur können auch Wanderwege für Menschen mit Einschränkungen entsprechend zugänglich gemacht werden (vgl. BMWi 2010, 91). Allerdings setzen Naturräume einer barrierefreien Gestaltung Grenzen, so dass „angesichts der bestehenden Nutzungsschwierigkeiten von Wanderwegen durch Menschen mit Behinderungen auf der einen Seite und der z. T. bewegten Topographie mancher Regionen auf der anderen [...] nicht jeder Weg im Freiraum barrierefrei gestaltbar, nicht jedes touristische Ziel erreichbar sein [wird]." (Institut Verkehr und Raum 2005, 94). Hinzu kommt, dass aus Gründen des Naturschutzes stärkere bauliche Veränderungen nicht zulässig oder nicht erwünscht sind (vgl. Institut Verkehr und Raum 2005, 12). Auch erschweren unterschiedliche Ansprüche an die Beschaffenheit eines Weges die barrierefreie Gestaltung von Wegen: So wünschen sich die Wanderer am liebsten naturbelassene Erd- und Graswege, am besten noch in Form schmaler, gewundener Pfade (vgl. DTV und VDGWV 2003, 12).

Vor dem Hintergrund der demografischen Entwicklung mit einer Zunahme älterer Bevölkerungsschichten und des damit erwarteten höheren Anteils an mobilitätseingeschränkten und/oder behinderten Menschen gewinnt die barrierefreie Gestaltung der Wanderinfrastruktur zukünftig an Bedeutung, wenn Wanderwege für diese Zielgruppen zugänglich gemacht werden sollen – insbesondere vor dem

Hintergrund des hohen Anteils älterer Bevölkerungsgruppen beim Wandern. Naturräume in Küstenregionen und im Flachland ermöglichen aufgrund ihrer topografischen Gegebenheiten eine einfachere Realisierung barrierefreier Wanderwege als Wanderwege in Regionen im Mittel- und Hochgebirge, auch wenn in Regionen mit Höhenunterschieden barrierefreie Wanderangebote in Teilbereichen mit einer weniger bewegten Topografie realisierbar sind. Bei der Schaffung barrierefreier Wanderangebote wird es darauf ankommen, die unterschiedlichen Anforderungen an die Gestaltung von Wegen, Fragen des Naturschutzes und der Landschaftsästhetik sowie die Herausforderung, auch barrierefreie Wanderwege interessant und abwechslungsreich in attraktiven Räumen anzulegen, aufeinander abzustimmen und in Einklang zu bringen.

3.4 Landschaftspräferenz und Wohnort

Wie eingangs ausgeführt sind neben den Mittelgebirgen als beliebteste Landschaftsform auch topografische Gebiete außerhalb dieser ‚klassischen Wanderregionen' präferierte Wanderziele geworden: Nach der „Grundlagenuntersuchung Freizeit- und Urlaubsmarkt Wandern" bevorzugen 30 % der aktiven Wanderer als Landschaftsform die Küstenregionen und das Flachland, 29 % unternehmen am liebsten leichte Wanderungen im Flachen (vgl. BMWi 2010, 26 f.). Dabei zeigt sich, dass sich die Vorlieben für eine bestimmte Landschaftsform zum Großteil mit den Landschaftsformen im eigenen Wohnumfeld decken. Beispielsweise bevorzugen 57 % der aktiven Wanderer aus Schleswig-Holstein und Bremen das Flachland, in Mecklenburg-Vorpommern und Brandenburg sind es 55 % (vgl. BMWi 2010, 26). Festzustellen ist allerdings auch, dass eine überdurchschnittliche Präferenz für Landschaftsformen zu verzeichnen ist, die räumlich oder topografisch weit entfernt von der Landschaftsform des eigenen Wohnumfeldes liegen: So zeigen beispielsweise die aktiven Wanderer aus Hamburg (18 %) und Mecklenburg-Vorpommern (16 %) die höchste Präferenz für das Hochgebirge als Wanderregion (vgl. BMWi 2010, 26).

Gebiete in Küstenregionen und im Flachland können aus dem Zusammenhang zwischen Landschaftspräferenz und Wohnort in zweierlei Hinsicht Rückschlüsse für die Gestaltung und die Vermarktung von Wanderangeboten ziehen. Neben der – aufgrund der zum Teil mangelnden Erreichbarkeit alternativer Landschaftsformen – ‚erzwungenen' Wahl der Küstenregionen und des Flachlands durch die vor Ort ansässigen Wanderer bei Tagesausflügen mit Wanderungen besteht zudem Potenzial, die hohe Präferenz der Wanderer vor Ort für das Flachland als Wanderregion bewusst aufzugreifen und Angebote bereitzustellen. Auf diese Weise könnte zusätzliche Nachfrage aus dem näheren Umfeld für Tageswanderungen oder auch für Urlaubsreisen mit Wanderaktivität generiert werden. Zudem können Angebote geschaffen werden, „die einen gewissen Kontrapunkt zur eigenen landschaftlichen Umgebung darstellen" (BMWi 2010, 26), um Wanderinteressenten aus Regionen mit anderen topografischen Gegebenheiten anzusprechen. Allerdings wird zu prüfen sein, ob vor dem Hintergrund der erforderlichen Investitionen und der Konkurrenz auf dem Wandermarkt mit einer derartigen Strategie ausreichend Nachfrage generiert werden kann oder ob mit anderen Strategien potenzialträchtigere Themen verfolgt werden können, die als erfolgreicher für die Positionierung der Regionen anzusehen sind.

Abb. 4: Präferenz für das Flachland bei aktiven Wanderern nach ausgewählten Bundesländern[8]

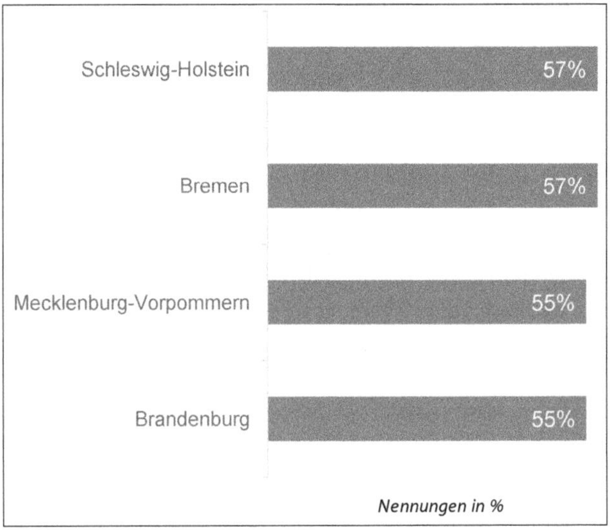

Bundesland	Nennungen in %
Schleswig-Holstein	57%
Bremen	57%
Mecklenburg-Vorpommern	55%
Brandenburg	55%

3.5 Ausdifferenzierung der Nachfrage

Insbesondere seit Anfang der 2000er-Jahre wird, nicht nur im Tourismus, die Multioptionalität „im Sinne eines Bedürfnisses nach einer möglichst grossen, kurzfristig zugänglichen Angebotsvielfalt auf dem Hintergrund u.a. der Individualisierung" (Bieger/Laesser 2003, 16) als ein Trend auf der Nachfrageseite diskutiert. Dies hat zu einer Ausdifferenzierung der Angebote geführt und es sind kleinere Marktsegmente entstanden, die zielgruppenspezifisch anzusprechen sind. Auch im Freizeit- und Urlaubsmarkt „Wandern" sind verschiedene An-

---

8   Quelle: Eigene grafische Darstellung nach BMWi 2010, 26.

gebote für unterschiedliche Interessen und Bedürfnisse entstanden. Auch gibt es im Wandern nicht „den ‚typischen' Wanderer" (Dreyer/Menzel/Endreß 2010, 97), sondern eine starke Ausdifferenzierung der Wünsche und Bedürfnisse. Die Vielfalt der Bedürfnisse und Interessen der Wanderer führt dazu, dass sich die Wanderer als eine einheitliche Zielgruppe nicht mehr charakterisieren lassen. Auch im Bereich des Wanderns sind damit „keine lupenreinen Trennungen zwischen dem Ausleben der verschiedenen Trends möglich, da man je nach Lust und Laune oder aus anderen Gründen mal das eine, dann das andere Angebot präferiert und nutzt." (Knoll 2016, 59).

Vor dem Hintergrund der Rolle und der Bedeutung des Flachlandwanderns ist die Beantwortung der Fragestellung von Interesse, ob sich die Ausdifferenzierung der Nachfrage – unabhängig von Aspekten wie Erreichbarkeit von Wandergebieten – auch auf die Landschaftsform auswirkt, in der die Wanderer unterwegs sein möchten. Eine Untersuchung bei Wanderern in Mittelgebirgen kommt beispielsweise zu dem Ergebnis, dass für diese Wanderer das Flachland als Wanderdestination kaum eine Rolle spielt: „Flachlanddestinationen reizen, obwohl es ihnen weder an (Sicht-)Weite noch an Wasser mangelt, mit 10 % lediglich eine kleine Minderheit der Befragten. Wer im Mittelgebirge unterwegs ist, sucht offenbar vor allem das Relief. Vermutlich spielt hierbei aber auch die relative Waldarmut des Flachlands eine Rolle, sind doch die deutschen Mittelgebirge weitestgehend Waldgebirge." (Brämer 2006, 53). Bezogen auf Landschaftsformen scheint demnach nur eine eher geringe Neigung vorzuliegen, andere als die gewählte Landschaftsform aufzusuchen. Zu ähnlichen Schlussfolgerungen kommen Dreyer/Menzel/Endreß (2010, 33): „Das Wandern im Flachland und in den Alpen ist kaum vergleichbar mit dem Wandern im Mittelgebirge. Folglich besteht hier nur eine mittelbare Konkurrenz." Allerdings gibt es auch Wanderer, die nicht auf eine bestimmte Landschaftsform festgelegt sind. Während eine Reihe von Urlaubs- und Tageswanderern „in jeglicher Form von Landschaft unterwegs [ist], wandern andere Wandertouristen bevorzugt in Flachland-, Mittelgebirgs- oder Hochgebirgsregionen." (Götz 2010, 46).

Auf Basis dieser Erkenntnisse scheint die Präferenz für eine Landschaftsform eher in geringem Maße der Ausdifferenzierung der Wünsche und Bedürfnisse zu unterliegen, auch wenn ein Teil der Wanderer offen für verschiedene Landschaftsformen ist. Wer eine bestimmte Landschaftsform bevorzugt, ist demnach scheinbar weniger bereit, Angebote mit alternativen topografischen Gegebenheiten auszuwählen. Vor dem Hintergrund einer alternden Bevölkerung sowie des Bedeutungszuwachses bei den Themen „Gesundheit" und „Barrierefreiheit" kann es für Regionen an der Küste und im Flachland allerdings durchaus interessant sein, diesen Aspekt nicht aus den Augen zu verlieren, um ggf. dennoch als interessante Wanderalternative etwa bei nachlassender körperlicher Fitness im Alter in den Fokus rücken zu können.

4. Fazit und Ausblick

Neben den Mittelgebirgen als ‚klassische Wanderregionen' und Regionen im (hoch-)alpinen Gelände sind in Deutschland zusehends auch Gebiete und Landschaften außerhalb dieser ‚typischen' Wanderziele auf dem Wandermarkt präsent. Dies betrifft nicht nur bisher eher unbekanntere Mittelgebirge, sondern auch die Küstenregionen und das Flachland. Die Relevanz der Urlaubs- und Freizeitaktivität „Wandern" wird dabei auch seitens der Nachfrager – sowohl von den aktiven Wanderern als auch von den Nicht-Wanderern – nicht nur Gebirgslandschaften zugeschrieben (vgl. BMWi 2010, 33). Vielmehr wird Wandern als Aktivität wahrgenommen, die überall ausgeübt werden kann (vgl. BMWi 2010, 33). Das Wandern in ‚neuen' Wanderregionen an der Küste und im Flachland findet dabei bereits statt und hat sich für diese Regionen zu einem als relevant anzusehenden Thema für Urlaub und Freizeit entwickelt.

Die Beschäftigung mit dem Thema „Wandern" ist in den Küstenregionen und im Flachland Deutschlands bisher unterschiedlich stark ausgeprägt. Während beispielsweise das Bundesland Mecklenburg-Vorpommern u.a. über die Initiative „Wanderbares Deutschland" das Thema bewusst vermarktet oder sich der Landkreis Rotenburg (Wümme) in Niedersachen mit den NORDPFADEN als Flachlandwanderregion positioniert hat, ist etwa in Schleswig-Holstein ein geringerer Stellenwert des Wanderns in der Produktgestaltung und Vermarktung zu verzeichnen. Präferierte Zielgebiete von Wanderurlaubsinteressenten in Deutschland, bevorzugte Landschaftsformen und Schwierigkeitsgrade der aktiven Wanderer und das vorhandene Angebot an Wanderwegen bestätigen und zeigen, dass das Wandern in flachen Regionen seitens der Nachfrage und (in Teilen) auch bereits seitens des Angebotes angenommen worden ist.

Befördert werden kann die zukünftige Bedeutung des Wanderns in Küstenregionen und im Flachland durch eine Reihe von Entwicklungen und Faktoren, die dem Wandern im flachen Gelände entgegenkommen. So können die zunehmende Alterung der Gesellschaft und der prognostizierte Anstieg der Gruppe der 65-Jährigen bei Tagesausflügen, verbunden mit einer steigenden Bedeutung der Themen „Gesundheit" und „Barrierefreiheit", einen Anstieg der Nachfrage nach Angeboten in einfacher zu begehbarem und auch für Tagesausflüge erreichbarem Gelände nach sich ziehen. Auch die hohe Landschaftspräferenz von Wanderern in flachen Regionen für das Flachland und die möglicherweise steigende Bereitschaft im Zuge der Ausdifferenzierung der Nachfrage, verschiedene Landschaftsformen zu wählen, können die Entwicklung des Wanderns in Küstenregionen und im Flachland begünstigen.

Trotz der vorhandenen Relevanz des Flachlandwanderns in Deutschland wird nicht zu erwarten sein, dass Küstenregionen und das Flachland zu den neuen Wanderdestinationen der Zukunft aufsteigen werden und die klassischen Wanderziele in den Mittelgebirgen und im (hoch-)alpinen Gelände ersetzen. Dafür unterscheiden sich die einzelnen Regionen und die damit verbundenen Wünschen und Bedürfnisse der Wanderer zu stark: „Zwischen Flachland-, Mittelgebirgs- und Hochgebirgswandern bestehen prägnante Unterschiede. Jede dieser drei Arten von Wanderern weisen eigene Charakteristika und Motive auf." (Görtz 2010, 47). Demnach dürfte es wenn überhaupt nur wenigen Regionen an Küsten und im Flachland gelingen, sich als reine Wanderdestination am Markt zu positionieren und zu etablieren. Vielmehr kann als chancenreicher angesehen werden, das Thema „Wandern" ggf. als einen ergänzenden Baustein aufzugreifen und gezielt in das Angebotsportfolio der Destination zu integrieren, etwa als saisonverlängernde Maßnahme. Insgesamt wird für die Regionen an Küsten und im Flachland allerdings auch grundsätzlich die Frage zu beantworten sein, ob Investitionen in das Thema „Wandern" als sinnvoll erscheinen oder ob stattdessen eine Konzentration auf andere Themen Erfolg versprechender sein kann.

Sollten Küstenregionen und Regionen im Flachland auf das Thema „Wandern" setzen, bietet beispielsweise eine Konzentration auf wohnortnahe Erholung, auf Tagesausflügler oder auf Wandergäste, die gezielt einen Kontrapunkt zu Landschaftsformen in ihrer Heimatumgebung suchen, einen Ansatzpunkt. Ebenfalls kann eine Wanderinfrastruktur für vorhandene Gäste, die nicht ausschließlich als Wanderurlauber in die Destination kommen, das Angebotsportfolio der Region ergänzen und bereichern. So kann etwa ein Wanderangebot in Küstennähe bei frischem oder windigem Wetter als Alternative zum Aufenthalt am Strand oder zum Rad fahren infrage kommen. Auch können Wanderangebote in Küstenregionen und im Flachland neben einer Attraktivitätssteigerung auch zur Saisonverlängerung führen, wenn entsprechende Pakete geschnürt werden. Zielgruppengerechte Angebote mit Wanderelementen können dabei an den verschiedensten Aspekten anknüpfen und Wünsche und Bedürfnisse der Gäste und der einheimischen Bevölkerung aufgreifen: Eine Verbindung mit besonderen Naturerlebnissen, Vernetzung mit anderen Sport- und Aktivangeboten, Schaffung von Angeboten mit Bezug zu den Themen „Gesundheit" oder „Barrierefreiheit", Wanderkomponenten im Zusammenspiel mit den Themen „Slow Tourism" oder „Spiritualität" bieten einige Ansatzpunkte. Eine Option sind dabei Angebote, die auf wanderähnliche Spaziergänge setzen[9]. Diese können zum Beispiel als Baustein mit Veranstaltungsprogrammen oder mit Gesundheitsangeboten verknüpft werden und auch bisherige Nichtwanderer zum Spazieren gehen oder auch zum Wandern animieren (vgl. Brämer 2015, 18 ff.). Insbesondere wenn es bei der Entwicklung von Angeboten gelingt, einen Mehrwert zu schaffen, den Regionen in Mittelgebirgen oder im (hoch-)alpinem Gelände nicht bieten können, steigen die Chancen, interessierte Nachfrager für das geschaffene Produkt zu gewinnen. Beispiele hierfür sind das Wattwandern oder Gesundheitsangebote mit Wandern im Reizklima der Nordsee.

Auch wenn die Chancen vielversprechend erscheinen, wird es nicht für jede Region sinnvoll sein, auf das Thema „Wandern" zu setzen. Eine wesentliche Basis ist das Vorhandensein geeigneter landschaftlicher Potenziale, die für Wanderer attraktiv genutzt werden können. Ohne landschaftliche Vielfalt und abwechslungsreiche natürliche Elemente wird es kaum möglich sein, ein marktfähiges Wanderangebot aufzubauen. Auch sind die Lage zu den Quellmärkten und die prognostizierte Entwicklung in den Quellmärkten im Zuge der demografischen Entwicklung in Betracht zu ziehen, um ausreichend Nachfrage generieren zu können. Zudem sind die Kosten für Implementierung und Pflege der Wanderinfrastruktur nicht zu unterschätzen. Hier wird die Frage zu beantworten sein, ob die notwendigen Erst- und Ersatzinvestitionen vorgenommen und die Wartung finanziell und personell abgesichert werden können. Auch die Kosten-Nutzen-Relation wird abzuwägen sein, wenn ein stärkeres Engagement im Bereich des Wanderns in Betracht gezogen wird. Sollten sich Küstenregionen und Regionen im Flachland für eine Positionierung auf dem Wandermarkt entscheiden, wird hier – wie in den klassischen Wanderregionen auch – die Entwicklung eines konsistenten und qualitativ hochwertigen Wanderangebotes ausgerichtet an den Bedürfnissen der Zielgruppe unabdingbar sein, um mit diesem Angebot am Markt punkten und sich als Wanderziel positionieren zu können.

Literaturverzeichnis

Bieger, T. und Laesser, C. (2003): Tourismustrends – Eine aktuelle Bestandsaufnahme. In: Bieger, T. und Laesser, C. (2003): *Jahrbuch der Schweizerischen Tourismuswirtschaft 2002/2003*. Institut für Öffentliche Dienstleistungen und Tourismus der Universität St. Gallen. St. Gallen. S. 13–37.

---

9   Brämer (2015, 10) spricht in diesem Zusammenhang von einem ‚Wandern light', dem ‚Spazierwandern'.

Brämer, R. (2015): *Spazierwandern. Das kleine Wandererlebnis zwischendurch. Oder: Die anspruchsvolle Alternative für Spaziergänger.* http://www.wanderforschung.de/files/spazierwandern-5_1504151422.pdf. Abrufdatum 06.01.2017.

Brämer, R. (2009): *Profilstudie Wandern '08. 1. Basismodul „Wer wandert warum?"* http://www.wanderforschung.de/files/prostu0811249833531.pdf. Abrufdatum 06.01.2017.

Brämer, R. (2006): *Profilstudie Wandern '05/'06. Wandertouristische Zielgruppen.* http://www.wanderforschung.de/files/prostu060-korrektur1251264511.pdf. Abrufdatum 06.01.2017.

Brämer, R. und Gruber, M. (2005): *Profilstudie Wandern '04. Grenzenlos Wandern.* Marburg.

Bundesministerium für Wirtschaft und Technologie (BMWi) (Hg.) (2010): *Grundlagenuntersuchung Freizeit- und Urlaubsmarkt Wandern.* Berlin. (= Forschungsbericht Nr. 591)

Deutscher Tourismusverband (DTV) und Verband Deutscher Gebirgs- und Wandervereine (VDGWV) (Hg.) (2003): *Qualitätsoffensive Wandern. Empfohlene Gütekriterien für Wanderwege, wanderfreundliche Gastgeber und Wanderprospekte.* Bonn/Kassel.

Deutscher Wanderverband (DWV) (Hg.) (2016a): *Wir über uns.* http://www.wanderverband.de/conpresso/_rubric/index.php?rubric=Verband+Wir-ueber-uns. Abrufdatum 04.08.2016.

Deutscher Wanderverband (DWV) (Hg.) (2016b): *Wandern in Deutschland.* http://www.wanderbares-deutschland.de. Abrufdatum 04.08.2016.

Deutscher Wanderverband (DWV) (Hg.) (2016c): *Wanderregion Mecklenburg-Vorpommern.* http://www.wanderbares-deutschland.de/region/mecklenburg-vorpommern.html. Abrufdatum 05.08.2016.

Dreyer, A. und Menzel, A. (2009): Wandertourismus – die neue Lust. Wie Sport und Aktivitäten immer mehr Einzug in den Urlaub halten. In: Scharenberg, S. und Wedemeyer-Kolwe, B. (Hg.) (2009): *Grenzüberschreitung: Sport neu denken. Festschrift zum 65. Geburtstag von Prof. Dr. Arnd Krüger.* Hoya. S. 72–97.

Dreyer, A., Menzel, A. und Endreß, M. (2010): *Wandertourismus. Kundengruppen, Destinationsmarketing, Gesundheitsaspekte.* München.

Endreß, M. und Dreyer, A. (2012): Wandertourismus und Gesundheit – Gesundheitsförderung durch bedürfnisorientierte Produktgestaltung. In: Pechlaner, H., Hopfinger, H., Schön, S. und Antz, C. (Hg.) (2012): *Wirtschaftsfaktor Spiritualität und Tourismus. Ökonomisches Potenzial der Werte- und Sinnsuche.* Berlin. (= Schriften zu Tourismus und Freizeit, Band 13).

FOCUS Magazin (2015): Titel „Abenteuer Wandern". Ausgabe Nr. 32 vom 01.08.2015.

Gesetz zur Gleichstellung von Menschen mit Behinderungen (BGG) vom 27.04.2002, zuletzt geändert am 23.12.2016.

GfK SE und Eisenstein, B. (Hg.) (2015): *GfK/IMT DestinationMonitor Deutschland (Reiseplanungen 2013)*. Nürnberg/Lübeck.

Görtz, M. (2010): Wandern in Deutschland 2009. Präsentation vom 18.10.2010. In: *Ergebnisprotokoll zum Workshop mit der Rheinland-Pfalz-Tourismus GmbH*.

ift Freizeit und Tourismusberatung GmbH (Hg.) (2011): *Tagesreiseverhalten der Bewohner der Metropolregion Hamburg. Endbericht mit Handlungsempfehlungen*. Köln.

inspektour GmbH (Hg.) (2016): *Destination Brand 16. Studie zur Themenkompetenz deutscher Reiseziele*. Hamburg.

Institut für Tourismus- und Bäderforschung in Nordeuropa GmbH (Hg.) (2014): *Landesweite Gästebefragung Schleswig-Holstein 2013 (GBSH 2013)*. Unveröffentlicht. Abrufbar unter www.t-fis.de.

Institut Verkehr und Raum (Hg.) (2005): *FreiRaum – Planungsleitfaden für die barrierefreie Gestaltung von Wanderwegen*. Erfurt.

Knoll, G.M. (2016): *Handbuch Wandertourismus*. Konstanz/München.

Menzel, A. und Dreyer, A. (2009): Wandern – die neue Lust. In: Bastian, H., Dreyer, A. und Groß, S. (Hg.) (2009): *Tourismus 3.0. Fakten und Perspektiven*. Hamburg. S. 263–290. (= Schriftenreihe Dienstleistungsmanagement: Tourismus, Sport, Kultur. Band 9).

Menzel, A., Endreß, M. und Dreyer, A. (2008): *Wandertourismus in deutschen Mittelgebirgen. Produkte – Destinationsmarketing – Gesundheit*. Hamburg. (= Schriftenreihe Dienstleistungsmanagement: Tourismus, Sport, Kultur).

Österreichischer Alpenverein (Hg.) (2016): *Bergsport & Gesundheit. Tagungsband zum Fachsymposium*. Innsbruck.

PROJECT M GmbH (Hg.) (2014): *Wanderstudie. Der Deutsche Wandermarkt 2014*. Berlin.

Quack, H.-D. (Hg.) (2015): *Wandern und Gesundheit. Konzepte und Erfahrungen für einen wachsenden Markt*. Berlin. (= Blickpunkt Wandertourismus. Band 1)

Roth, R., Jakob, E. und Türk. S. (2003): Wohin geht die Reise? – Aktuelle Trends in den Natursportarten. In: Deutscher Sportbund (Hg.) (2003): *Sport und Tourismus. Dokumentation des 10. Symposiums zu nachhaltigen Entwicklung des Sports vom 28.-29. November 2002 in Bodenheim/Rhein*. Frankfurt. S. 38–44. (= Schriftenreihe „Sport und Umwelt" des Deutschen Sportbundes).

Statistisches Bundesamt (Hg.) (2015): *Bevölkerung Deutschlands bis 2060. 13. Koordinierte Bevölkerungsvorausberechnung.* Wiesbaden.

Steinecke, A. (2006): *Tourismus. Eine geographische Einführung.* Braunschweig.

Tourismus-Agentur Schleswig-Holstein GmbH (2016): *Wandern.* https://www.sh-tourismus.de/aktivitaet/zu-fuss. Abrufdatum 12.04.2017.

Tourismusverband Mecklenburg-Vorpommern e. V. (Hg.) (2016): *Wandern zwischen Ostsee und Seenplatte. Mecklenburg-Vorpommern zu Fuß entdecken.* http://www.auf-nach-mv.de/wandern. Abrufdatum 05.08.2016.

Touristikverband Landkreis Rotenburg zwischen Heide und Nordsee e. V. (TouROW) (Hg.) (2016): *NORDPFADE. Tourenbegleiter.* 2. Aufl. Rotenburg (Wümme).

Touristikverband Landkreis Rotenburg zwischen Heide und Nordsee e. V. (TouROW) (Hg.) (2015): *Herzlich willkommen auf den NORDPFADEN!* http://www.nordpfade.info. Abrufdatum 05.08.2016.

Vogt, L. (2009): *Wandern und Trekking als Freizeitaktivität und Marktsegment im Naturtourismus. Ein Überblick über den Stand der Kenntnisse und ein Ausblick auf landschaftsplanerische Konsequenzen.* In: Naturschutz und Landschaftsplanung. Band 41. Heft 8. S. 229–236.

Wahl, I. (2012): *Qualitätszertifizierung im Wandertourismus. Die Rolle der Qualitätszertifizierung für die Vermarktung von Wanderwegen.* Saarbrücken.

Wikinger Reisen GmbH (2016): *Amrum – Insel der Freiheit.* https://www.wikinger-reisen.de/wandern/deutschland/5666.php. Abrufdatum 05.08.2016.

Eric Horster

Barrierefreies Webdesign im Tourismus[1]

1. Zum Verständnis der Barrierefreiheit im Internet

Wenn Menschen nicht an gesellschaftlichen Prozessen teilnehmen können, widerspricht dies der Gleichbehandlung und damit der Barrierefreiheit. Auch im Internet können derartige Barrieren auftauchen. Dabei müssen sich diese nicht zwingend auf Menschen mit Behinderung beziehen. Wenn bei der Gestaltung einer Website vorab definierte Prinzipien beachtet werden, dann können diese helfen, potenzielle Barrieren abzubauen – unabhängig davon, ob dies Barrieren für Menschen mit Behinderung darstellen oder ob es eine unmittelbare Hilfe für Menschen, die keinerlei Einschränkungen haben, ist. Barrierefreiheit im Internet sollte daher als Service für die Nutzer eines Webangebotes verstanden werden. Dieser Auffassung folgend wäre eine barrierefrei gestaltete Website nicht nur eine Option, sondern vielmehr Teil einer jeden digitalen Gestaltung (vgl. de Oliveira 2013, 9).

Ein barrierefreier Zugang zu Webangeboten ist insbesondere für touristische Produkte elementar, da sich bei diesen um ein Informationsprodukt handelt. Der Kunde bezieht beim Zeitpunkt der Buchung lediglich ein Leistungsversprechen, welches in der Regel aus Informationen besteht (vgl. Eisenstein 2014, 102–104). Diese Informationen finden sich zunehmend im Internet. Da touristische Destinationen oftmals auch einem politischen Auftrag nachkommen, kann über eine barrierefreie Websitegestaltung ein Beitrag zu einem gleichberechtigten Zugang

---

1 Hinweis: Teile dieses Artikels sind in ähnlicher Form im Rahmen der Erstellung des Moduls „Digitales Tourismusmarketing" für den Online-Masterstudiengang Tourismusmanagement verwendet worden, der im Rahmen des Projekts „Offene Hochschulen in Schleswig-Holstein: Lernen im Netz, Aufstieg vor Ort (LINAVO)" entwickelt wurde. Veröffentlichte Ergebnisse sind auf http://linavo.oncampus.de/loop/LINAVO zu finden. Das Teilvorhaben Tourismusmanagement wurde aus Mitteln des Bundesministeriums für Bildung und Forschung und aus dem Europäischen Sozialfonds der Europäischen Union unter dem Förderkennzeichen FKZ 16OH11060 gefördert. Der Europäische Sozialfonds ist das zentrale arbeitsmarktpolitische Förderinstrument der Europäischen Union. Er leistet einen Beitrag zur Entwicklung der Beschäftigung durch Förderung der Beschäftigungsfähigkeit, des Unternehmergeistes, der Anpassungsfähigkeit sowie der Chancengleichheit und der Investition in die Humanressourcen.

zu wichtigen touristischen Informationen geleistet werden, welche die Basis für eine Reiseentscheidung darstellen.

Die Barrierefreiheit im Internet folgt dabei verschiedenen Prinzipien, die beachtet werden sollten. Übergeordnet können die Grundsätze *Mehrkanalprinzip*, *Selbstständigkeit* und *Allgemeingültigkeit* extrahiert werden.

In Sinne des *Mehrkanalprinzips* ist es elementar, dass Informationen mindestens über zwei verschiedene Sinne aufgenommen werden können. Ein Youtube-Video mit Untertitel würde beispielsweise sowohl den Sehsinn als auch den Gehörsinn ansprechen und wäre damit sowohl für Menschen mit einer Sehbehinderung als auch für Gehörlose rezipierbar. Die Rezeption von Webinhalten sollte zudem ohne fremde Hilfe möglich sein, um den Grundsatz der *Selbstständigkeit* zu wahren. Das dritte Prinzip folgt der *Gleichstellungsidee* und ist daher ebenso elementar. Daher sollte ein Webangebot konzipiert werden, welches dann für alle zugänglich ist – unabhängig davon, welches Endgerät jeweils zur Verfügung steht (vgl. de Oliviera 2013, 12–16).

Die genannten Prinzipien sind eng verknüpft mit der Gestaltpsychologie. In dieser wird angenommen, dass Reize zunächst spontan gruppiert und geordnet werden. Erst mit zunehmender Beschäftigung erfolgt eine Analyse der wahrgenommenen Informationen (vgl. Thielsch 2008, 28). Damit verbunden ist die Auffassung, dass die menschliche Wahrnehmung objektivierbaren Prinzipien folgt, die bei jedem Menschen gleich sind. Die Gestaltpsychologie „beschäftigt sich damit, wie das menschliche Gehirn wahrgenommene Reize verarbeitet und aus den Teilen etwas Ganzes konstruiert, das mehr ist als die Teile alleine" (Moser 2012, 186). Aus dieser Grundannahme entwickelten sich verschiedene Gestaltgesetze, die auf den Organisationsprozessen der menschlichen Wahrnehmung beruhen. Die Wahrnehmungsmuster helfen dabei, die menschliche Informationsverarbeitung zu erklären (vgl. Moser 2012, 186 sowie Mangold 2007, 100). Sie haben dabei sowohl wissenschaftliche als auch praktische Relevanz (vgl. Thielsch 2008, 28). Auf Basis dieses Verständnisses von Barrierefreiheit gepaart mit der Gestaltpsychologie lassen sich auch Regeln für Websites entwickeln.

2. Grundsätze bei der Gestaltung von Websites

Die Gestaltprinzipien der Wahrnehmung lassen sich in drei dominierende Gruppen gliedern, welche alle das Ziel verfolgen, aus einem visuellen Angebot eine möglichst gute Gestalt herauszuarbeiten. Die menschliche Wahrnehmung trennt erstens nach *Figur und Grund*, zweitens bildet sie *Konturen* heraus und drittens *gruppiert* sie je nach Dargebotenem individuell (vgl. Mangold 2007, 100). Aus den genannten Verarbeitungsmustern lassen sich Grundsätze für die Gestaltung von Websites ableiten.

2.1 Visuelles Design

Jeder eingehende Reiz wird vom Menschen auf eine bestimmte Art und Weise aufgenommen, selektiert und weiterverarbeitet. Dabei wird bei der visuellen Wahrnehmung zwischen einem zentralen und einem peripheren Sichtfeld unterschieden (vgl. Abb. 1). Dies kann bei der Websitegestaltung genutzt werden. Wenn Menschen auf ein komplexes Informationsangebot wie beispielsweise eine Internetseite stoßen, so ist „eine wichtige Vorleistung des visuellen Wahrnehmungssystems, dass einzelne Objekte als Einheit erfasst werden" (Mangold 2007, 102).

Das periphere Sichtfeld hilft dabei, den Überblick zu bewahren, wenn ein komplexes Informationsangebot wahrgenommen werden muss. Die Informationen, die Menschen aufnehmen, sind also zunächst nur oberflächlich erfasst und werden erst in einem zweiten Schritt über das zentrale Sichtfeld im Detail begriffen (vgl. Moser 2012, 185).

Zur oberflächlichen Erfassung verläuft die Informationsaufnahme zunächst in Reaktion auf Reize und ist daher reflexartig (vgl. Eberhard-Yom 2010, 16). In diesem Prozess kommt es der Gestaltpsychologie zufolge zu einer Wahrnehmungsreaktion: „Die Trennung von Figur und Grund ist ein weitgehend automatisierter Prozess und kann kaum willentlich unterdrückt werden" (Mangold 2007, 101). Es ist also wichtig, dass ein Webangebot deutliche Kontraste aufweist, damit eine solche Trennung möglich wird, welche die Basis der Orientierung ist. Denn: „Ein Design ohne Kontrast wird als graue, nichtssagende Masse wahrgenommen. Der Blick des Betrachters schweift dann ziellos umher, ohne einen festen Anker zu finden" (Garrett 2012, 139). Daher wird analog zum visuellen Design auch der Begriff „visuelles Guiding" verwendet.

Abb. 1: Zentrales und periphäres Sichtfeld²

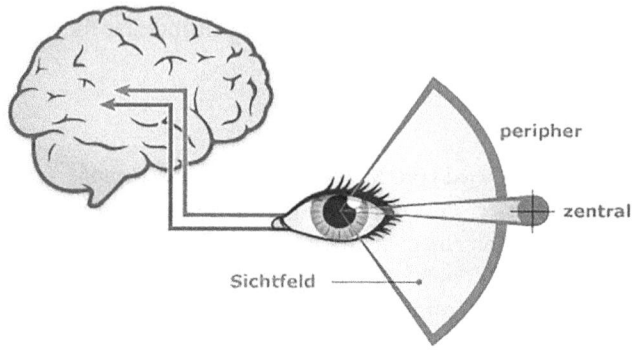

Wenn Figuren unvollständig sind ist die menschliche Wahrnehmung in der Lage, diese zu ergänzen, indem sie eigenständig Konturen ausbildet. Dies kann jedoch bei einer unklaren Gestaltung zu nicht erwünschten Konsequenzen führen: „Sie sollten visuelle Designideen nicht lediglich danach beurteilen, was ästhetisch ansprechend erscheint. Vielmehr sollten Sie Ihre Aufmerksamkeit auch darauf richten, wie gut sie funktioniert" (Garrett 2012, 137). Das Ziel ist also eine Kombination aus funktionalem und ästhetischem Informationsangebot.

Ergänzend dazu postuliert die Hypothesentheorie der Wahrnehmung, dass „jedem Wahrnehmungsvorgang Hypothesen zugrunde (liegen), also Annahmen der Personen über die Beschaffenheit der Welt" (Mangold 2007, 118). Dementsprechend muss ein Informationsangebot nicht jedes Mal von Neuem analysiert werden. Dies bietet den Vorteil, dass auch mehrdeutige und unvollständige Informationen verstanden werden können, wenn die Informationsarchitektur die bisherigen Erfahrungen der Nutzer mit einem Internetangebot antizipiert (vgl. Mangold 2007, 114). Konkret bedeutet dies auch, dass touristische Angebote im Internet sich an gängige Standards bei der Strukturierung der Internetseite halten sollten. Im Folgenden werden die genannten Wahrnehmungsansätze der Gestaltpsychologie vorgestellt und ihre Implikationen für eine barrierefreie Websitegestaltung erläutert.

2.2 Gesetz der Einfachheit

Das **Gesetz der Einfachheit** besagt, dass das Auge die einfachste Form zuerst entziffert und wahrnimmt, wenn Figuren auf unterschiedliche Art und Weise

---

2 Quelle: Eigene Darstellung basierend auf www.kommdesign.de/texte/animation.html (abgerufen am 10.04.2013).

interpretiert werden können (vgl. Moser 2012, 186). So werden in Abbildung 2 beispielsweise die beiden Quadrate unmittelbar wahrgenommen. Komplexere Formen, wie die äußeren Dreiecke werden erst später erkannt.

Abb. 2: Gesetz der Einfachheit[3]

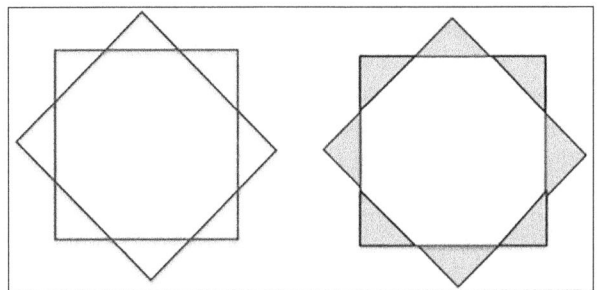

Eine Regel beim Webdesign kann daher sein, dass die Elemente einer Internetseite insgesamt aus einfachen Formen bestehen sollten. Betrachtet man die in Abbildung 3 dargestellten Seitenelemente auf der Website von Rheinland-Pfalz Tourismus, so wird deutlich, weshalb die Formen auf der Website einfach vom menschlichen Auge zu entschlüsseln sind: Die einzelnen Elemente sind durch horizontale und vertikale Bereiche klar voneinander getrennt.

Abb. 3: Gesetz der Einfachheit auf der Website von Rheinland-Pfalz Tourismus[4]

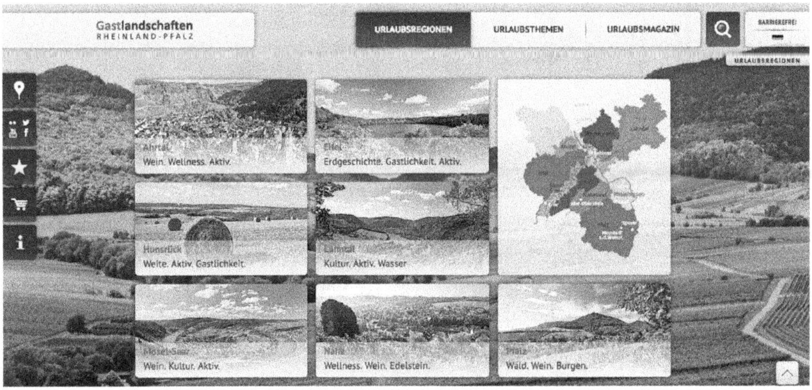

---

3   Quelle: In Anlehnung an Eberhard-Yom 2010, 24.
4   Quelle: www.gastlandschaften.de (abgerufen am 27.06.2017).

2.3 Gesetz der Nähe und der Ähnlichkeit

Nahe oder ähnliche Elemente werden zusammengehörig wahrgenommen. So lässt sich aus dem **Gesetz der Nähe** folgern, dass Objekte, die nahe beieinander liegen, als Gruppe wahrgenommen werden (vgl. Abb. 4, links). Das Gehirn nimmt weit auseinanderstehende Dinge als unabhängig voneinander wahr (vgl. Eberhard-Yom 2010, 26). Aus diesem Grund können Weißräume als Gestaltungselement bewusst eingesetzt werden. Trennlinien und Rahmen sind daher nicht immer zwingend erforderlich, wenn das Gesetz der Nähe beachtet wird (vgl. Moser 2012, 186). Auch wenn Objekte eine visuelle Ähnlichkeit aufweisen, werden diese nach dem **Gesetz der Ähnlichkeit** vom menschlichen Auge gruppiert (vgl. Abb. 4, rechts). Diese Ähnlichkeit muss sich nicht (wie im Beispiel) auf die Form beschränken, sondern kann auch durch Farben, Größe oder Textgestaltung erzeugt werden (vgl. Moser 2012, 187).

Abb. 4: Gesetz der Nähe und der Ähnlichkeit[5]

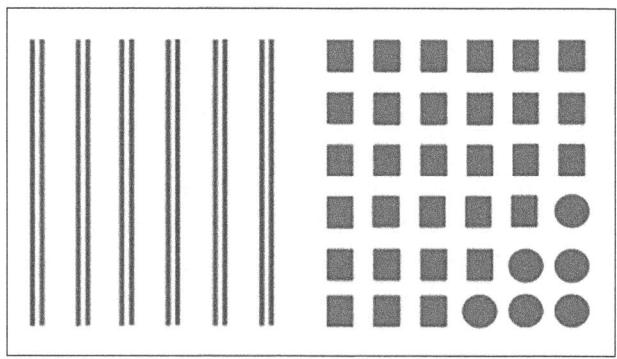

Für das barrierefreie Webdesign bedeutet es, dass Elemente selbsterklärend strukturiert werden sollten. Dies kann insbesondere durch Leerräume erfolgen, weshalb diese als Gestaltungsmittel verstanden werden können (vgl. Eberhard-Yom 2010, 26). Neben der Nähe spielt wie erläutert auch die Ähnlichkeit eine Rolle, um Dinge zusammengehörig wahrzunehmen. Seitenelemente können daher zum einen räumlich getrennt werden und zum anderen durch eine ähnliche Gestalt als funktionale Einheit verstanden werden (vgl. Eberhard-Yom 2010, 28). Dies wird unmittelbar in Abbildung 5 deutlich. Die Rheinland-Pfalz Tourismus GmbH

---

5 Eigene Darstellung basierend auf www.pt-mediengestaltung.de/gestaltges.html (abgerufen am 27.06.2017).

hat einen eigenen Bereich auf seiner Website (barrierefrei.gastlandschaften.de). Hier werden einzelne barrierefreie Angebote in Rheinland-Pfalz mit den dazugehörigen Angaben sowie Icons zwar separat voneinander wahrgenommen, gleichzeitig wird aber deutlich, dass es sich um eine strukturelle Einheit handelt, welche insgesamt zusammengehört.

Im Umkehrschluss bedeutet dies auch, dass Seitenelemente, die unabhängig voneinander sind, auch deutlich in der Gestaltung verschieden sein sollten.

Abb. 5: Gesetz der Nähe und der Ähnlichkeit auf der Website von Rheinland-Pfalz Tourismus[6]

Hervorzuheben ist, dass Rheinland-Pfalz bei seinem Webangebot nicht nur die Gestaltgesetze berücksichtigt, sondern zusätzlich Menschen mit einer Einschränkung des Sehsinns auch über die Anpassung der Schriftgröße, des Kontrastes sowie eine sehr reduzierte Darstellung die Möglichkeit eines barrierefreien Eintritts in die Reiseentscheidung im Internet gewährt (vgl. Abb. 5).

2.4 Gesetz der Geschlossenheit und der Prägnanz

Beim **Gesetz der Geschlossenheit** wird angenommen, dass unser Gehirn fehlende Elemente einer Form automatisch ergänzt (vgl. Moser 2012, 187). Daher muss auch nicht zwingend jedes Element einer Internetseite umrandet werden, um als zusammengehörig wahrgenommen zu werden. Voraussetzung ist, dass dem Betrachter die komplettierte Form im Vorhinein bereits geläufig war. Im Beispiel in Abbildung 6 kann erkannt werden, dass die Elemente unten beide zusammen gehören. Durch eine Trennlinie wäre dieser Effekt zwar verstärkt gewesen, aber das Gehirn erkennt dennoch, dass es sich um eine separate Einheit handelt.

---

6   Quelle: barrierefrei.gastlandschaften.de/startseite (abgerufen am 27.06.2017).

Abb. 6: Gesetz der Geschlossenheit und der Prägnanz auf der Website von Rheinland-Pfalz Tourismus[7]

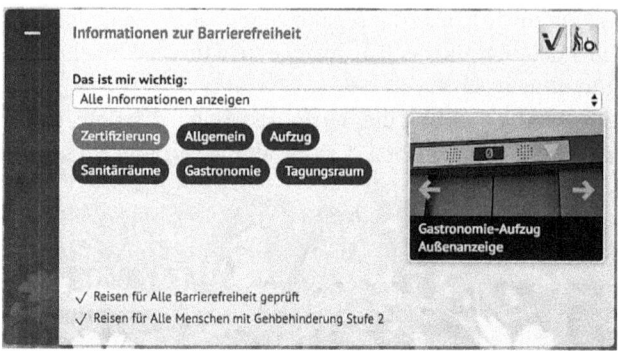

Bei einer Vielzahl von Elementen werden nach dem **Gesetz der Prägnanz** diejenigen zuerst wahrgenommen, die sich von anderen in besonderer Weise abheben. Wichtige Informationen sollten sich daher bei der Gestaltung einer Internetseite von anderen Informationen unterscheiden, damit deren Relevanz auch wahrgenommen werden kann (vgl. Moser 2012, 187). Auch dies ist durch die auffälligen Buttons im Webangebot von Rheinland-Pfalz berücksichtigt, sodass diese Navigationselemente unmittelbar wahrgenommen werden (vgl. Abb. 6).

Abb. 7: Gesetz der Geschlossenheit und der Prägnanz[8]

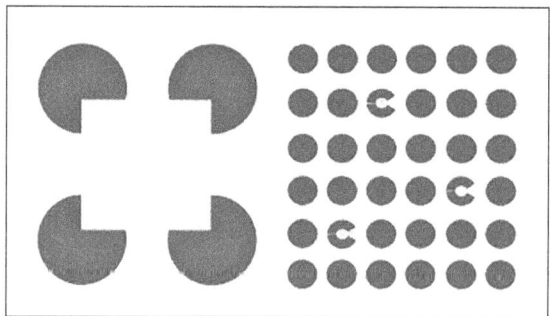

---

7 Quelle: www.gastlandschaften.de/urlaubsthemen/barrierefreies-reisen/infrastruktur/infra struktur/Hambacher-Schloss_Neustadt-Weinstrasse/deskline-details.html (abgerufen am 27.06.2017).

8 Quelle: www.webdesign-homepage-koeln.de/gestaltpsychologie-geschlossenheit.html (abgerufen am 10.04.2013) sowie www.collabor.idv.edu/prost06w4/stories/15826 (abgerufen am 27.06.2017)

2.5 Gesetz der Kontinuität und der Verbundenheit

Werden Objekte miteinander verbunden, so werden diese nach dem **Gesetz der Verbundenheit** als Einheit wahrgenommen. Dieses Gesetz wirkt „stärker als die Gesetze der Nähe und Ähnlichkeit. Umriss- oder Verbindungslinien sind daher ein sehr effektives Mittel zur Gruppierung" (Moser 2012, 187). Gleichzeit wird jedoch deutlich, dass die Gestaltgesetze nicht autonom voneinander betrachtet werden können und dürfen. In Abbildung 8 (rechts) wird beispielsweise deutlich, dass die großen und kleinen Kugeln obgleich ihrer Ähnlichkeit und räumlichen Nähe nicht als zusammengehörig wahrgenommen werden. Die Verbindungslinie sorgt dafür, dass jeweils eine große und eine kleine Kugel gemeinsam mit der einen Linie als Einheit erfasst werden.

Abb. 8: Gesetz der Kontinuität und der Verbundenheit[9]

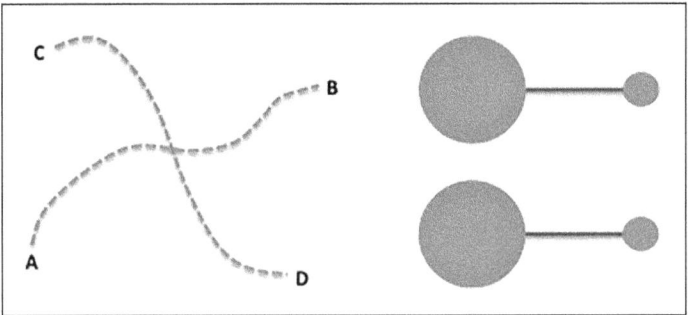

In Abbildung 9 wird das Gesetz der Verbundenheit sehr deutlich. Durch die Umrisslinien sowie die farbliche Anpassung des Navigationspunktes „Die Aktion" mit dem darunter stehenden Inhalt wird unabhängig von Nähe und Ähnlichkeit sofort deutlich, dass sich der Nutzer an diesem Navigationspunkt befindet und der Inhalt dazugehört.

Wichtig ist zu beachten, dass ein Richtungsimpuls vom menschlichen Auge in der Regel nicht unterbrochen wird. Anders formuliert werden durch das **Gesetz der Kontinuität** sanfte Übergänge bevorzugt, bei denen es zu keinen abrupten Richtungsänderungen kommt (vgl. Moser 2012, 187). So ist in Abbildung 8 zu erkennen, dass die Wegstrecken A und B sowie C und D instinktiv verfolgt werden.

---

9 Quelle: www.e-teaching.org/didaktik/gestaltung/visualisierung/gestaltgesetze (abgerufen am 27.06.2017).

Im Beispiel in Abbildung 9 wird deutlich, wie mehrere Gestaltgesetze kombiniert wurden. Zunächst wird durch die einheitliche Form bei den Navigationselementen auf der linken Seite erkennbar, dass es sich um ähnliche Elemente handelt, die offensichtlich zusammengehören (Gesetz der Ähnlichkeit). Durch das Gesetz der Kontinuität erfolgt das Lesen automatisch von links nach rechts, was durch die Anordnung der Navigation auf der linken und den Textinhalten auf der rechten Seite berücksichtigt wurde.

Abb. 9: Gesetz der Kontinuität und der Verbundenheit auf der Website von Rheinland-Pfalz Tourismus[10]

Bei einer guten Umsetzung kann die Beachtung der Gestaltgesetze zu einem barrierefreien Webangebot beitragen. Passend hierzu merkt Moser an: „Eine gute Informationsarchitektur leistet ihren Dienst leise, im Hintergrund und wird oft erst bemerkt, wenn sie nicht funktioniert" (Moser 2012, 107). Die hier angesprochene Informationsarchitektur baut auf den Gestaltgesetzen auf. Während die Gestaltgesetze also eine Hilfestellung bei der grundsätzlichen Trennung von Seitenelementen liefern, erklärt die Informationsarchitektur, wie diese Elemente genau anzuordnen sind.

3. Implikationen

Es kann davon ausgegangen werden, dass Nutzer a priori bereits über eine Vorstellung verfügen, wie ein Webangebot aufgebaut sein soll. Neben den vorgestellten Gestaltgesetzen existieren ganz konkrete Wahrnehmungsmuster beim

---

10 Quelle: www.gastlandschaften.de/urlaubsthemen/barrierefreies-reisen/mobilitaetsshyeinschraenkung/buchbare-angebote (abgerufen am 27.06.2017).

Rezipienten. Diese bauen wiederum auf den Erfahrungen des Nutzers mit einem Webangebot auf und werden als mentales Modell bezeichnet. Dieses ist ein „vereinfachtes Abbild der Realität, das, wie eine Landkarte, aus Erfahrung aufgebaut wird. Es repräsentiert die Logik, die erklärt, wie die Dinge funktionieren und wie sie miteinander verknüpft sind" (Moser 2012, 112). In der Praxis wird die konkrete Umsetzung auf Basis dieser mentalen Modelle gestaltet. In Kombination mit den Gestaltgesetzen, über die grundsätzliche Orientierung der Nutzer erreicht werden kann, kann so ein intuitives und barrierefreies Webdesign erreicht werden.

Garrett (2012, 88) betont die Nähe von Funktion und Wahrnehmung, womit Gestaltgesetze und Informationsarchitektur analog zu Gestaltpsychologie und Hypothesentheorie der Wahrnehmung als komplementäre Elemente betrachtet werden können: „Bei der Informationsarchitektur geht es darum, wie wir Informationen kognitiv verarbeiten". Im Gegensatz zu den Gestaltgesetzen ist jedoch die Sichtweise auf diese Verarbeitungsprozesse eine weiterführende. Denn Nutzer haben immer bereits Erwartungen an ein Informationsangebot. Je nach Erfahrung haben sie eine Idee davon, wo beispielsweise eine Navigation zu finden ist oder aber wie eine Suchmaske funktioniert und welche Suchergebnisseite zu erwarten ist. Entspricht die Informationsarchitektur „dem mentalen Modell, dann empfinden die Besucher die Navigation als nachvollziehbar und intuitiv nutzbar" (Eberhard-Yom 2010, 50).

Abb. 10: *Mentales Modell und Informationsarchitektur des Webangebotes*[11]

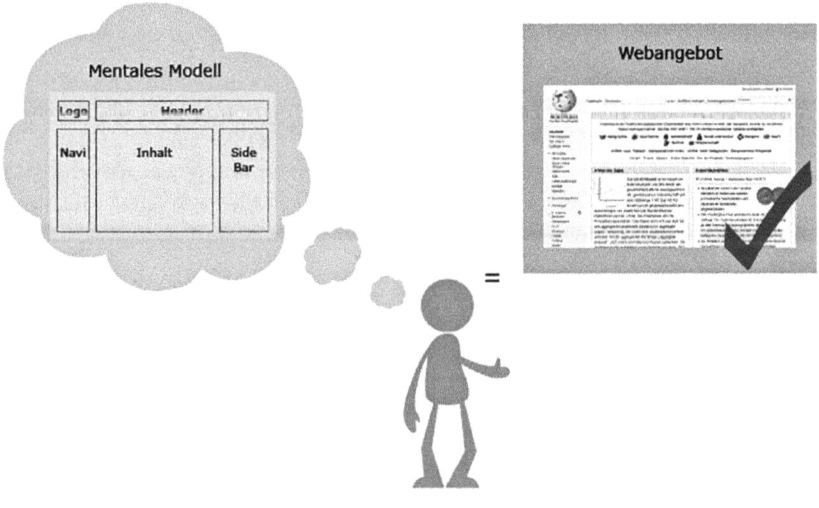

---

11 Quelle: Eigene Darstellung basierend auf Eberhard-Yom 2010, 50.

In diesem Zusammenhang wird betont: „die Inhaltselemente werden so angeordnet, dass sie für jeden Nutzer leicht verständlich sind" (Garrett 2012, 30). Auch dies trägt der barrierefreien Gestaltung Rechnung und kann dadurch erreicht werden, dass ein Webangebot dem mentalen Modell der Nutzer nachempfunden wird. Die Informationsarchitektur wird daher auch beschrieben als „ein Konzept, das beschreibt, wie Informationen geordnet, strukturiert und bezeichnet werden müssen, damit sie für den Benutzer leicht verständlich sind und seine Ziele möglichst optimal unterstützen" (Moser 2012, 106). Somit lässt sich abschließend festhalten, dass die Beachtung der Gestaltgesetze sowie eine Auseinandersetzung mit gängigen mentalen Modellen im Sinne der Informationsarchitektur die Basis einer barrierefreien Gestaltung von Webangeboten sind.

Literaturverzeichnis

De Oliviera, D. (2013): *Barrierefreiheit im Internet. Ein Handbuch für Redakteure*, Berlin.

Eberhard-Yom, M. (2010): *Usability als Erfolgsfaktor. Grundlagen, User Centered Design, Umsetzung*, Berlin.

Eisenstein, B. (2014): *Grundlagen des Destinationsmanagements*, 2. Aufl., München.

Garrett, J. J. (2012): *Die Elemente der User Experience. Anwenderzentriertes (Web-)Design*. 2. Aufl., München.

Mangold, R. (2007): *Informationspsychologie. Wahrnehmen und Gestalten in der Medienwelt*, München.

Moser, Ch. (2012): *User Experience Design. Mit erlebniszentrierter Softwareentwicklung zu Produkten, die begeistern*, Berlin und Heidelberg.

Thielsch, M. T. (2008). *Ästhetik von Websites. Wahrnehmung von Ästhetik und deren Beziehung zu Inhalt, Usability und Persönlichkeitsmerkmalen*, Münster.

Ralf Trimborn

Positionierung von Destinationen für Senioren: DESTINATION BRAND Sonderauswertung 65+

1. Einführung

St. Moritz, Sylt, Schwarzwald…. Nahezu jeder verbindet etwas mit diesen Reisezielen. Die Assoziationen werden sehr vielfältig und unterschiedlich sein. Seit 2009 wird in der Studie DESTINATION BRAND jährlich untersucht, welches Image sich deutsche Destinationen aufgebaut haben, wie groß ihre Markenstärke ist und welche Destinationen mit welchen Tourismusthemen in Zusammenhang gebracht werden.

Vorliegender Artikel möchte die erfolgreiche Positionierung von touristischen Zielgebieten mit einer anderen Entwicklung von herausragender Bedeutung für den Tourismus verbinden – dem demografischen Wandel. Für die wachsende Zielgruppe 65+ soll untersucht werden, inwieweit sie hinsichtlich der Destinationsmarken anders urteilt als alle Befragten. Gibt es Destinationen, die speziell aus Sicht der Zielgruppe 65+ eine besonders große Markenstärke aufweisen? Welchen Destinationen wird zugesprochen, dass sie von der Zielgruppe 65+ überdurchschnittlich stark nachgefragt werden?

Nach einer Erläuterung zur Markenbildung bei Destinationen wird auf die Studienreihe DESTINATION BRAND eingegangen. Es folgt die Sonderauswertung DESTINATION BRAND 65+. Dabei wurden die bisher durchgeführten Erhebungen zur Markenstärke (DESTINATION BRAND 09, 12, 15) und zur Themeneignung von Destinationen (DESTINATION BRAND 10 und 13) herangezogen und unter einem altersspezifischen Fokus neu ausgewertet. Als Senioren oder auch Best Ager werden bei dieser Sonderauswertung Personen zwischen 65 und 74 Jahren verstanden. Noch ältere Menschen werden im Rahmen von DESTINATION BRAND nicht befragt, daher muss die Zielgruppe der älteren Senioren auch bei dieser Sonderauswertung unberücksichtigt bleiben. Aus den Ergebnissen der Sonderauswertung werden die Erfolgsfaktoren für eine Positionierung von Destinationen als Reiseziel besonders für Senioren abgeleitet.

2. Markenbildung zur Positionierung von Reisegebieten

2.1 Was sind Destinationsmarken?

Ausgehend von der Konsumgüterindustrie hat sich in den letzten Jahren ein starkes Bewusstsein dafür gebildet, dass auch Destinationen nicht mehr darauf verzichten können, sich als Marke auf dem touristischen Markt zu positionieren (vgl. Engl 2016, 52; Eisenstein et al. 2017, 268). Doch was genau ist eine Destinationsmarke? Wann können wir von einer Destinationsmarke sprechen? Bis heute lassen sich diese Fragen aus tourismuswissenschaftlicher Sicht nicht eindeutig beantworten. Es existieren diverse Definitionen nebeneinander.

Vorliegendem Artikel wird der Ansatz der UNWTO zugrunde gelegt: Eine Destinationsmarke ist „a summation of a destination's or place's characteristic that make it different and distinctive in the eyes of the potential visitors" (UNWTO 2009, o.S.). Das heißt, über einen Namen, ein Symbol oder ein Logo werden einem Reiseziel identitätsstiftende und differenzierende Merkmale gegeben, die dem potenziellen Gast ein einzigartiges Urlaubserlebnis versprechen. Dabei ist dieses Erlebnis unmittelbar mit der Destination verbunden. Ziel der Marke ist es, sich von Wettbewerbsangeboten abzuheben, bei den relevanten Zielgruppen bekannt, sympathisch und attraktiv zu sein und zu einer Konsumpräferenz zu führen. (vgl. Scherhag 2003, 43 f.; Esch 2014, 22)

Es lassen sich jedoch geografische und thematische (Wellness, Sport etc.) Destinationsmarken unterscheiden. Im Destinationsbereich sind geografische Markennamen jedoch weitaus häufiger anzutreffen. Beide Typen von Destinationsmarken können aber auch komplementär genutzt werden (vgl. Schmaus 2013, 21).

Einige Autoren (z. B. Klaus Brandmeyer oder Hans Kleinsteuber) betonen die Prägung einer Marke durch starke subjektive Eindrücke der Konsumenten. Marken können beispielsweise als positive Vorurteile verstanden werden. Auch in diesem Satz spiegelt sich die Meinung wider, dass Marken vor allem Vorstellungsbilder in den Köpfen der Anspruchsgruppen darstellen (vgl. Esch 2014, 22). Demgegenüber argumentieren Adjouri/Büttner (2009, 101), dass eine Marke im Zusammenspiel zwischen Selbstbild und Fremdbild entsteht. Aus der Schnittmenge der gemeinsamen Assoziationen sowie den weiteren relevanten Aspekten vom Selbstbild des Unternehmens und dem Fremdbild des Kunden ergibt sich dann die Markenidentität. Bei dieser kann es jedoch auch zu einer „Beziehungskrise" kommen, wenn die Attribute und Sichtweisen weit auseinanderliegen (vgl. Trimborn, 2017, o.S.).

Die Destination Management Organisation (DMO) spielen die wesentliche Rolle bei der Festlegung der Markenbotschaften und der Bestimmung der Markenbausteine, die dem Zielgebiet zugewiesen werden (vgl. Trimborn, 2017, o.S.).

Zwei Markenebenen gilt es zu berücksichtigen:

1. Wahrnehmbare Ebene

Diese formale Ebene umfasst den Namen, das Bild oder Logo, Farbe, Design, oder auch die in der Tourismuspraxis bisher noch nicht so bedeutsamen auditiven, olfaktorischen und haptischen Markenbausteine.

2. Nicht-wahrnehmbare Ebene

Hierunter werden inhaltliche Vorstellungen, Meinungen und Gefühle von Seiten der (potenziellen) Gäste verstanden. Im Grunde sind dies die jeweiligen Assoziationen mit der Marke, wobei denotative, beschreibende und konnotative Assoziationen unterschieden werden können. Am Beispiel St. Moritz wäre die denotative Assoziation, das heißt die Grundbedeutung der Botschaft, dass es sich um einen Ski-Urlaubsort handelt. Konnotativ – in Nebenbedeutung – steht St. Moritz für einen mondänen und auch überteuerten Ort.

Beide Markenebenen spielen für die Bildung der Markenidentität zusammen (vgl. Adjouri/Büttner 2009, 70 ff.). Die Kaufentscheidung für eine Reise hängt oftmals von emotionalen Aspekten, demnach der nicht-wahrnehmbaren Ebene, ab. Es wird nach Merkmalen entschieden, die gerade der jeweiligen Person wichtig sind. Detailkenntnisse über die Destination sind vorwiegend nicht vorhanden (Scherhag 2003, 100).

Grundsätze der Markenbildung und -führung gelten auch für Destinationen. Zusätzliche Schwierigkeiten ergeben sich jedoch aus dem Wesen einer Destination: Viele unterschiedliche Leistungsträger – teilweise schon mit eigenen Markenbedeutungen – formen das Destinationsprodukt. Eine Destinationsmarke stellt daher eine mit Produkten und Dienstleistungen assoziierte Gruppe von Markenbedeutungen dar. Da der Gast jedoch das Reiseziel als Gesamtheit wahrnimmt und das über die Destinationsmarke vermittelte Reiseversprechen für alle Akteure gilt, besteht ein hoher interner Abstimmungs- und Koordinationsaufwand für einen einheitlichen, identitätsorientierten Markenauftritt (vgl. Scherhag 2003, 99 ff.). Anders als in Unternehmen hat die DMO dabei auch markenpolitisch keine Weisungsbefugnis gegenüber ihren Stakeholdern, sondern nur begrenzten Einfluss auf die Struktur und die Qualität der Destination.

Oftmals fehlen Reisegebieten deshalb die internen Voraussetzungen (siehe Kap. 2.3), sich zu einer echten Marke zu entwickeln. Insofern haben sich auf dem Reisemarkt bisher lediglich einige wenige Marken mit einem auf dem vorhandenen Angebot basierenden eigenständigen Profil etablieren können. Die Bedeutung des Destination Branding wird jedoch längst erkannt.

Abb. 1: Eigenschaften einer erfolgreichen Destinationsmarke[1]

Eine erfolgreiche Destinationsmarke ist
einfach – einprägsam – schnelle erfassbar – einzigartig – differenzierend – glaubhaft – loyal – nachhaltig – akzeptiert – begeisternd für Stakeholder, Partner und Nachfrager – lebendig. Sie verkörpert die Positionierung der Destination. Sie vermittelt Attribute, starke Ideen und die Intention der Destination. Sie ist Ausdruck der Persönlichkeit der Destination. Sie ist der expressive und emphatische Kern der Destination.

Welche deutschen Reiseziele nun tatsächlich als echte Destinationsmarken bezeichnet werden können, lässt sich nicht so einfach beantworten. Hier soll die Studienreihe DESTINATION BRAND eine Orientierung geben (siehe Kap. 3). Noch vor etwa 10 Jahren wurden bei der Frage nach Destinationsmarken auf Nachfragerseite lediglich beliebte Reiseziele und auf Anbieterseite die eigenen Destinationen genannt (Scherhag 2003, 228).

2.2 Warum werden Destinationen als Marken positioniert?

Bei der zunehmenden Angebotsvielfalt im Tourismus, welche dem Nachfrager einerseits die Reiseentscheidung und dem Anbieter andererseits eine Abgrenzung von weltweiten Konkurrenzangeboten erschwert, sind die Vorteile eines Destination Branding zahlreich. Sie wirken sowohl auf Seiten der Anbieter als auch der Gäste.

Durch die Angebotsangleichung hat der Gast vielfach kein eigenständiges Bild mehr vom Urlaubsziel; er kennt ggf. bestehende Differenzierungsmerkmale von anderen Destinationen nicht. Dem möchten Destinationsmarken entgegenwirken. Über die Kommunikation einer Destinationsmarke erhält der Nachfrager ein klares Leistungsversprechen zu seinem Urlaubsziel. Dies vereinfacht seine Reiseentscheidung und seine Orientierung im „Angebotsdschungel" – der potenzielle Gast muss durch die bereits vorhandene eindeutige Produktaussage weniger Informationen sammeln und wird bereits befähigt, eine positive Beziehung zur Destination aufzubauen (vgl. Scherhag 2003, 1; 73).

> „Destination brands serve to differentiate the destination from competitors, enhance knowledge of the destination due to higher awareness, inducing a favourable image and to establish a strong identity." (UNWTO 2009 in Schmaus, 21)

Die Vorteile des Destination Branding lassen sich für die Anbieter- und Nachfragerseite vereinfacht und verkürzt wie folgt zusammenfassen:

---

1 Quelle: Eigene Darstellung, Impulse von Morgan/Pritchard 2002.

Abb. 2: Vorteile des Destination Branding[2]

Anbieter	Nachfrager
– Schaffung einer gemeinsamen Identität und Loyalität in der Destination	– Informations-, Vertrauensbildungs- und Identifikationsfunktion
– Markenbindungseffekte für Anbieter in der Destination und für Gäste	– Reduzierung der Informationsressourcen: Orientierungshilfe in der Angebotsvielfalt
– Imagebildung	– Vereinfachung der Reiseentscheidung / Komplexitätsreduzierung
– Vertrauensbildendes und zusammenrückendes Element	– Reduzierung des wahrgenommenen Kaufrisikos
– Differenzierung vom Wettbewerb	– Bedienung individueller Wertvorstellungen
– Schutz vor Krisen	– Wiedererkennbarkeit
– Plattform für eine fokussiertere Markt- und Zielgruppenerschließung	– Bedienung von habituellen extrovertierten sowie narzisstischen Einstellungen
– Erhöhung der Wertschätzung einer Destination und somit Realisation einer erhöhten Wertschöpfung	

Als „Botschaft und Medium" zugleich (Adjouri/Büttner 2009, 70) bezwecken Marken vor allem eine direkte Kommunikation zwischen Anbieter und Konsument. Sie wollen Werte vermitteln wie Garantie, Vertrauen und Qualität (vgl. Scherhag 2003, 85). „Consumers buy to a great part the values connected with a product instead of buying the product itself."

Marktforschungsergebnisse bestätigen, dass Destinationsmanager eine Markenpolitik in der direkten Gästeansprache als auch in der indirekten Ansprache über Reisemittler und Partner für ihre Destination inzwischen als strategische Notwendigkeit ansehen. Andererseits sollte die Bedeutung von Merkmalen, die den Markencharakter unterstützen, im Reiseentscheidungsprozess nicht überschätzt werden: Die Angebotspalette eines Urlaubsortes, deren Qualität und vor allem der Reisepreis haben sowohl aus Anbieter- als auch Nachfragersicht einen

---

2 Quelle: Eigene Aufstellung und Zusammenstellung u. a. nach Esch 2014, 24 ff.; UNWTO 2009, Scherhag 2003, 86, 234, Morgan/Pritchard 2002.

größeren Einfluss auf die tatsächliche Reiseentscheidung (vgl. Scherhag 2003, 169 ff.). Generell sei die Markentreue im Tourismus auch weit weniger stark ausgeprägt als bei anderen Produkten (vgl. Adjouri/Büttner 2009, 260).

2.3 Wie erfolgt die Markenbildung bei Destinationen?

Speziell bei Destinationen ist die Markenbildung ein langwieriger und strategisch langfristig anzulegender Prozess. Die größte Herausforderung wird darin bestehen, alle touristischen Leistungsträger des Zielgebietes auf eine gemeinsame Vision und eine gemeinsame Markenphilosophie einzuschwören, die auch von den Akteuren gegenüber ihren Gästen gelebt wird. Ein Großteil der touristischen Akteure, aber auch die Einwohner von Destinationen müssen sich mit der Marke identifizieren können, u. a. um die Marke authentisch zu verkörpern, zu leben, zu kommunizieren, mit Inhalten und Aktivitäten aufzuladen etc.

Struktur, Vielfalt und Qualität des natürlichen und abgeleiteten Angebotes der Destination und die professionelle Vermarktung des Zielgebietes und seiner Leistungen über ein starkes Management sind grundsätzliche Voraussetzungen, um eine Destinationsmarke aufzubauen. Weitere Voraussetzungen wie u. a. der gemeinsame Wille möglichst aller Beteiligten, die Abgrenzung eines Raumes mit vermarktbarem Namen und die Institutionalisierung eines professionellen Markenmanagements sind Aufgaben, die im Rahmen der Markenbildung zu lösen sind.

Willensbildungsprozess

Der Destinationsmarkenentwicklung geht die Initiierung eines internen Willensbildungsprozesses voraus. Dabei handelt es sich im Prinzip um eine gemeinsame Absichtserklärung möglichst vieler touristischer Akteure eines klar abgegrenzten Zielgebietes, eine Destinationsmarke entwickeln zu wollen. Dabei ist es entscheidend, einen einheitlichen Wissensstand zum Thema Marken bei allen Prozessbeteiligten herzustellen. Zum einen sollten die organisatorischen Voraussetzungen zur Bildung einer Destinationsmarke (Zeit, Kosten, Verantwortlichkeiten, Aufgaben) allen Leistungsträgern bekannt sein. Zum anderen muss auch die inhaltsgleiche Verwendung von Begrifflichkeiten wie Markenpositionierung, Markenwerte etc. im Entwicklungsprozess gewährleistet sein, damit es nicht zu Verwirrungen kommt.

Zur Institutionalisierung des Markenbildungsprozesses sind klare Zuständigkeiten, am besten in der Destination Management Organisation zu schaffen. Versehen mit höchstmöglichen Kompetenzen und weitreichenden Befugnissen sowie ausgestattet mit den notwendigen finanziellen Mitteln sollte die Verantwortlichkeit für Markenbildung und Markenführung fest geregelt werden.

Destinationsmarkenentwicklung

1. Analyse

Inzwischen verfügen die Entscheidungsträger in Destinationen über viele Marktforschungsinstrumente für Analysen, die mit ihren Ergebnissen den Aufbau einer erfolgreichen Destinationsmarke unterstützen können. Je nachdem, ob eine bestehende Marke überarbeitet oder eine neue Marke aufgebaut werden soll, empfiehlt es sich, mehrere Analysen durchzuführen. Sie dienen dazu, ein umfassendes Bild nicht nur über die Wünsche der Gäste, sondern auch über die Destination selbst und die Situation auf dem Tourismusmarkt zu erhalten:

Die Marken-Baumanalyse untersucht dabei bereits bestehende Marken, was die Marke in der Vergangenheit immer wieder erfolgreich geprägt hat, welche Markenbausteine demnach bisher relevant und wichtig für die Marke waren. Es erfolgt eine Analyse des Fremdbildes, also aus Kundensicht, und eine Analyse des Selbstbildes. Adjouri/Büttner weisen darauf hin, dass die Destination selbst die Markenkompetenzen innehat und daher bei der Analyse nicht vernachlässigt werden darf (vgl. Adjouri/Büttner 2009, 101). Auch die Betrachtung von Konkurrenzdestinationen und vom Tourismusmarkt allgemein gibt wertvolle Hinweise, wie sich eine höchstmögliche Differenzierung der Marke im globalen Wettbewerb unter Berücksichtigung von Trends erreichen lässt. (vgl. u. a. Esch 2014, 35 ff.)

2. Strategie

Aufbauend auf den Ergebnissen der Analysephase ist die Markenstrategie zu entwickeln. Übergeordnet ist zunächst ein Markenleitbild zu erstellen, welches als interne Leitlinie die „Vision der Marke und deren Umsetzung in einen transportablen Markenkern" (vgl. Scherhag 2003, 76) darstellt. Vor allem muss die auf langfristig angelegten und wenig austauschbaren Merkmalen aufbauende Einzigartigkeit der zu vermarktenden Destination im Leitbild betont werden. Qualität allein stellt heute kein ausreichendes Merkmal zur Differenzierung einer Destinationsmarke dar, ganz abgesehen davon, dass es grundsätzlich schwer ist, für eine gesamte Destination Qualität zu definieren (vgl. Adjouri/Büttner 2009, 68 f.). Produktqualität sei selbstverständlich; die Urlaubsqualität wird jedoch auch in enger Abhängigkeit von der Leistungsfähigkeit und Kompetenz des Services beurteilt.

Auf Basis des Markenleitbildes kann im nächsten Schritt eine Definition der Markenziele stattfinden. Diese sind möglichst nach dem SMART-Prinzip zu formulieren. Es folgt die Festlegung der Markenidentität als Schnittmenge zwischen dem Selbstbild der Destination und dem Fremdbild der Gäste. Letztendlich muss geklärt werden, wofür die Destinationsmarke stehen soll. Daraus leitet sich die Positionierung der Marke ab (vgl. Esch 2014, 61 ff.). Die

Markenbausteine sollten für die Positionierung schlüssig und möglichst kurz zusammengefasst werden. Viele starke Marken leben genau eine starke Idee, sie haben eine eigene Persönlichkeit.

Die Markenpersönlichkeit sollte über die destinationsweite Zielformulierung strategisch festgelegt werden. Das heißt, dass in einem gemeinsamen Entwicklungsprozess der Markenpersönlichkeit sich auch alle Anbieter der Destination mit der Marke identifizieren sollten.

3. Umsetzung

Nachdem die nicht-wahrnehmbaren Markenbausteine festgelegt wurden, erfolgt nun in der Umsetzungsphase die Entwicklung des Corporate-Identity. Zunächst ist die Destinationsleistung mit einem Namen zu versehen. Häufig werden für Destinationsnamen geografische Bezüge gewählt; geografische Begriffe lassen sich jedoch kaum als Markennamen schützen. Da diese zumeist historischen Begrifflichkeiten für die Einwohner selbstverständlich und Teil ihrer Identität sind, ist es trotz des immensen Nachteils schwer, davon abweichende Markennamen für Zielgebiete zu etablieren. Es bietet sich an, den Markennamen der Destination in Verbindung mit einem Slogan oder einem Logo zu stellen, um in dieser Kombination ein schützenswertes Markenzeichen zu erhalten.

Name, Bildzeichen, Slogan, Design, Sound, Gerüche, Personen etc. können die wahrnehmbaren Markenbausteine und damit das Erscheinungsbild der Destinationsmarke bilden.

Die Festlegung der Kommunikationsinhalte erfolgt im nächsten Schritt. Alle Markenbausteine sollten auf allen Stufen der Dienstleistungskette in der Destination an die internen und externen Empfänger transportiert werden. In Destinationen müssen vor allem die unterschiedlichen Leistungsträger und deren Mitarbeiter sowie bestehende Partner im Tourismusnetzwerk, aber auch die Einwohner die Markenstrategie verstanden und verinnerlicht haben und sie im Kontakt mit den Gästen und Nachfragern weitergeben können.

Grundanforderungen an die Kommunikation von Destinationsmarken sind vor allem

- Vertrauensbildung und -pflege durch Information, Transparenz und Integration schaffen,
- Präsenz, Konsequenz und Kontinuität sicherstellen,
- Werte ansprechende,
- emotional leicht erfassbare Aussagen und Botschaften sowie sachliche Komponenten nutzen,

- Kommunikation an unterschiedliche externe und interne Zielgruppen garantieren sowie
- Markenkommunikation vor, während und nach der Reise entlang der Customer Journey durchführen.

Die während des Markenbildungsprozesses festgelegte Kommunikationsstrategie der Marke sollte dauerhaft im Markenmanagement der Destination institutionalisiert werden. Die Markenführung gehört zu einem der wichtigsten Unternehmensfelder einer DMO.

> Die Formung und Entwicklung einer Destinationsmarke sollte kontinuierlich dynamisch und prozessorientiert erfolgen. Diese komplexe Aufgabe gilt es professionell mit ausreichender Ressource zu managen.

2.4 Senioren und Tourismusmarken

Die Zielgruppe der Reisenden, welche 65 Jahre oder älter sind, wird seit geraumer Zeit als Wachstumsmarkt der Tourismusbranche erkannt,[3] auch wenn sich dieses Erkennen noch nicht überall in der Angebotsstruktur von Destinationen, die diese Zielgruppe ansprechen, widerspiegelt.

Das Statistische Amt der Europäischen Union ermittelte im September 2016, dass jede 5. Übernachtung von EU-Bürgern auf Touristen ab 65 Jahren entfällt. Gemessen an der Zahl der Übernachtungen von EU-Ansässigen, hielten die älteren EU-Bürger im Jahr 2014 damit einen Anteil von 20 % am gesamten Tourismus; dies ist mehr als der Anteil an der Bevölkerung. Ihre Reiseausgaben pro Urlaubstag liegen etwas unter den Tagesausgaben aller Touristen: Während deutsche Touristen über 65 Jahre durchschnittlich 76 EUR ausgaben, liegen die gemittelten Ausgaben aller Gäste bei 85,70 EUR je Tag (Quelle: Eurostat 2016, http://www.tophotel.de/20-news/7610-tourismus-europa-bedeutung-der-zielgruppe-65-f%C3%BCr-den-tourismus.html 20.02.2017).

Eine Zielgruppensegmentierung der Senioren allein anhand des Alters 65+ ist nicht marktkonform. Erschwerend für die Angebotsgestaltung aber auch für das Markenmanagement von Destinationen wirkt sich die Tatsache aus, dass jeder Mensch differenziert altert. Die Bedürfnisse zweier 70-Jähriger können stark unterschiedlich ausfallen. Je nach körperlicher Fitness, bisherigen Reisegewohnheiten und finanziellen Möglichkeiten mag der eine vielleicht am liebsten gar nicht mehr verreisen – höchstens mit einer Busgruppe ins nahegelegene Kurbad – und

---

3 Siehe hierzu z. B. den Beitrag von Weis & Eisenstein in diesem Band.

der andere möchte den amerikanischen Kontinent durchwandern. Entscheidend ist demnach das individuelle Empfinden (vgl. Pompe 2012, 19; Esch 2008).

Im Trend bei Senioren liegen Kultur-, Bildungs- und Gesundheits-/Wellness-Urlaube (Engels 2012, 36) sowie Kreuzfahrten.

Wissenschaftliche Erkenntnisse, inwieweit sich die Markenbildung speziell bei Senioren von der Markenbildung allgemein unterscheidet, sind kaum vorhanden. Welche Faktoren gelangen in die Kundenwahrnehmung? Ist das bei Senioren anders als bei anderen Gästen? Diese Forschungslücke kann auch in diesem Artikel nicht geschlossen werden, sondern es werden lediglich allgemeine Feststellungen zum Reise- und Markenverhalten von Senioren getroffen.

Der Gast legt sich seine individuellen Reisegewohnheiten im Lauf des Lebens zu. Auch im Alter sind seine Wünsche an eine Reise und an einen Tourismusort deshalb geprägt von diesen erworbenen und bewährten Verhaltensmustern. So lange seine Lebensumstände und sein Gesundheitszustand es zulassen, wird auch der ältere Tourist kaum von diesen Gewohnheiten abweichen. Insofern kann es für Zielorte ratsam sein, auf bekannten Marken aufzubauen. Andere Autoren kommen zu dem Schluss, dass die Markentreue bei Senioren nicht zwangsläufig sehr hoch ausgeprägt sei. So hätten z. B. die Faktoren Haushaltsgröße und Einkommen einen größeren Einfluss auf die Produktwahl (vgl. Scherhag 2003, 93).

Möglicherweise ist hier von zwei unterschiedlichen Entwicklungstendenzen auszugehen, die auch auf Senioren zutreffen:

Auf der einen Seite gibt es die markenaffinen Reisenden: Sie stehen Marken grundsätzlich positiv gegenüber und nutzen sie intensiv als Informationsbaustein bei der Reiseentscheidung. Untersuchungen belegen, dass Marken bei „High Involvement Produkten", bei denen die Kaufentscheidung ein komplexer, längerer Prozess ist, besonders stark wirken. 65 % der Kaufentscheidungen wie z. B. im Bereich Reisen und Freizeit von Senioren seien markenbeeinflusst (Borchardt 2015, http://www.akademie.de/wissen/senioren-marketing).

Auf der anderen Seite stehen die weniger markenaffinen Gäste. Angelehnt an den gesellschaftlichen Trend der immerwährenden Suche nach Abwechslung und neuen Erlebnissen, werden auch immer neue Destinationen als Urlaubsorte ausgewählt. Die Treue zum Zielgebiet wird tendenziell immer geringer und dies auch bei Senioren. Die reiseerfahrenen „neuen Alten" legen gesteigerten Wert auf Qualität und ansprechende Infrastruktur, sie sind flexibel und weniger loyal gegenüber einer Destinationsmarke (vgl. Adjouri/Büttner 2009, 267).

Nichtsdestotrotz soll an dieser Stelle dennoch für eine Destinationsmarkenbildung, die auf die Zielgruppe der Senioren ausgerichtet ist, argumentiert werden:

Additiv zu bedenken ist, dass mit steigendem Alter der Touristen das Inland als Reiseziel eine höhere Bedeutung erhält und im Umkehrschluss die Auslandsreiseziele an Stellenwert verlieren. Dies ist u. a. einer Verschlechterung des allgemeinen Gesundheitszustandes der Senioren, einem wahrgenommenen geringeren Risiko, keinen Sprachproblemen, kurzen Anreisezeiten und einer vermeintlichen Vertrautheit geschuldet. Destinationen profitieren von dieser Entwicklung, wenn sie vor allem dem Bedürfnis der Reisenden nach Sicherheit, Komfort und Service entsprechen können. Bei einer Markierung von Reiseleistungen als Marke können auch höherpreisige Angebote vom reiferen Kunden akzeptiert werden.

3. Methodik der Studienreihe DESTINATION BRAND

Deutschlandweit werden in der seit 2009 bestehenden bevölkerungsrepräsentativen Studienreihe DESTINATION BRAND Konsumentendaten zur Markenbewertung von deutschen Destinationen erhoben. Jährliche Studien widmen sich im Wechsel der Markenstärke, der Themenkompetenz und den Profileigenschaften inländischer Reiseziele repräsentativ aus Sicht der in Privathaushalten lebenden deutschsprachigen Bevölkerung im Alter von 14–74 Jahren. Die Erhebung findet überwiegend im November eines jeden Jahres ausschließlich online statt. Die Feldarbeit wird von der Gesellschaft für Konsumforschung (GfK) durchgeführt. Identische Fragebögen und zahlreiche integrierte Reiseziele ermöglichen Zeitvergleiche und ein Benchmarking der Destinationen. Dabei werden Daten für bis zu 172 Destinationen mittels einer Fallzahl von entsprechend n=17.000 erhoben.

Destinationsmanagern und Stakeholdern geben die Befragungsergebnisse wertvolle Hinweise, wie ihre Destination durch (potenzielle) Gäste aktuell und im Benchmark bewertet wird und wie sie sich am Markt positioniert. Nicht nur speziell für Destinationen, die sich intensiv mit der Markenbildung beschäftigen, liefert DESTINATION BRAND Erkenntnisse zum derzeitigen Prozessstand der Destinationsmarkenentwicklung.

3.1 Erfassung der Markenstärke

Konsistent zur allgemeinen Markentheorie findet auch bei der Erfassung der Markenstärke von Destinationen der Markentrichter Anwendung. Der Markentrichter, der sogenannte „Markenvierklang" ist vierstufig aufgebaut: Zunächst erfolgt eine Abfrage der ungestützten und gestützten Bekanntheit. „Welche Reiseziele kennen Sie?" und „Kennen Sie ..., wenn auch nur dem Namen nach?" sind die zugehörigen Fragen. Die Bekanntheit ist unabhängig von einem tatsächlichen Besuch des Urlaubszieles zu sehen. Darauf aufbauend wird ermittelt, inwieweit mit der Bekanntheit einer Destination auch ein positives Gefühl ihr gegenüber verbunden ist; es wird der Sympathiegrad des Reisezieles abgefragt. Zur Bewertung steht den Befragten eine vierstufige Skala zur Verfügung. Die Transferrate 1 stellt den prozentualen Anteil derjenigen Probanden dar, die die Region mindestens dem Namen nach kennen und gleichzeitig Sympathie dafür empfinden.

Im Anschluss erfolgt die Abfrage der Besuchsbereitschaft der Probanden für kürzere oder längere Aufenthalte in der Destination. Der Anteil der Probanden, welchen die Destination sympathisch ist und die sich auch einen kurzen oder langen Aufenthalt im Zielgebiet vorstellen können, wird in der Transferrate 2 dargestellt. Zum Schluss findet der tatsächliche Besuch der Destination durch den Befragten in der Vergangenheit Berücksichtigung. Es wird ermittelt, wie viele Befragte bereits mindestens eine Übernachtung im Zielgebiet verbracht haben. Hierbei wird unterschieden nach Aufenthalten, die in den letzten 3 Jahren im jeweiligen Zielgebiet stattfanden und nach Aufenthalten, die bereits länger zurückliegen. Nach den Erhebungen in 2009 und 2012 wird seit 2015 nun auch die Weiterempfehlungsabsicht als Indikator für Loyalität und Zufriedenheit der Probanden in die Untersuchung der Markenstärke einbezogen. Zusammenfassend kann durch diese Untersuchung der kundenorientierte Markenwert der Destination gemessen und dargestellt werden.

3.2 Erfassung der Themenkompetenz

Nahezu alle deutschen Destinationen richten sich an bestimmten Urlaubsthemen aus. Das Themenmarketing der Reiseziele ist Untersuchungsgegenstand dieser Teilstudie von DESTINATION BRAND. Es wird ermittelt, welche Themen den beteiligten Destinationen aus Sicht der Nachfrager zugesprochen werden. Fünf, in 2016 sechs, übergeordnete, allgemeine Themen „Gesundheit", „Kulinarik", „Kultur", „Natur", „Wellness" und in 2016 noch zusätzlich „Urlaub auf dem Bauern-/Winzerhof (Landurlaub)" werden für alle Destinationen berücksichtigt. Darüber hinaus können die Destinationsmanager aus weiteren über 50 sogenannten Spezialthemen die fünf für ihr Zielgebiet relevantesten Themen auswählen. Die Abfrage der Themeneignung ist dreistufig gestaltet: Zunächst wird ermittelt, welche Themen das höchste Interesse bei den Nachfragern belegen („Interessentenpotenzial je Thema"). Für die jeweilige Destination wird im Anschluss gefragt, für welche Urlaubsarten sich das Reiseziel aus Nachfragesicht eignet („zugesprochene Themeneignung je Destination"). Die zugehörige Frage lautet: „Für wie geeignet halten Sie die Destination „XY" für ausgewählte Urlaubsarten (z. B. Rad fahren, Segeln, Kulinarik)?" Dabei werden nur die Befragten einbezogen, denen die Destination auch wenigstens dem

Namen nach bekannt ist. Aus den Ergebnissen der Eignungsbeurteilung lässt sich im dritten Schritt ein Ranking der teilnehmenden Destinationen je nach Themenkategorie erstellen („relative Wettbewerbsplatzierung der jeweiligen Destination in verschiedenen Kategorien"). 2010, 2013 und 2016 durchgeführt, sind auch hinsichtlich der Themeneignung inzwischen neben den Destinationsbenchmarks auch aussagekräftige Zeitvergleiche möglich.

3.3 Erfassung der Profileigenschaften

Jede Tourismusdestination ruft in den Köpfen der Nachfrager ein bestimmtes Bild, ein Image, hervor. Die Erfassung der Profileigenschaften als Teilstudie der DESTINATION BRAND beabsichtigt, herauszufinden, welches Profil von Kundenseite mit einer Destination verbunden wird, unabhängig davon, ob der Nachfrager bereits die Destination besucht hat, oder nicht. Das Image deutscher Destinationen kann demnach anhand diverser Charaktereigenschaften gemessen werden. Insgesamt 62 Reisezieleigenschaften finden Berücksichtigung. Sechs allgemeine Eigenschaften („abwechslungsreich", „attraktiv", „authentisch / echt", „ehrlich / glaubwürdig", „gastfreundlich" und „serviceorientiert") wurden 2011 und 2014 für alle Reiseziele abgefragt, aus den restlichen Eigenschaften können die Destinationsmanager fünf auswählen. In Modul 1 der Studie werden vorgegebene Profileigenschaften auf einer Skala von „trifft vollkommen zu" bis „trifft überhaupt nicht zu" je Destination beurteilt, Modul 2 ermöglicht auch die offene Abfrage von Spontan-Assoziationen je Destination.

4. Sonderauswertung: DESTINATION BRAND 65+

Zur Ermittlung wesentlicher Beurteilungsunterschiede und -gemeinsamkeiten wurde die DESTINATION BRAND-Studie segmentiert nach dem Alter der Befragten in einer gesonderten Untersuchung ausgewertet. Den durchschnittlichen Ergebnisdaten über alle Probanden werden die Ergebnisdaten der Senioren (65 bis 74 Jahre) gegenübergestellt. Es erfolgt zunächst eine Betrachtung der Markenstärke und im Anschluss werden Interessen der Senioren und die von ihnen zugesprochenen Themeneignungen für Destinationen ausgeführt. Die dritte DESTINATION BRAND-Teilstudie zur Erfassung der Profileigenschaften ist nicht Gegenstand der Sonderauswertung DESTINATION BRAND 65+.

4.1 Markenstärke bei Senioren

Der Methodik des Markenvierklangs folgend wurden in der letzten Untersuchung der Markenstärke von Destinationen (DESTINATION BRAND 15)

Zielgebietsrankings der gestützten Bekanntheit, der Sympathie, der Besuchsbereitschaft und der tatsächlich schon erfolgten Besuche aufgestellt. Bei einer Gegenüberstellung der Ergebnisse aller Befragten zu denjenigen von Senioren ergibt sich für die gestützte Bekanntheit folgendes Bild der TOP 20-Destinationen:

Abb. 3: Gestützte Bekanntheit deutscher Destinationen, TOP 20[4]

Alle Befragten Rang	Destinationsname	Alle Befragten	Senioren	Senioren Rang
	DESTINATION BRAND 15 (DB15) Basis: Destination dem Namen nach bekannt, nicht bekannt
1	Nordsee	94 %	96 %	1
2	Bayern	94 %	95 %	2
3	Hamburg	92 %	91 %	4
4	Ostsee	91 %	90 %	5
5	Bodensee	91 %	88 %	8
6	Berlin	91 %	87 %	12
7	Schwarzwald	90 %	94 %	3
8	München	90 %	84 %	15
9	Dresden	89 %	89 %	6
10	Insel Rügen	88 %	87 %	13
11	Sylt	87 %	79 %	32
12	Harz	86 %	87 %	9
13	Köln	85 %	75 %	42
14	Bayerischer Wald	85 %	83 %	17
15	Schleswig-Holstein	84 %	87 %	10
16	Mecklenburg-Vorpommern	84 %	82 %	21
17	Frankfurt am Main	83 %	81 %	24
18	Chiemsee	82 %	83 %	18
19	Garmisch-Partenkirchen	82 %	89 %	7
20	Potsdam	82 %	83 %	20

---

4 Quelle: Eigene Zusammenstellung nach inspektour GmbH (Hrsg.) 2014–2016 sowie Institut für Management und Tourismus (Hrsg.) 2009–2013.

Garmisch-Partenkirchen, Schleswig-Holstein, der Schwarzwald, der Harz und Dresden nehmen im Ranking der Best-Ager eine bedeutendere Stellung ein als bei allen Befragten; diese Destinationen sind demnach Senioren häufiger als Urlaubsziele bekannt. Köln, Sylt, Frankfurt am Main und Mecklenburg-Vorpommern fallen demgegenüber deutlich ab. Wird dieses Ranking auch für Sympathie, Besuchsbereitschaft und tatsächliches Besuchsverhalten in der Vergangenheit aufgestellt, so fällt auf, dass an der Spitze des Rankings über alle Dimensionen nahezu Gleichheit herrscht. Die Positionen der jeweiligen Destinationen mögen sich innerhalb des Rankings geringfügig verschieben, aber es stehen meist die gleichen 20 Destinationen an der Spitze.

Abb. 4: Tatsächliches Besuchsverhalten in der Vergangenheit, TOP 20[5]

Alle Befragten Rang	Destinationsname	Alle Befragten	Senioren	Senioren Rang
\multicolumn{5}{c}{DESTINATION BRAND 15 (DB 15) Basis: Destination in der Vergangenheit besucht, nicht besucht}			
1	Bayern	72 %	75 %	4
2	Ostsee	69 %	76 %	2
3	Berlin	69 %	76 %	2
4	Nordsee	68 %	81 %	1
5	Hamburg	59 %	62 %	7
6	Schwarzwald	53 %	73 %	5
7	Nordsee Schleswig-Holstein	52 %	56 %	12
8	Bodensee	51 %	63 %	6
9	München	49 %	47 %	24
10	Ostsee Schleswig-Holstein	48 %	57 %	9
11	Bayerischer Wald	45 %	53 %	17
12	Schleswig-Holstein	44 %	57 %	10
13	Oberbayern	44 %	54 %	14
14	Harz	44 %	56 %	13
15	Dresden	44 %	57 %	11
16	Baden-Württemberg	41 %	53 %	15
17	Insel Rügen	41 %	50 %	19

---

5 Quelle: Eigene Zusammenstellung nach inspektour GmbH (Hrsg.) 2014–2016 sowie Institut für Management und Tourismus (Hrsg.) 2009–2013.

DESTINATION BRAND 15 (DB 15) Basis: Destination in der Vergangenheit besucht, nicht besucht				
Alle Befragten Rang	Destinationsname	Alle Befragten	Senioren	Senioren Rang
18	Hochschwarzwald, die Region um Feldberg, Titisee, Schluchsee und Hinterzarten	40 %	58 %	8
19	Mecklenburg-Vorpommern	39 %	51 %	18
20	Konstanz am Bodensee	38 %	48 %	22

Auch bei der Betrachtung des tatsächlichen Besuchsverhaltens in der Vergangenheit gibt es unter den ersten 20 Reisezielen im Ranking kaum neue Destinationen, die hinzukommen. Abweichungen im Ranking der Senioren gegenüber dem Ranking aller Befragten bestehen, sind aber nicht deutlich und übergreifend ausgeprägt. Dieses Ergebnis spricht u. a. für die Ableitung, dass Best Ager ihre Reisegewohnheiten nach Möglichkeit nicht ändern, solange sie nicht durch ihre Lebensumstände dazu gezwungen werden. In der folgenden Tabelle sind diejenigen untersuchten Destinationen aufgelistet, bei denen im Vergleich der Senioren mit allen Befragten die statistisch größten positiven und negativen Abweichungen auftraten. Diese Abweichungen wurden für die gestützte Bekanntheit, die Sympathiewerte, die Besuchsbereitschaft und das tatsächliche Besuchsverhalten gleichermaßen ermittelt.

Abb. 5: Größte Abweichungen Senioren zu allen Befragten – gestützte Bekanntheit[6]

DESTINATION BRAND (DB 15)				
Destinationsname	Abw. Platzierung Best Ager zu allen Befragten	Abw. %-Pkt. Best Ager zu allen Befragten	Alle Befragte: DB 15 Platzierung	Best Ager: DB 15 Platzierung
Basis: Destination dem Namen nach bekannt, nicht bekannt				
Chemnitz	-45	-11 %-Pkt.	67	112
Erzgebirge	-35	-8 %-Pkt.	29	64
Saarland	-32	-9 %-Pkt.	65	97
Köln	-29	-10 %-Pkt.	13	42

---

6   Quelle: Eigene Zusammenstellung nach inspektour GmbH (Hrsg.) 2014–2016 sowie Institut für Management und Tourismus (Hrsg.) 2009–2013.

Destinationsname	DESTINATION BRAND (DB 15)			
	Abw. Platzierung Best Ager zu allen Befragten	Abw. %-Pkt. Best Ager zu allen Befragten	Alle Befragte: DB 15 Platzierung	Best Ager: DB 15 Platzierung
Basis: Destination dem Namen nach bekannt, nicht bekannt				
Oberlausitz	-28	-8 %-Pkt.	92	120
Chiemgau	+38	+10 %-Pkt.	57	19
Füssen	+44	+13 %-Pkt.	89	45
Mosel-Saar	+48	+14 %-Pkt.	88	40
Rüdesheim und Assmannshausen am Rhein	+49	+23 %-Pkt.	114	65
Rothenburg ob der Tauber	+61	+20 %-Pkt.	75	14

Abb. 6: Größte Abweichungen Senioren zu allen Befragten – tatsächliches Besuchsverhalten[7]

Destinationsname	DESTINATION BRAND (DB 15)			
	Abw. Platzierung Best Ager zu allen Befragten	Abw. %-Pkt. Best Ager zu allen Befragten	Alle Befragte: DB 15 Platzierung	Best Ager: DB 15 Platzierung
Basis: Destination in der Vergangenheit besucht, nicht besucht				
Düsseldorf	-40	-3 %-Pkt.	59	99
Köln	-37	-4 %-Pkt.	25	62
Chemnitz	-30	-1 %-Pkt.	116	146
Hannover	-29	-2 %-Pkt.	68	97
Langeoog	-29	-1 %-Pkt.	95	124
Rothenburg ob der Tauber	+35	+19 %-Pkt.	70	35
Altmark	+36	+9 %-Pkt.	146	110
RadRegionRheinland	+38	+9 %-Pkt.	153	115
Rüdesheim und Assmannshausen am Rhein	+40	+18 %-Pkt.	89	49
Ahrtal	+56	+16 %-Pkt.	130	74

---

7 Quelle: Eigene Zusammenstellung nach inspektour GmbH (Hrsg.) 2014–2016 sowie Institut für Management und Tourismus (Hrsg.) 2009–2013.

Auch hier ist kein Muster erkennbar, welches auf signifikante Unterschiede zwischen der Markenbeurteilung von Senioren und von allen Befragten hinweist. Es ist einzig auffällig, dass städtische Destinationen (abgesehen von den Spitzen-Städtereisezielen in Deutschland wie Hamburg, Berlin, München) vergleichsweise häufig im Markenvierklang-Ranking der Senioren auf weiter hinten liegende Plätze verwiesen werden als sie durchschnittlich bei allen Befragten einnehmen. Deutlich weiter vorn angesiedelt sind bei Senioren die wenigen Destinationen, die schon bei der Namensgebung touristische Themen einfließen lassen. Als Beispiele können hier genannt werden: RadRegionRheinland, Romantisches Franken, Bayrisches Golf- und Thermenland, Franken – Wein. Schöner.Land! Eine Ursache der besseren Platzierung im Konkurrenzvergleich kann auch darin gesehen werden, dass die Themenspezifizierung präferierte Urlaubsarten der Best Ager anspricht.

Rothenburg ob der Tauber ist beispielhaft ein Urlaubsort, der in allen vier Dimensionen des Markenvierklangs bei Senioren eine höhere Platzierung erreicht als bei durchschnittlich allen Befragten, während Köln als Reisedestination für Senioren eine eher untergeordnete Bedeutung hat.

Abb. 7: Beispiel Rothenburg ob der Tauber, Abweichungen Senioren zu allen Befragten[8]

Rothenburg ob der Tauber	Abw. Platzierung Best Ager zu allen Befragten	Abw. %-Pkt. Best Ager zu allen Befragten	Alle Befragte: DB 15 Platzierung	Best Ager: DB 15 Platzierung
gestützte Bekanntheit	+61	+20 %-Pkt.	75	14
Sympathie	+27	+20 %-Pkt.	49	22
Besuchsbereitschaft längerer Urlaub	+35	+7 %-Pkt.	89	54
Besuchsverhalten in der Vergangenheit	+35	+19 %-Pkt.	70	35

---

8 Quelle: Eigene Zusammenstellung nach inspektour GmbH (Hrsg.) 2014–2016 sowie Institut für Management und Tourismus (Hrsg.) 2009–2013.

Abb. 8: *Beispiel Köln, Abweichungen Senioren zu allen Befragten*[9]

Köln	Abw. Platzierung Best Ager zu allen Befragten	Abw. %-Pkt. Best Ager zu allen Befragten	Alle Befragte: DB 15 Platzierung	Best Ager: DB 15 Platzierung
gestützte Bekanntheit	-29	-10 %-Pkt.	13	42
Sympathie	-18	-1 %-Pkt.	19	37
Besuchsbereitschaft längerer Urlaub	-49	-8 %-Pkt.	58	107
Besuchsverhalten in der Vergangenheit	-37	-4 %-Pkt.	25	62

Zeitvergleiche

Die Ermittlung des Markenvierklanges war bisher Gegenstand der DESTINATION BRAND 09, 12 und 15 Studien. Insofern lassen sich unter der Einschränkung, dass die teilnehmenden deutschen Destinationen geringfügig variierten, deutliche Entwicklungstendenzen im Zeitverlauf ableiten. Wird die Konkurrenzanalyse zur Markenstärke bei Senioren für alle durchgeführten Teilstudien der DESTINATION BRAND verglichen, ergeben sich folgende Rankings für die gestützte Bekanntheit und das tatsächliche Besuchsverhalten:

Abb. 9: *TOP 10 der Senioren – gestützte Bekanntheit – im Zeitvergleich*[10]

TOP 10 Senioren, gestützte Bekanntheit Basis: Destination dem Namen nach bekannt, nicht bekannt			
Rang	DB 09	DB 12	DB 15
1	Bayern	Bodensee	Nordsee
2	Schwarzwald	Schwarzwald	Bayern
3	Ostsee	Ostsee	Schwarzwald
4	Bodensee	Bayern	Hamburg
5	Bayrischer Wald	Lüneburger Heide	Ostsee
6	München	Hamburg	Dresden
7	Dresden	Bayrischer Wald	Garmisch-Partenkirchen

---

9 Quelle: Eigene Zusammenstellung nach inspektour GmbH (Hrsg.) 2014–2016 sowie Institut für Management und Tourismus (Hrsg.) 2009–2013.
10 Quelle: Eigene Zusammenstellung nach inspektour GmbH (Hrsg.) 2014–2016 sowie Institut für Management und Tourismus (Hrsg.) 2009–2013.

TOP 10 Senioren, gestützte Bekanntheit Basis: Destination dem Namen nach bekannt, nicht bekannt			
Rang	DB 09	DB 12	DB 15
8	Berlin	Berlin	Bodensee
9	Nordsee	Leipzig	Harz
10	Mosel	Nordsee	Schleswig-Holstein

Abb. 10: TOP 10 der Senioren – tatsächliches Besuchsverhalten in der Vergangenheit – im Zeitvergleich[11]

TOP 10 Senioren, tatsächliches Besuchsverhalten in der Vergangenheit Basis: Urlaub in der Vergangenheit in der Destination gemacht			
Rang	DB 09	DB 12	DB 15
1	Bayern	Ostsee	Nordsee
2	Ostsee	Bayern	Ostsee
3	Schwarzwald	Bayerischer Wald	Berlin
4	Berlin	Berlin	Bayern
5	Bodensee	Nordsee	Schwarzwald
6	Dresden	Ostsee Mecklenburg-Vorpommern	Bodensee
7	München	Schwarzwald	Hamburg
8	Nordsee	Bodensee	Hochschwarzwald, die Region um Feldberg, Titisee, Schluchsee und Hinterzarten
9	Mecklenburg-Vorpommern	Dresden	Ostsee Schleswig-Holstein
10	Bayerischer Wald	München	Schleswig-Holstein

Geringfügige Wechsel der Rankingpositionen außer Acht lassend, zeichnet sich ein sehr konstantes Reiseverhalten der Best Ager ab. Besonders Bayern, die Nord- und Ostsee, Berlin und der Bodensee können sich über loyale ältere Gäste freuen.

---

11 Quelle: Eigene Zusammenstellung nach inspektour GmbH (Hrsg.) 2014–2016 sowie Institut für Management und Tourismus (Hrsg.) 2009–2013.

4.2 Themeneignung/Interesse der Senioren

Bei der Sonderauswertung zur Themeneignung wird sich lediglich auf die Daten aus der DESTINATION BRAND-Studie 2013 bezogen. In dieser wurde die Themenkompetenz von 137 deutschen Reisezielen untersucht. Dem geht eine allgemeine Interessenabfrage an Tourismusthemen voraus. Auch an dieser Stelle können die Ergebnisse segmentiert nach Senioren und allen Befragten dargestellt werden. Für das Interessentenpotenzial an verschiedenen Urlaubsarten und -aktivitäten ergibt sich folgendes Ranking:

Abb. 11: Allgemeines Interessentenpotenzial, Ranking und Abweichungen Senioren zu allen Befragten[12]

		% der Fälle	Senioren			% der Fälle	Senioren			% der Fälle	Senioren
\multicolumn{13}{	c	}{DESTINATION BRAND (DB 13)}
\multicolumn{13}{	c	}{Basis: Top-Two-Box auf Skala von „5 = sehr großes Interesse" bis „1 = gar kein Interesse"}
\multicolumn{13}{	c	}{Ranking der untersuchten Urlaubsarten / -aktivitäten (Ø = 34%)}
1	Spektakuläre Landschaft erleben	72%	59%	19	Events besuchen	40%	22%	37	Weinreise	23%	26%
2	Sich in der Natur aufhalten	71%	75%	20	Freizeitparks besuchen	39%	23%	38	Märchen und Sagen erleben	22%	17%
3	Bade- / Strandurlaub	66%	54%	21	Fähr- und Kreuzfahrturlaub	38%	36%	39	Brauchtumsveranstaltungen	22%	17%
4	Städtereise	65%	62%	22	UNESCO Welterbestätten besuchen	38%	40%	40	Ebike / Pedelecs / Elektroräder benutzen	21%	14%
5	Angebote in der Nebensaison nutzen	65%	73%	23	Museen, Ausstellungen oder Kunstmuseen besuchen	38%	42%	41	Barrierefreier Urlaub / Barrierefreie Reise	17%	18%
6	Kulinarische / gastronomische Spezialitäten genießen	62%	53%	24	Lebendige „Szene" erleben	38%	20%	42	Mountainbike fahren	17%	4%
7	Sich aktiv im und am Wasser aufhalten	58%	49%	25	Kultur-/ Musikfestivals besuchen	37%	34%	43	Bergbau erleben	16%	12%
8	Romantik erleben	53%	41%	26	Shoppingmöglichkeiten nutzen	36%	21%	44	Martin Luthers Spuren entdecken	15%	20%
9	Burgen, Schlösser, Dome besuchen	52%	56%	27	Luxusurlaub / Luxusreise	35%	20%	45	Motorrad fahren	15%	5%
10	Familienurlaub	49%	42%	28	Landurlaub / Urlaub auf dem Bauern- bzw. Winzerhof	31%	28%	46	Filmtourismus (z. B. Drehorte besuchen)	15%	7%
11	Wellnessangebote nutzen	49%	43%	29	„Winter am Meer" erleben	30%	31%	47	Segeln	15%	9%
12	Gärten / Parks besuchen	48%	53%	30	Thalassoangebote nutzen	30%	30%	48	Nordic Walking	14%	17%
13	Schlösser, Herrenhäuser, Parks und Gärten besuchen	47%	50%	31	Wassersport ausüben (nicht Segeln)	27%	13%	49	Bierreise (Besuch von Brauhäusern und Brauereien)	14%	8%
14	Informationen über die Natur erhalten	45%	53%	32	Gesundheitsangebote nutzen (selbstzahlend, nicht Kur)	26%	32%	50	Reiten	13%	6%
15	Kult. Einrichtungen besuchen / Kulturangebote nutzen	44%	47%	33	Sporturlaub	23%	12%	51	Surfen / Kiten	12%	2%
16	Wandern	43%	47%	34	Wintersport ausüben (z.B. Langlauf, Abfahrt)	23%	14%	52	Angeln	9%	6%
17	Zoos besuchen	40%	36%	35	Campingurlaub / Caravaningurlaub	23%	13%	53	Golf spielen	8%	5%
18	Rad fahren (nicht Mountainbike fahren)	40%	35%	36	Angebote zur Industriekultur besuchen	23%	21%				

---

12 Quelle: Eigene Zusammenstellung nach inspektour GmbH (Hrsg.) 2014–2016 sowie Institut für Management und Tourismus (Hrsg.) 2009–2013.

Grundsätzlich sind die Interessen der Reisenden unabhängig von ihrem Alter in ihrer Bedeutung als Urlaubsart ähnlich ausgeprägt. Ausschließlich das Interessentenpotenzial der Senioren betrachtend, ergibt sich folgende TOP 10-Urlaubsinteressen-Rangfolge:

Abb. 12: TOP 10 Allgemeines Interessentenpotenzial der Senioren[13]

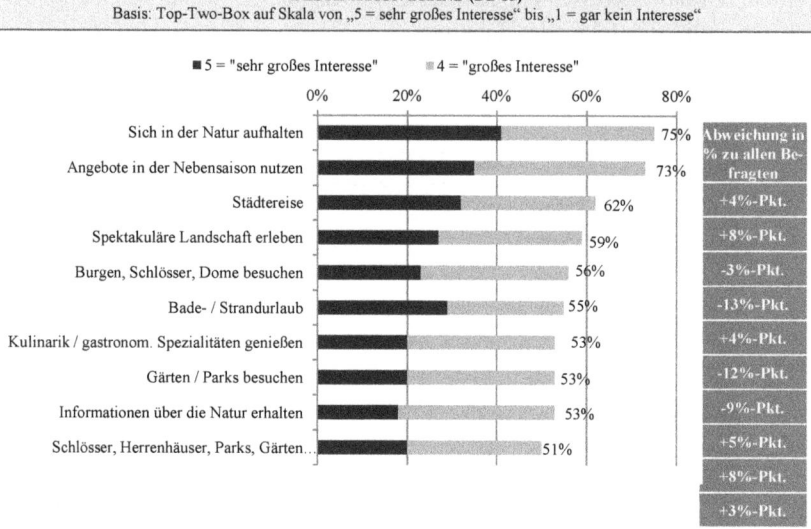

Werden die jeweils statistisch fünf größten positiven und negativen Interessenabweichungen ermittelt, so ergibt sich folgendes Bild:

---

13 Quelle: Eigene Zusammenstellung nach inspektour GmbH (Hrsg.) 2014–2016 sowie Institut für Management und Tourismus (Hrsg.) 2009–2013.

Abb. 13: *TOP 10 Interessentenpotenzial der Best Ager – größte Abweichungen zwischen Senioren und allen Befragten*[14]

Destinationsname	DESTINATION BRAND (DB 13) Basis: Top-Two-Box auf Skala von „5 = sehr hohes Interesse" bis „1 = gar kein Interesse"			
	Abw. Platzierung Best Ager zu allen Befragten	Abw. %-Pkt. Best Ager zu allen Befragten	Alle Befragte: DB 13 Platzierung	Best Ager: DB 13 Platzierung
Events besuchen	-10	-18 %-Pkt.	19	29
Lebendige „Szene" erleben	-10	-18 %-Pkt.	24	34
Freizeitparks besuchen	-10	-16 %-Pkt.	20	28
Shoppingmöglichkeiten nutzen	-4	-15 %-Pkt.	26	30
Luxusurlaub/Luxusreise	-5	-15 %-Pkt.	27	32
Angebote in der Nebensaison nutzen	+3	+8 %-Pkt.	5	2
Informationen über die Natur erhalten	+5	+8 %-Pkt.	14	9
Gesundheitsangebote nutzen	+9	+6 %-Pkt.	32	23
Gärten/Parks besuchen	+4	+5 %-Pkt.	12	8
Martin Luthers Spuren entdecken	+11	+5 %-Pkt.	44	33

Insgesamt ist das Interesse an speziellen Urlaubsarten bei Best Agern eher geringer ausgeprägt. Ein höheres Interessentenpotenzial – und dann auch prozentual auf einem niedrigeren Niveau als bei niedrigerem Interessentenpotenzial – weisen die über 65-Jährigen nur bei 16 der in DESTINATION BRAND 13 insgesamt 53 abgefragten Themen auf.

Events wie „Festivals oder Sportveranstaltungen" oder „die Szene/das Nachtleben genießen" sind als Urlaubsaktivitäten für die über 65-Jährigen nicht mehr so interessant. Kaum überraschend: Körperlich anspruchsvolle Sportarten wie Wasser- und Wintersport, Mountainbiking, Surfen/Kiten oder Motorrad fahren stoßen bei den Senioren auch auf weniger Interesse. Sie lassen es zusammenfassend alles etwas gemäßigter angehen als die Durchschnitts-Probanden: Extreme und herausragende Veranstaltungen sind nicht mehr so wichtig: es muss

---

14 Quelle: Eigene Zusammenstellung nach inspektour GmbH (Hrsg.) 2014–2016 sowie Institut für Management und Tourismus (Hrsg.) 2009–2013.

nicht spektakulär sein, Senioren wollen sich am liebsten in der Natur aufhalten; es muss gute Qualität geboten werden, aber es muss keine Luxusreise sein. Das hohe Interessentenpotenzial der Senioren, Angebote in der Nebensaison nutzen zu wollen, bietet große Chancen für Reiseziele, ihre ganzjährige Auslastung zu verbessern (siehe nachfolgende Abbildung).

Nachfolgend wird für die beiden Urlaubsarten bzw. -aktivitäten mit den größten signifikanten positiven bzw. negativen Abweichungen zwischen dem Interessentenpotenzial von Senioren und allen Befragten die altersspezifische Verteilung aufgezeigt:

Abb. 14: *Interessentenpotenzial für „Events besuchen" nach Alter*[15]

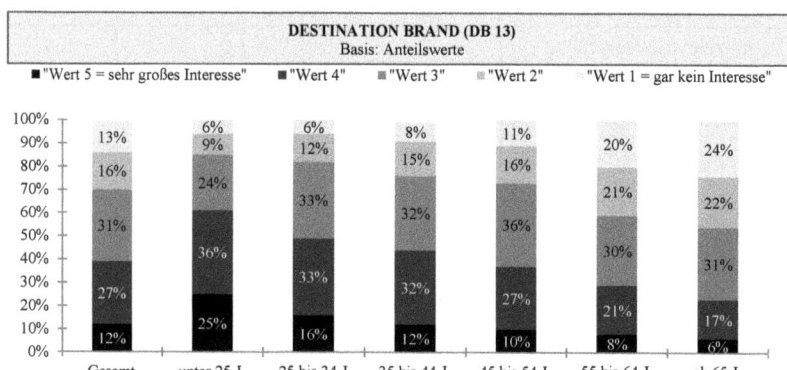

---

15 Quelle: Eigene Zusammenstellung nach inspektour GmbH (Hrsg.) 2014-2016 sowie Institut für Management und Tourismus (Hrsg.) 2009-2013.

Abb. 15: Interessentenpotenzial für „Angebote in der Nebensaison nutzen" nach Alter[16]

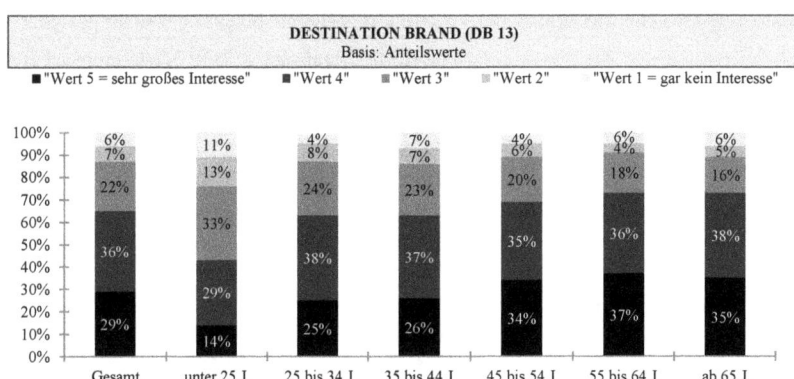

Werden für einige ausgewählte Urlaubsarten die jeweils aus Sicht der Befragten am meisten geeigneten drei deutschen Destinationen herausgefiltert, so ergibt sich folgende Tabelle:

Abb. 16: TOP 3 der Themeneignung – Höchste Themeneignung (Auswahl an Urlaubsarten)[17]

DESTINATION BRAND (DB 13) Basis: Top-Two-Box auf Skala von „5 = sehr gut geeignet" bis „1 = gar nicht geeignet"		
	TOP 3 je Urlaubsart aus Sicht der Best Ager	TOP 3 je Urlaubsart aus Sicht aller Befragten
Gesundheitsurlaub/ Gesundheitsreise	1. Nordsee 2. Bayern 3. Ostsee	1. Ostsee 2. Nordsee 3. Schwarzwald
Kulinarische Reise	1. Bayern 2. Schwarzwald 3. Bodensee	1. Bayern 2. Schwarzwald 3. München
Kulturaurlaub/Kulturreise	1. Berlin 2. Bayern 3. Dresden	1. Berlin 2. Bayern 3. Hamburg

---

16 Quelle: Eigene Zusammenstellung nach inspektour GmbH (Hrsg.) 2014–2016 sowie Institut für Management und Tourismus (Hrsg.) 2009–2013.
17 Quelle: Eigene Zusammenstellung nach inspektour GmbH (Hrsg.) 2014–2016 sowie Institut für Management und Tourismus (Hrsg.) 2009–2013.

DESTINATION BRAND (DB 13) Basis: Top-Two-Box auf Skala von „5 = sehr gut geeignet" bis „1 = gar nicht geeignet"		
	TOP 3 je Urlaubsart aus Sicht der Best Ager	TOP 3 je Urlaubsart aus Sicht aller Befragten
Natururlaub	1. Bayern 2. Bodensee 3. Harz	1. Ostsee 2. Bayern 3. Nordsee
Wellnessurlaub/Wellnessreise	1. Bayern 2. Nordsee 3. Ostsee	1. Ostsee 2. Nordsee 3. Sylt
Bade-/Strandurlaub	1. Nordsee 2. Ostsee 3. Insel Rügen	1. Ostsee 2. Nordsee 3. Sylt
Besuch von Events	1. Berlin 2. Hamburg 3. München	1. Hamburg 2. Berlin 3. München
Familienurlaub	1. Nordsee 2. Bayern 3. Ostsee	1. Ostsee 2. Nordsee 3. Bayern
Landurlaub/Urlaub auf dem Bauern-/Winzerhof	1. Lüneburger Heide 2. Bayrischer Wald 3. Eifel	1. Bayrischer Wald 2. Lüneburger Heide 3. Eifel
Radfahren (nicht Mountainbike)	1. Bodensee 2. Ostsee Schleswig-Holstein 3. Lüneburger Heide	1. Ostsee 2. Bodensee 3. Nordsee
Städtereise	1. Berlin 2. Hamburg 3. Bayern	1. Hamburg 2. Berlin 3. München
Wandern	1. Bayern 2. Harz 3. Bodensee	1. Bayern 2. Bayrischer Wald 3. Schwarzwald

Augenscheinlich ist die Destination Nordsee bei Senioren für viele verschiedene Urlaubsthemen sehr beliebt. Dies mag u. a. an der gesunden Luft und dem Reizklima liegen, welches der deutschen Nordseeküste zugeschrieben wird. Grundsätzlich gleicht sich das Ranking aber weitgehend über alle Themen und auch zwischen Best Agern und allen Befragten.

Beispielhaft für den bei Senioren besonders beliebten Gesundheitsurlaub wird nachfolgend die Konkurrenzanalyse inkl. der größten Beurteilungsabweichungen aufgezeigt.

Abb. 17: Eignung der Destinationen für Gesundheitsurlaub[18]

DESTINATION BRAND (DB 13) Basis: Top-Two-Box auf Skala von „5 = sehr gut geeignet" bis „1 = gar nicht geeignet" Ranking der Kategorie: Alle untersuchten Destinationen (Ø = 29%)									
		Senioren	Alle Befragte			Senioren	Alle Befragte		Senioren	Alle Befragte
1	Nordsee	76%	73%	24	Franken	49%	38%	47 Sachsen-Anhalt	34%	24%
2	Bayern	73%	64%	25	Langeoog	48%	43%	48 Hessen	34%	28%
3	Ostsee	72%	76%	26	Eifel	47%	38%	49 Lübecker Bucht	33%	32%
4	Schwarzwald	70%	65%	27	St. Peter-Ording	46%	46%	50 Fränkische Schweiz	32%	31%
5	Nordsee Niedersachsen	66%	58%	28	Schwäbische Alb	46%	38%	51 Weserbergland	31%	20%
6	Ostsee Mecklenburg-Vorpommern	65%	60%	29	Nordseeland Dithmarschen	46%	30%	52 Nationalpark Schleswig-Holsteinisches Wattenmeer	31%	38%
7	Nordsee Schleswig-Holstein	65%	58%	30	Ostfriesland	45%	50%	53 Sachsen	31%	28%
8	Ostsee Schleswig-Holstein	64%	55%	31	Baden	45%	35%	54 Fischland-Darß-Zingst	31%	29%
9	Ostseebad Binz	63%	48%	32	Mosel	44%	32%	55 Breisgau	31%	31%
10	Insel Rügen	61%	62%	33	Büsum	42%	40%	56 Naturpark Altmühltal	30%	18%
11	Insel Usedom	60%	61%	34	Württemberg	41%	26%	57 Schleswig-Holsteinisches Binnenland	30%	27%
12	Bodensee	60%	57%	35	Rheinland-Pfalz	41%	31%	58 Oberpfälzer Wald	30%	23%
13	Sylt	59%	61%	36	Ostbayern	40%	31%	59 Pfalz	29%	31%
14	Oberbayern	59%	53%	37	Fichtelgebirge	40%	35%	60 Kaiserstuhl	29%	22%
15	Mecklenburgische Seenplatte	57%	46%	38	Thüringen	39%	37%	61 Frankenwald	29%	21%
16	Harz	57%	55%	39	Baden-Württemberg	39%	40%	62 Rhön	29%	29%
17	Bayerischer Wald	57%	57%	40	Niedersachsen	39%	34%	63 Westerwald	29%	27%
18	Allgäu	56%	57%	41	Föhr	36%	37%	64 Odenwald	28%	28%
19	Mecklenburg-Vorpommern	52%	41%	42	Sauerland	36%	31%	65 Bergisches Land	28%	27%
20	Schleswig-Holstein	51%	45%	43	Heiligenhafen	36%	25%	66 Teutoburger Wald	28%	29%
21	Norderney	50%	51%	44	Sächsische Schweiz-Elbsandsteingebirge	35%	29%	67 Brandenburg	27%	27%
22	Thüringer Wald	49%	44%	45	Taunus	35%	29%	68 Erzgebirge	27%	38%
23	Lüneburger Heide	49%	42%	46	Hunsrück	34%	23%	69 Nordrhein-Westfalen	25%	22%

---

18 Quelle: Eigene Zusammenstellung nach inspektour GmbH (Hrsg.) 2014–2016 sowie Institut für Management und Tourismus (Hrsg.) 2009–2013.

Abb. 18: Gesundheitsurlaub; größte Abweichungen der Einschätzung von Senioren gegenüber allen Befragten[19]

DESTINATION BRAND (DB 13) „Gesundheitsurlaub / Gesundheitsreise (selbstzahlend, nicht Kur)" Basis: Top-Two-Box auf Skala von „5 = sehr gut geeignet" bis „1 = gar nicht geeignet" (Angabe in % der Fälle)		
Destinationsname	Abw. Platzierung Senioren zu allen Befragten	Abw. %-Pkt. Senioren zu allen Befragten
Sehr gut geeignet		
Nordseeland Dithmarschen	+18	+16 %-Pkt.
Württemberg	+27	+15 %-Pkt.
Ostseebad Binz	+10	+15 %-Pkt.
Naturpark Altmühltal	+28	+12 %-Pkt.
Mosel	+8	+12 %-Pkt.
Gar nicht geeignet		
Erzgebirge	-39	-11 %-Pkt.
Kiel	-28	-7 %-Pkt.
Nationalpark Schleswig-Holsteinisches Wattenmeer	-20	-7 %-Pkt.
Flensburg	-18	-5 %-Pkt.
Ostfriesland	-12	-5 %-Pkt.

Es lässt sich festhalten, dass das Markenstärke-Ranking der an DESTINATION BRAND teilnehmenden Destinationen innerhalb des Markenvierklanges logisch und aus Sicht des Gastes auch konsequent aufgebaut ist: Die relativ bekanntesten Reiseziele sind gleichzeitig im Sympathieranking an vorderer Stelle, weisen die höchste Besuchsbereitschaft auf und wurden in der Vergangenheit auch von den Befragten am Häufigsten besucht. Dieses Ranking-Muster gilt ebenso für alle Befragten wie speziell für Senioren. Die Konkurrenzanalyse zeigt für die Zielgruppe 65+ signifikante Unterschiede zu den Durchschnittswerten auf, jedoch sind diese nicht so gravierend, als dass man von deutlich altersabhängigen Ergebnissen sprechen könnte. Größere Abweichungen zeigen die Senioren im Vergleich zu allen Befragten im Bereich ihrer Urlaubsinteressen. Jedoch sind auch bei der zugebilligten Themeneignung von Destinationen deutliche Parallelen zwischen

---

19 Quelle: Eigene Zusammenstellung nach inspektour GmbH (Hrsg.) 2014–2016 sowie Institut für Management und Tourismus (Hrsg.) 2009–2013.

Senioren und allen Befragten sichtbar. Das Ranking der jeweils am geeignetsten eingeschätzten Reiseziele für die verschiedenen Urlaubsarten gleicht sich vielfach.

5. Ableitung: Erfolgsfaktoren für die Positionierung von Destinationen für Senioren

Welche Schlussfolgerungen für eine erfolgreiche Positionierung von Destinationsmarken bei Senioren lassen sich nun aus der Sonderauswertung DESTINATION BRAND 65+ ableiten?

Speziell die Untersuchungen der Markenstärke deutscher Destinationen zeigen viele Übereinstimmungen zwischen der Beurteilung durch Senioren und durch alle Befragten. Auch wenn die eine oder andere Destination Best Agern signifikant besser bekannt oder sympathischer ist, eine höhere Besuchsbereitschaft für sich verzeichnen kann oder in der Vergangenheit durch Senioren auch häufiger besucht wurde als von durchschnittlich allen Probanden, so finden sich doch unter den ersten 25 Plätzen des Destinationsrankings nahezu die gleichen Destinationen. Neben den innengerichteten Voraussetzungen für eine erfolgreiche Destinationspositionierung sind die klar definierten und einprägsam vermittelten Markenwerte und der Markennutzen von entscheidender Bedeutung. Wenn diese den Bedürfnissen von Senioren entsprechen (z. B. Sicherheit, Qualität, hoher Service etc.), sind wesentliche Erfolgsfaktoren gegeben. Diese gilt es nach innen zu leben und nach außen entsprechend zu kommunizieren.

5.1 Innenmarketing

Von zentraler Bedeutung ist es, das Markenmanagement in der Destination als übergeordnete, zentrale Unternehmenseinheit zu installieren. Maßnahmen müssen koordiniert und abgestimmt eingesetzt werden. Die Inhalte der Destinationsmarke sind klar zu kommunizieren – nicht nur nach außen, sondern insbesondere auch nach innen, sodass diese den Leistungsträgern einer Destination umfassend bekannt sind. Vor allem die Mitarbeiter im Kundenkontakt, das betrifft im Tourismus nahezu alle Beschäftigten, geben die Werte der Markenidentität an den Gast weiter, sie machen für ihn die Marke erlebbar.

5.2 Außenmarketing

Marktanalysen wie mittels DESTINATION BRAND unterstützen die zielgenaue Positionierung der Destinationsmarke. Erfolg verspricht vor allem eine Ansprache der Senioren über Themen. Die Interessen der Best Ager unterscheiden sich doch deutlich von den Interessen aller Befragten. Beispielsweise Gesundheit, Wein,

Geschichte, ... weisen als Marktnischen bei den über 65-Jährigen ein größeres Interessenpotenzial auf. Deutsche Reiseziele, die bereits jetzt in ihrem Markennamen einen thematischen Bezug herstellen, der für Senioren inhaltlich attraktiv ist, werden von Senioren mit einer größeren Markenstärke versehen. Die Namensgebung hat somit Auswirkungen auf die Wahrnehmung einer Destination als Marke durch Best Ager. Für ältere Reisende stehen nicht spektakuläre Attraktionen oder Landschaften im Vordergrund; sie verreisen auch gern in Landschaften, die ihnen Erholung, gutes Klima, Kultur und leichte Aktivitäten versprechen. Insofern haben auch Destinationen, die vielleicht objektiv betrachtet weniger touristische Anziehungskraft entwickeln als andere, gute Chancen, sich als Reiseziel für Senioren zu etablieren – besonders in der Nebensaison.

Für Senioren ist im Bezug zu einer Urlaubsreise folgendes wichtig:

Abb. 19: Relevante Faktoren für Senioren für eine Urlaubsreise[20]

Relevante Faktoren für Senioren für eine Urlaubsreise
- Aktives und vor allem passives Naturerlebnis genießen
- Zeit für sich und seine Mitreisenden haben
- Soziale Kontakte und gemeinsame Aktivitäten erleben
- Gesundheit (gesund werden und bleiben) und Ernährung berücksichtigen
- Neues kennenlernen und Eindrücke sammeln
- Nostalgie und Erinnerungen auffrischen
- Kultur und Bildung erfahren
- Qualität und Sicherheit entlang der gesamten Customer Journey erhalten

Das Marketing für Destinationsmarken für die Gruppe der Best Ager muss nicht stark differenziert ausgestaltet sein. Die Informationen zu Destinationen sollten zunehmend intergenerativ, nachhaltig und fundiert aufbereitet werden. Senioren schätzen eine klare und glaubwürdige Positionierung des Zielgebietes. Eine starke Idee muss durch die Destinationsmarke gelebt werden. Außerdem gilt: Weniger Kommunikation ist manchmal mehr (vgl. research tools, Research Now 2009).

Das Destinationsmarketing sollte beachten, dass es sich bei Best Agern um sehr reiseerfahrene, qualitätsbewusste und anspruchsvolle Konsumenten handelt. Insofern sollte die Destinationsmarke über positive, in der Anzahl überschaubare und für Senioren relevante Nutzwerte vermittelt werden. Es empfiehlt sich, an den

---

20 Quelle: Eigene Zusammenstellung.

Motiven für eine Reise anzusetzen und nicht das Alter als Aufhänger zu nutzen (vgl. DSFT 2002, 49).

In der Kommunikation mögen Ältere es weniger schrill und bevorzugen nicht zu schnell wechselnde Inhalte, Informationen und Bilder. Ihre Lernprozesse sind gegenüber Jüngeren etwas weniger dynamisch, deshalb sind häufigere Wiederholungen der Markenbotschaften ratsam. Die Wahl der Medien hat zielgruppengerecht zu erfolgen. Speziell die Bilder- und Videowahl muss mit der nötigen Weitsicht erfolgen: Es sollten Personen abgebildet werden, die das gefühlte Alter (und nicht das tatsächliche Alter) der Zielgruppe widerspiegeln und auch Aktivitäten durchführen, die den Wünschen entsprechen (und nicht unbedingt „altersgerecht" sind). Den Begriff „Senioren" in das Wording für Destinationsleistungen aufzunehmen, sollte nur mit Vorsicht geschehen. Best Ager reagieren bei einer aus ihrer Sicht unpassenden altersspezifischen Ansprache sehr sensibel. Sie möchten eigentlich nur gern Senioren sein, wenn dies für sie auch mit u. a. finanziellen oder serviceorientierten Vorteilen verbunden ist (z. B. Seniorenrabatt oder bevorzugte Behandlung). „Menschen involvieren, Dialog fördern, Themen, Inhalte und Mehrwerte schaffen und auf die Zielgruppe ausrichten, das ist es, worauf es ankommt" (POMPE 2012, 87).

Quellen:

Adjouri, N. und Büttner, T. (2009): *Marken auf reisen. Erfolgsstrategien für Marken im Tourismus*. Gabler-Verlag, Wiesbaden.

inspektour GmbH (Hrsg.) (2014–2016): *Studienreihe DESTINATION BRAND 2014–2016*, Hamburg.

DSFT (2002): *Ran an die Alten – Seniorenmarketing im Tourismus*. Sammlung von Beiträgen aus DSFT-Seminaren. DSFT, Berlin.

Eisenstein, B.; Koch, A.; Trimborn, P. und Müller, S. (2017): *Die DestinationsBrand-Studienreihe – Basisinformationen zur Markenführung von Destinationen*. In: Eisenstein, B. (Hrsg.) (2017): *Marktforschung für Destinationen – Grundlagen, Instrumente, Praxisbeispiele*. Erich Schmidt Verlag GmbH & Co, Berlin, S. 267–283.

Engl, Christoph (2016): *Destination Branding. Von der Geografie zur Bedeutung*. UVK Verlagsgesellschaft, Konstanz.

Engels, F. (2012): *Vom Millieudenken und der klassischen Marktforschung zum Marktverstehen durch Lebensstil-Typologisierung*. In Pompe, H.-G. (2012): *Boom-Branchen 50plus. Wie Unternehmen den Best-Ager-Markt für sich nutzen können*. Gabler-Verlag, Wiesbaden.

Esch, F.-J. (2014): *Strategie und Technik der Markenführung.* 8. Auflage, Vahlen, München.

Institut für Management und Tourismus (Hrsg.) (2009–2013): *Studienreihe DESTINATION BRAND 2009–2013*, Heide.

Pompe, H.-G. (2012): *Boom-Branchen 50plus. Wie Unternehmen den Best-Ager-Markt für sich nutzen können.* Gabler-Verlag, Wiesbaden.

Scherhag, K. (2003): *Destinationsmarken und ihre Bedeutung im touristischen Wettbewerb.* Josef Eul Verlag, Lohmar.

Schmaus, S. (2013): *A Brand Identity for the Frisian Wadden Sea. Destination Branding on the basis of Destination Image Analysis.* ISTM, Stuttgart.

Trimborn, R. (2017): *Wunsch und Wirklichkeit.*, Vortrag Destination Day Germany 2017, Stuttgart.

UNWTO (2009): *Handbook on Tourism Destination Branding.* World Tourism Org, Bielefeld.

Internet:

Borchardt, H.-J. (2015): Senioren: Immer noch eine unterschätzte Zielgruppe. unter: http://www.akademie.de/wissen/senioren-marketing [letzter Zugriff: 03.03.2017].

Esch, F.-R. (2008): *Kommunikation auf den Punkt gebracht.* unter: http://www.faz.net/aktuell/wirtschaft/unternehmen/markenbildung-kommunikation-auf-den-punkt-gebracht-1548752.html [letzter Zugriff: 03.03.2017].

Morgan/Pritchard (2002): *Destination Branding.* zitiert von Peschwa Aacharya unter: http://www.slideshare.net/peshwaacharya/destination-branding?next_slideshow=1 [letzter Zugriff: 05.10.2016].

Eurostat (2016): *Bedeutung der Zielgruppe 65+ für den Tourismus.* In Tophotel unter http://www.tophotel.de/20-news/7610-tourismus-europa-bedeutung-der-zielgruppe-65-f%C3%BCr-den-tourismus.html [letzter Zugriff: 03.03.2017].

Research tools, Research Now (2009): *Studie "Senior Efficiency Index 2009": Lindt und Aldi kommen bei den Best Agern am besten an.* In marktforschung.de unter: http://www.marktforschung.de/nachrichten/marktforschung/studie-senior-efficiency-index-2009-lindt-und-aldi-kommen-bei-den-best-agern-am-besten-an/ [letzter Zugriff: 06.02.2016].

Autorenverzeichnis

Manfred Dörr ist gebürtiger Deidesheimer. Nach abgeschlossenem Lehramtsstudium arbeitete er als Lehrer an diversen Bildungseinrichtungen in Rheinland-Pfalz und Baden-Württemberg. Nach langjähriger Funktion im Stadtrat, u. a. als Fraktionsvorsitzender und Beigeordneter, ist er seit 2004 Bürgermeister der Stadt Deidesheim. Als Präsident der Vereinigung cittaslow Deutschland setzt sich Manfred Dörr für die Weiterentwicklung des cittaslow-Gedankens sowie dessen qualitätsorientierte Umsetzung in Deidesheim sowie den Städten des Netzwerkes ein.

Christian Eilzer (Master of Arts, Dipl.-Kfm. FH), Studium International Tourism Management, BWL-Studium, Projekttätigkeit für die inspektour GmbH, von 2004 bis 2006 wissenschaftlicher Mitarbeiter im Studiengang International Tourism Management (ITM) der Fachhochschule Westküste, ab 2006 an der Hochschule Mitarbeiter und Leitungsreferent im Institut für Management und Tourismus (IMT) sowie seit 2009 Geschäftsführer des Fachbereichs Wirtschaft der Fachhochschule Westküste.

Prof. Dr. Bernd Eisenstein, Fachhochschule Westküste. Bernd Eisenstein ist seit 1997 Professor für Internationales Tourismusmanagement an der Fachhochschule Westküste und seit 2006 Direktor des dort ansässigen Instituts für Management und Tourismus (IMT). Nach seinem Studium zum Dipl.-Kaufmann und Dipl.-Geographen promovierte er an der Universität Trier bei Prof. Dr. Christoph Becker. Vorzugsweise in Zusammenarbeit zwischen Hochschule und Praxispartnern setzte er zahlreiche angewandte Marktforschungsprojekte um. Derzeitige Forschungsschwerpunkte sind Fragen der kooperativen Destinationsentwicklung, strategisches Tourismusmanagement und Trends der touristischen Nachfrage.

Sonja Göttel (M.A./MBA), Fachhochschule Westküste. Studium Bachelor of Business Administration (BBA hons) in Leisure and Tourism Management in Stralsund und M.A. in International Management and Intercultural Communication und Master of Business Administration (MBA) in Köln, Warschau, Dalian und Jacksonville. Mehrjährige Erfahrung als Projektmanagerin und Consultant in internationalen Projekten mit Schwerpunkten Destinationsmanagement, Regionalmarketing, Wirtschaftsförderung und Netzwerkkoordination. Seit 2012 Dozentin im Fachbereich Wirtschaft an der FH Westküste in Heide und seit 2014 Mitarbeiterin am Institut für Management und Tourismus (IMT) an der FH Westküste. Forschungsschwerpunkte: Interkulturelles Management, Netzwerk- und Kooperationsmanagement und grenzüberschreitende Zusammenarbeit.

Dr. Matilde S. Groß, Hochschule Harz, Wernigerode. Matilde S. Groß ist seit 2002 Dozentin in den Tourismus-Studiengängen der Hochschule Harz und seit 2013 Mitglied des dort ansässigen Instituts für Tourismusforschung (ITF). Nach ihrem Studium zur Dipl.-Geographin promovierte sie an der Universität Trier bei Prof. Dr. Christoph Becker. Mehrjährige Berufserfahrung erlangte sie durch die geschäftsführende Gesellschaftertätigkeit bei der Tourismusberatung FINEIS Institut GmbH. Sowohl dort als auch seit ihrer Dozentinnentätigkeit im Harz setzte sie – vorzugsweise in Zusammenarbeit zwischen Hochschule und Praxispartnern – zahlreiche angewandte Marktforschungsprojekte um. Derzeitige Forschungsschwerpunkte sind Gesundheits- und Wellnesstourismus, ökologisch- und sozialverträglicher Tourismus sowie weiterhin Marktforschung im Tourismus.

Prof. Dr. Eric Horster ist Leiter des Weiterbildungsinstituts für akademische Studien- und E-Learningangebote (WISE) sowie des Online-Masterstudiengangs Tourismusmanagement der Fachhochschule Westküste in Heide. Seine Arbeits- und Forschungsschwerpunkte sind die digitale Marktforschung sowie das Customer Experience Management. Diese Themen setzt er in Zusammenarbeit mit dem Institut für Management und Tourismus (IMT) auch für die Praxis um.

Alexander Koch (M.A.), inspektour GmbH. Studium Bachelor of Business Administration (BBA hons) in Leisure and Tourism Management an der FH Stralsund und M.A. in International Tourism Management an der FH Westküste in Heide (Holst.). Seit 2017 Projektmitarbeiter bei der inspektour GmbH im Bereich Marktforschung mit Schwerpunkt auf der Destination Brand-Studienreihe. Zuvor von 2009 bis 2017 Projektmitarbeiter am Institut für Management und Tourismus (IMT) im Bereich Markt- und Auftragsforschung. In dieser Funktion u. a. seit 2009 maßgebliche Beteiligung am Aufbau und der inhaltlichen Umsetzung der Destination Brand-Studienreihe und seit 2015 verschiedene Lehraufträge im Studiengang International Tourism Management (B.A. und M.A.). Forschungsinteressen: Quantitative und qualitative Marktforschungsmethoden im Tourismus, Netzwerk- und Kooperationsmanagement sowie Markenstatus- und Imageanalysen.

Julian Reif (Dipl.-Geogr.), studierte an den Universitäten Bonn und Fribourg Geographie mit den Nebenfächern Soziologie und Ethnologie. Seit 2012 ist er Projektleiter im Bereich touristische Marktforschung im Institut für Management und Tourismus (IMT) der FH Westküste. Von 2012 bis 2015 war er an der FH Westküste zudem Dozent u. a. für Destinationsmanagement, Tourismusmarktforschung und Methodenlehre. Zuvor war er von 2009 bis 2011 als Travel Consultant bei der moveo Studienreisen GmbH tätig. Seine Forschungsinteressen sind touristische Nachfragetrends, Auswirkungen des Tourismus und aktionsräumliches Verhalten von Touristen.

Monika Sußner (M.A.), Fachhochschule Westküste. Studium Bachelor of Arts Tourismuswirtschaft (B.A.) an der Adam-Ries Fachhochschule Erfurt und M.A. in International Tourism Management an der FH Westküste in Heide (Holst.). Seit 2015 Projektmitarbeiterin am Institut für Management und Tourismus (IMT) im Bereich ServiceQualität Deutschland in Schleswig-Holstein. In dieser Funktion seit Januar 2017 maßgebliche Beteiligung am Aufbau und der inhaltlichen Umsetzung des Projekts ServiceQualität und Barrierefreiheit.

Ralf Trimborn ist geschäftsführender Gesellschafter und Gründer der inspektour GmbH, ein Büro für Tourismus- und Regionalentwicklung mit den Schwerpunkten Studien und Konzepte, Management und Prozessbegleitungen, Marktforschung mit DESTINATION BRAND sowie Seminare Trainings und Coachings. Studium an der Fachhochschule Westküste in Heide (Holst.) und an der FernUniversität Hagen mit den Schwerpunkten Tourismus, Marketing und Kultur. Seit dem Jahr 2000 ist er als Berater und praxisorientierter Entwickler im Tourismus sowie Dozent an unterschiedlichen Hochschulen, Qualitätsdozent der ServiceQualität Deutschland, ADAC-Hansa Vorstand für Reise und Touristik, Gutachter bei Akkreditierungsverfahren und Prüfer für unterschiedliche Zertifizierungssysteme tätig. Er hat bereits weit über 300 Projekte erfolgreich bearbeitet.

Rebekka Weis (M.A.) studierte International Tourism Management an der FH Westküste in Heide/Holstein. Seit 2012 ist sie Projektmitarbeiterin im Institut für Management und Tourismus (IMT) der FH Westküste im Bereich Markt- und Auftragsforschung. Ihre Interessensschwerpunkte bilden quantitative Marktforschungsmethoden im Tourismus, Natur- und Abenteuertourismus sowie Reittourismus.

Schriftenreihe des Instituts für Management und Tourismus (IMT)

Herausgegeben von der Fachhochschule Westküste

Die Bände 1-6 sind im Martin Meidenbauer Verlag erschienen und können über den Verlag Peter Lang, Internationaler Verlag der Wissenschaften, bezogen werden: www.peterlang.com.

Ab Band 7 erscheint diese Reihe im Verlag Peter Lang, Internationaler Verlag der Wissenschaften, Frankfurt am Main.

Band 7   Anja Wollesen: Die Balanced Scorecard als Instrument der strategischen Steuerung und Qualitätsentwicklung von Museen. Ein Methodentest, unter besonderer Berücksichtigung der Anforderungen an zeitgemäße Freizeit- und Tourismuseinrichtungen. 2012.

Band 8   Wolfgang Georg Arlt (Ed.): COTRI Yearbook 2012. 2012.

Band 9   Michael Lück / Jan Velvin / Bernd Eisenstein (eds.): The Social Side of Tourism: The Interface between Tourism, Society, and the Environment. Answers to Global Questions from the International Competence Network of Tourism Research and Education (ICNT). 2015.

Band 10   Bernd Eisenstein / Christian Eilzer / Manfred Dörr (Hrsg.): Kooperation im Destinationsmanagement: Erfolgsfaktoren, Hemmschwellen, Beispiele. Ergebnisse der 1. Deidesheimer Gespräche zur Tourismuswissenschaft. 2015.

Band 11   Michael Lück / Jarmo Ritalahti / Alexander Scherer (eds.): International Perspectives on Destination Management and Tourist Experiences. Insights from the International Competence Network of Tourism Research and Education (ICNT). 2016.

Band 12   Lars Rettig: Digitalisierung der Bildung. Warum und wie lernen wir ein Leben lang? Forschungsergebnisse zur Online-Weiterbildung im Tourismus. Bedeutung – Erwartung – Nutzung. 2017.

Band 13   Bernd Eisenstein / Christian Eilzer / Manfred Dörr (Hrsg.): Demografischer Wandel und Barrierefreiheit im Tourismus: Einsichten und Entwicklungen. Ergebnisse der 2. Deidesheimer Gespräche zur Tourismuswissenschaft. 2017.

www.peterlang.com

www.ingramcontent.com/pod-product-compliance
Ingram Content Group UK Ltd.
Pitfield, Milton Keynes, MK11 3LW, UK
UKHW021842210426
5322IPUK00022B/412